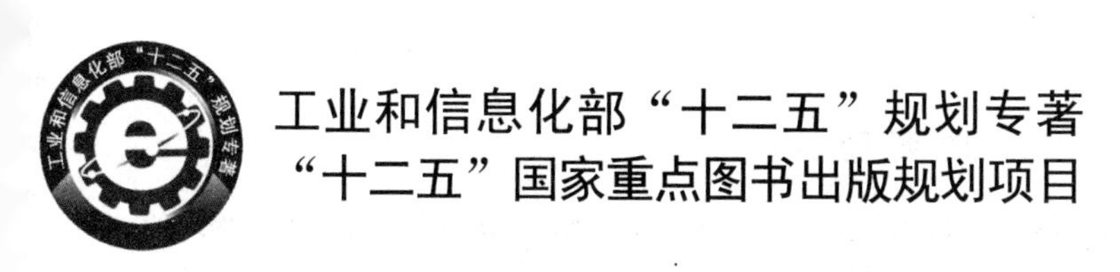

工业和信息化部“十二五”规划专著

“十二五”国家重点图书出版规划项目

生物功能化界面

Biofunctionalized Interfaces

● 韩晓军 著

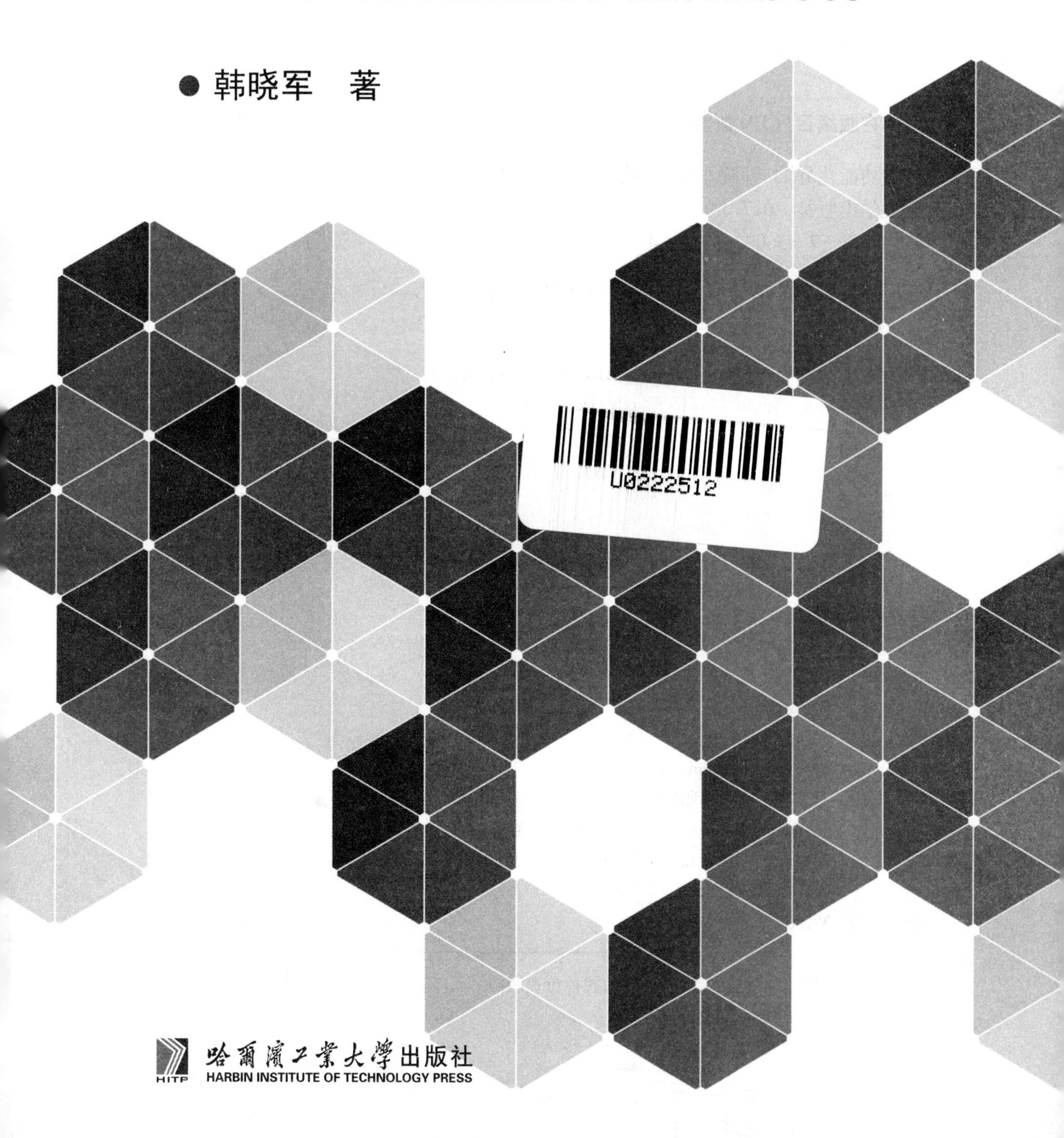

哈爾濱工業大學出版社
HARBIN INSTITUTE OF TECHNOLOGY PRESS

内 容 简 介

随着科技的发展，生物功能化界面的构筑与应用已经成为当今的研究热点。本书基于作者在生物功能化界面领域多年的研究基础，对国内外生物功能界面领域的近期研究成果进行了系统的总结。本书共分4章，包括仿生膜界面、蛋白质修饰界面、DNA 分子修饰界面和生物功能化纳米粒子界面等方面的内容。在本书的各个章节中，对生物功能化界面的修饰方法以及它们在生物检测、细胞功能等研究领域的应用进行了详细的描述。

本书可供科研院所、高等学校从事生物界面研究的教师、研究生等阅读和参考。

图书在版编目(CIP)数据

生物功能化界面/韩晓军著.—哈尔滨:哈尔滨工业大学出版社,2017.1
ISBN 978-7-5603-5930-4

Ⅰ.①生… Ⅱ.①韩… Ⅲ.①生物化学-研究
Ⅳ.①Q5

中国版本图书馆 CIP 数据核字(2016)第 071801 号

策划编辑 王桂芝 张 荣 郭 然
责任编辑 郭 然
封面设计 卞秉利
出版发行 哈尔滨工业大学出版社
社 址 哈尔滨市南岗区复华四道街 10 号 邮编 150006
传 真 0451-86414749
网 址 http://hitpress.hit.edu.cn
印 刷 哈尔滨工业大学印刷厂
开 本 787mm×1092mm 1/16 印张 10 字数 246 千字
版 次 2017 年 1 月第 1 版 2017 年 1 月第 1 次印刷
书 号 ISBN 978-7-5603-5930-4
定 价 38.00 元

前　言

界面通常是指相与相之间的交界面，界面的修饰及功能化是物理化学领域的研究热点。本书内容是作者多年的研究成果和对近期中外文献的总结。本书前3章按照界面修饰生物分子的不同，分别介绍了仿生膜界面、蛋白质修饰界面和DNA分子修饰界面。前3章主要集中在大尺度界面，即尺寸在微米以上的界面。由于近期纳米生物界面的研究也日趋活跃，并且具有异于大尺度界面的性能，因此第4章着重归纳总结了生物功能化纳米粒子界面的研究进展。

生物膜作为细胞的骨架具有能量传递、物质传递、信息识别与传递等重要功能，这些功能在细胞的生存、生长、繁殖和分化过程中都起着十分重要的作用。然而由于生物膜本身结构的复杂性，人们便采用生物膜的组分为构建基元，人工构筑各种生物膜系统，以此研究生物膜的生物物理性质及其功能。人工制备的生物膜体系也可称之为仿生膜，本书第1章着重介绍了仿生膜种类、磷脂组装体、磷脂双层膜阵列的制备及应用。人工制备的平板双层膜可以用于多种生理过程的研究，如离子通道的形成、膜蛋白的功能等。磷脂囊泡可作为药物载体用于靶向给药研究。磷脂双层膜阵列在高通量药物筛选、生物传感器等领域有着很好的应用前景。蛋白质作为组成一切细胞、组织的重要成分，是生命活动的主要承担者。蛋白质修饰界面为科学家研发新的传感器或者其他装置提供了机会。本书第2章介绍了蛋白质修饰界面的方法，包括膜固定法、吸附法、共价键合法、包埋法等，以及这些经蛋白质修饰后具有功能性的界面在生物传感器和组织工程材料中的应用进展。DNA作为组成基因的基本单元，具有独特的双螺旋结构，该结构使其对化学和生物小分子具有特异性的选择识别性能，可作为传感器的生物识别分子，实现对特定化学和生物小分子的选择性检测。本书第3章介绍了DNA分子修饰界面的构筑方法，包括吸附法、共价键合法、自组装法、亲和法及聚合法等，并介绍了DNA生物传感器在病源基因的检测、药物分析、DNA损伤研究及环境监测等方面的应用。纳米粒子由于尺寸在纳米尺度，具有很多特殊的效应，利用生物分子将纳米粒子表面功能化，可使其具有生物靶向识别、化学及生物传感、药物靶向传输等特殊的功能。本书第4章主要介绍了纳米粒子表面的生物功能化的方法及其应用，所涉及的纳米材料包括贵金属纳米粒子及其团簇、半导体量子点、磁性纳米粒子、二氧化硅、二氧化钛、碳的同素异形体等。

作者所指导的博士生为本书的文献调研及撰写做了大量工作，这里对王雪靖、张迎、张智嘉、马生华等学生的辛勤工作表示感谢。

由于作者水平有限，书中难免存在疏漏或不妥之处，敬请读者批评指正。

作　者

2016年8月

目　　录

第1章　仿生膜界面

1.1　生物膜简介

细胞是体现生物的生命活动和各种功能的最基本单位,生物体内许多重要的生理功能和生化反应都是通过细胞来进行的。细胞周围有一层很薄的细胞膜,它把细胞内的物质与周围环境分隔开来,这层细胞膜就是一种生物膜。生物膜是细胞膜(质膜)和各种细胞器膜的统称,在地球上最早有生命迹象并由简单到复杂的演变过程中,生物膜的出现具有重要意义。由于细胞膜的存在,细胞可以与外界有选择地进行物质交换,从而维持生命。在新陈代谢过程中,它既可以吸收外界的物质,又可以排泄废物,从而保持了细胞的稳定和平衡。生物膜是一个具有特殊功能的半透膜,它具有能量传递、物质传递、信息识别与传递等重要功能,这些功能在细胞的生存、生长、繁殖和分化过程中都起着十分重要的作用。因此,正确认识生物膜的结构和功能对揭示生命活动的奥秘具有重要意义。

1.1.1　生物膜的组成

生物膜是由多种脂类、蛋白质、糖类及能与膜表面结合的离子和水组成的立体结构。脂类是一些不溶于水而溶于有机溶剂的分子,在膜中主要起骨架结构作用,其流动性可辅助蛋白质发挥功能。脂类的极性端可以参与生物膜间的相互作用,有少数几种脂类还可参与信息传递过程。膜蛋白具有一定的生物学功能,在细胞与外界的相互作用及物质和信息的交换中起着重要的作用。糖类多以复合物形式存在,通过共价键与某些脂类或蛋白质组成糖脂或糖蛋白。几种生物膜的化学组成见表1.1。

表1.1　几种生物膜的化学组成(占膜干重的百分比)

化合物	神经髓鞘	视网膜杆状体	红细胞质膜	线粒体	大肠杆菌内外膜	叶绿体
蛋白质	22	59	60	76	75	48
脂类	78	41	40	24	25	52
糖脂	22	9.5	痕量	痕量		23
胆固醇	17	2	9.2	0.24		
总磷脂	33	27	24	22.5	25	4.7
PC	7.5	13	6.9	8.8		
PE	11.7	6.5	6.5	8.4	18	
PS	7.1	2.6	3.1			
PI	0.6	0.4	0.3	0.75		

续表 1.1

化合物	神经髓鞘	视网膜杆状体	红细胞质膜	线粒体	大肠杆菌内外膜	叶绿体
PG					4	
CL		0.4		4.3	3	
SM	6.4	0.5	6.5			
总磷脂/脂类/%	42	66	60	94	>90	9

注　PC:磷脂酰胆碱;PE:磷脂酰乙醇胺;PS:磷脂酰丝氨酸;PI:磷脂酰肌醇;PG:磷脂酰甘油;CL:二磷脂酰甘油;SM:神经鞘磷脂

1. 脂类

生物膜中的脂类包括磷脂、糖脂和固醇。

(1)磷脂是含有磷酸基团的类脂。磷脂是生物膜中最重要的类脂,所有动物细胞的膜结构都含有磷脂。根据疏水区和亲水区之间的桥连成分不同,磷脂可分为以下两大类。

①以甘油为桥连分子的磷脂。

以甘油为桥连分子的磷脂,即甘油分子中 3 个羟基有 2 个与高级脂肪酸形成酯,另一个与磷酸衍生物生成酯:

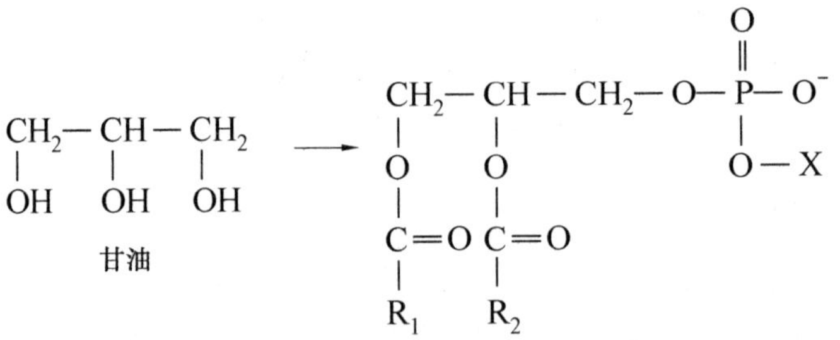

$$\underset{\text{甘油}}{\begin{matrix} CH_2- & CH- & CH_2 \\ | & | & | \\ OH & OH & OH \end{matrix}} \longrightarrow \underset{\text{磷脂}}{\begin{matrix} CH_2- & CH- & CH_2-O-P(=O)(O^-)-O-X \\ | & | & \\ O & O & \\ | & | & \\ C=O & C=O & \\ | & | & \\ R_1 & R_2 & \end{matrix}}$$

其中 R_1,R_2 为脂肪酸碳氢链。根据 X 的成分不同,可以分为不同的磷脂,主要包括磷脂酰胆碱(Phosphatidylcholine, PC)、磷脂酰乙醇胺(Phosphatidylethanolamine, PE)、磷脂酰甘油(Phosphatidylglycerol, PG)、二磷脂酰甘油(Diphosphatidylglycerol, DPG)、磷脂酰肌醇(Phosphatidylinositol, PI)、磷脂酰丝氨酸(Phosphatidylserine, PS)及磷脂酸(Phosphatidic, PA)等:

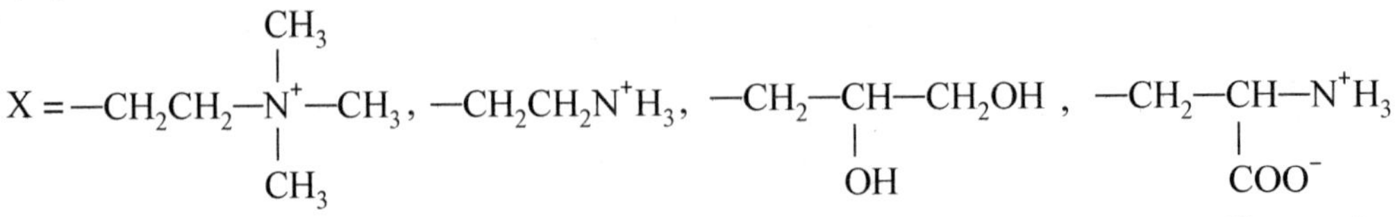

$$X = \underset{PC}{-CH_2CH_2-N^+(CH_3)_2-CH_3},\ \underset{PE}{-CH_2CH_2N^+H_3},\ \underset{PG}{-CH_2-CH(OH)-CH_2OH},\ \underset{PS}{-CH_2-CH(COO^-)-N^+H_3}$$

$$\underset{DPG}{-CH_2-CH(OH)-CH_2-O-P(=O)-O-CH_2-CH(-O-C(=O)-R_1)-CH_2-O-C(=O)-R_2},\ \underset{PI}{\text{(肌醇环:H, H, H, OH, HO, OH, OH, H, H, H, OH)}},\ \underset{PA}{-H}$$

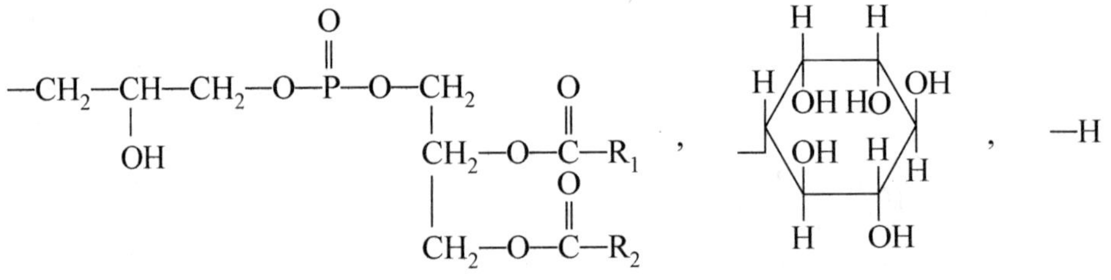

其中,PE 在生理 pH 下是电中性的两性离子,当 pH>9 时,由于氨基电离而使该分子带上负电荷;PG 和 DPG 由于只带磷酸基团而带负电荷;PS 在中性 pH 时,由于有 1 个正电荷的氨基和 2 个负电荷基团(羧基和磷酸基)而净带负电荷。

②以神经鞘氨醇为桥连分子的磷脂。

神经鞘氨醇(Sphingosine)的 C-2 上的氨基与脂肪酸缩合生成神经鞘脂类(Sphingolipid),C-1 上的羟基再与磷酸衍生物(X)缩合即生成磷酸神经鞘脂类(Phosphasphingolipid):

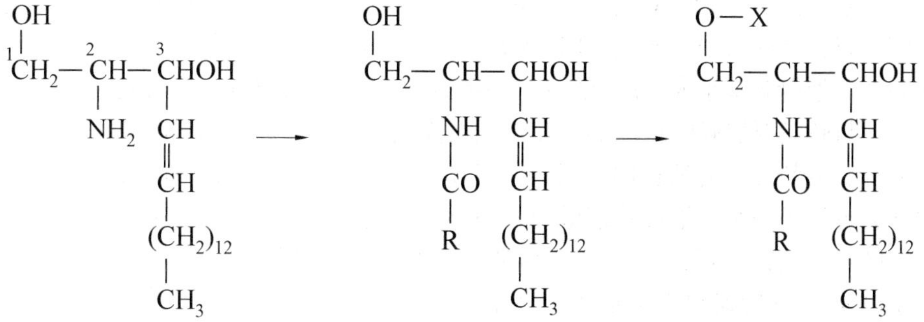

$$\underset{\text{神经鞘氨醇}}{\begin{array}{l} \text{OH} \\ | \\ \overset{1}{\text{C}}\text{H}_2-\overset{2}{\text{C}}\text{H}-\overset{3}{\text{C}}\text{HOH} \\ \qquad | \qquad\ | \\ \quad\ \text{NH}_2\ \ \text{CH} \\ \qquad\qquad\ \| \\ \qquad\qquad \text{CH} \\ \qquad\qquad\ | \\ \qquad\quad (\text{CH}_2)_{12} \\ \qquad\qquad\ | \\ \qquad\qquad \text{CH}_3 \end{array}} \longrightarrow \underset{\text{神经鞘脂类}}{\begin{array}{l} \text{OH} \\ | \\ \text{CH}_2-\text{CH}-\text{CHOH} \\ \qquad | \qquad\ | \\ \quad\ \ \text{NH}\ \ \ \text{CH} \\ \qquad | \qquad\ \| \\ \quad\ \ \text{CO}\ \ \ \text{CH} \\ \qquad | \qquad\ | \\ \qquad \text{R}\ \ (\text{CH}_2)_{12} \\ \qquad\qquad\ | \\ \qquad\qquad \text{CH}_3 \end{array}} \longrightarrow \underset{\text{磷酸神经鞘脂类}}{\begin{array}{l} \text{O}-\text{X} \\ | \\ \text{CH}_2-\text{CH}-\text{CHOH} \\ \qquad | \qquad\ | \\ \quad\ \ \text{NH}\ \ \ \text{CH} \\ \qquad | \qquad\ \| \\ \quad\ \ \text{CO}\ \ \ \text{CH} \\ \qquad | \qquad\ | \\ \qquad \text{R}\ \ (\text{CH}_2)_{12} \\ \qquad\qquad\ | \\ \qquad\qquad \text{CH}_3 \end{array}}$$

其中 R 是脂肪酸碳氢链。如果 $X = -\underset{O^-}{\underset{|}{\overset{\overset{O}{\|}}{P}}}-OCH_2CH_2\underset{CH_3}{\underset{|}{\overset{\overset{CH_3}{|}}{N^+}}}-CH_3$,则生成神经鞘磷脂(Sphingomyelin, SM 或 Sph)。如果 X=—H,则生成神经酰胺(Ceramide)。

(2)糖脂广泛分布于动物、植物和微生物细胞的膜系中,它是生物膜中的寡糖与磷脂结合形成的一种类脂,其种类繁多,与细胞的免疫和识别功能有关。动物细胞膜中的多数糖脂是以鞘氨醇为骨架的鞘糖脂,而植物细胞膜和微生物细胞膜中的糖脂多是以甘油为骨架的甘油糖脂。少量的甘油糖脂也存在于某些哺乳动物脑细胞膜中,其生物学意义还不十分清楚。

(3)固醇是生物膜中另一类重要的类脂,它是环戊烷多氢菲的衍生物,具有降低脂双分子层的通透性并增加其稳定性的作用。最重要的固醇是胆固醇,主要分布在动物细胞的膜系中。胆固醇在哺乳动物的质膜中含量丰富,约占总磷脂的 45%。在高尔基体膜、溶酶体膜中的含量也很丰富,而在内质网膜及线粒体膜中含量较少。动物能吸收食物中的胆固醇,也能自身合成,其生理功能与生物膜的透性、神经髓鞘的绝缘物质及动物细胞对某种毒素的保护作用有一定关系[1,2]。另外,胆固醇的两性特点对生物膜中脂类的物理状态具有重要的调节作用[3,4],在相变温度以上时,胆固醇阻碍脂分子脂酰链的旋转异构化运动,从而降低膜的流动性;在相变温度以下时,胆固醇的存在又会阻止脂酰链的有序排列,从而防止膜向凝胶态的转化,保持了膜的流动性。

2. 膜蛋白

膜脂是生物膜的结构骨架,膜蛋白则是生物膜功能的体现者。生物膜中含有大量蛋白质,它们直接参与物质的转运、氧化磷酸化、信息传递和放大及细胞间的相互识别等多种功能。膜中蛋白质的含量和类型反映膜的功能。髓鞘膜主要起绝缘作用,其总量的 25%(质量分数)为蛋白质,而能量转换膜(如线粒体内膜和叶绿体)的蛋白质含量为 75%(质量分数)，一般质膜的蛋白质含量为50%(质量分数)左右。根据蛋白质从膜上释放出来的方法不同和膜蛋白与膜脂的相互作用方式及其在膜中排列部位的不同，膜蛋白大体上可分为两类：膜外周蛋白(Peripheral protein)和膜固有蛋白或称内在蛋白(Integral protein)。

(1)膜外周蛋白的主要特点是它们分布在膜的外表面，被分离下来后呈水溶性，不能再与类脂聚合重新形成膜结构。它们是通过极性基团或电荷基团与脂双层结合的，故从广义上来说，凡能与膜的外表面通过极性基团或电荷基团相结合的蛋白质均属于膜外周蛋白。

(2)膜固有蛋白一般约占膜蛋白总量的70%～80%(质量分数)，其主要特征为水不溶性。它们分布在脂双层中的形式不同，有的不对称地镶嵌在脂双层中，有的由内在膜固有蛋白亚基和外周蛋白亚基组成，穿过全膜，以多酶复合体的形式出现。膜固有蛋白主要依靠非极性氨基酸与磷脂双层膜疏水区的相互作用而固定于膜中，只有在较剧烈的条件下，如表面活性剂或有机溶剂等才能把它们从膜上溶解下来。一旦去掉表面活性剂或有机溶剂，膜固有蛋白又能再聚集为水不溶性状态或与类脂形成膜结构。

现在已经清楚，蛋白质与磷脂双层膜的结合有以下5种方式[5]：

①蛋白质以α-螺旋单程穿越磷脂双分子层。

②蛋白质以α-螺旋多程穿越磷脂双分子层。

③蛋白质在细胞质一侧，通过脂肪酸链结合到磷脂双层膜上。

④蛋白质通过寡糖结合到磷脂酰肌醇而位于双层膜的外单层上。

⑤蛋白质通过非共价与其他蛋白相互作用，再结合到磷脂双层膜上。

3. 糖类

生物膜中的糖类含量较少，主要是以寡糖侧链与膜蛋白通过共价键结合，形成糖蛋白，也有少数与神经酰胺或甘油酯形成糖脂。组成寡糖链的单糖有半乳糖(Gal)、甘露糖(Man)、葡萄糖(Glc)、岩藻糖(Fuc)等。在糖蛋白中，糖链与蛋白质的连接有两种方式：一种是N-连接，即糖链通过N-糖苷键与多肽链中的天冬酰胺残基相连；另一种是O-连接，即糖链通过O-糖苷键与多肽链中的丝氨酸残基或苏氨酸残基相连。暴露在细胞膜表面上的糖基对细胞的一些特性有重要作用，如决定血型的ABO抗原之间的差别仅在于寡糖链末端糖基组分的不同。

1.1.2　生物膜的结构

生物膜结构的研究开始于19世纪90年代，发展至今，科学家们提出了许多生物膜的结构和模型假说。1935年，Danielli和Davson[6]提出了在两层球状蛋白间夹杂磷脂双分子层的生物膜模型，认为质膜由双层脂类分子及其内外表面附着的蛋白质构成，这一模型结构对生物膜的研究起到了相当重要的作用。随着电子显微镜和生化技术的发展，不仅生物膜的存在得到了证明，细胞内一些复杂的内膜系统也被发现。1959年，Robertson[7]利用超薄切片技术获得了清晰的细胞膜照片，提出了“单位膜”模型。不过在“单位膜”模型中，将膜的动态结构描写成静止、不变的。1972年，Singer和Nicolson[8]在单位膜的基础上提出流动镶嵌模型(图1.1(a))。该模型认为细胞膜的基本组成物质是类脂分子，尤其是磷脂分子。整个细胞膜是由磷脂分子以双层形式排列而成的，并在磷脂层中有蛋白质的镶嵌，磷脂分子和膜蛋白在膜内可流动。该模型强调了细胞膜的流动性和膜蛋白分布的不对称性。

近年来的研究[9]肯定了大多数哺乳动物细胞质膜存在脂筏(Lipid raft)和细胞质膜微囊

(Caveolae)的微区结构(图1.1(b))。它们富含鞘脂类和胆固醇,物理状态介于凝胶相与液晶相之间的Lo相(Liquid-ordered state)。在这些微囊区域的质膜脂双分子层的细胞质内侧,一般都含有内嵌膜蛋白(Caveolin),其羧基端的结构域上连接着三分子棕榈酰基,使得该蛋白与膜紧密结合。此外,这些内嵌膜蛋白也与膜中的胆固醇分子相结合,形成支架式区域,这些微区结构不能够被去垢剂所溶解,还各自含有一定量的与信号传导等功能有关的蛋白质。因此,普遍认为它们与信号传导及物质的跨膜转运等功能有密切的关系。脂筏和微囊的发现,以及在此之后科学家们提出的“板块镶嵌”都是对“流动镶嵌”模型的补充和完善。

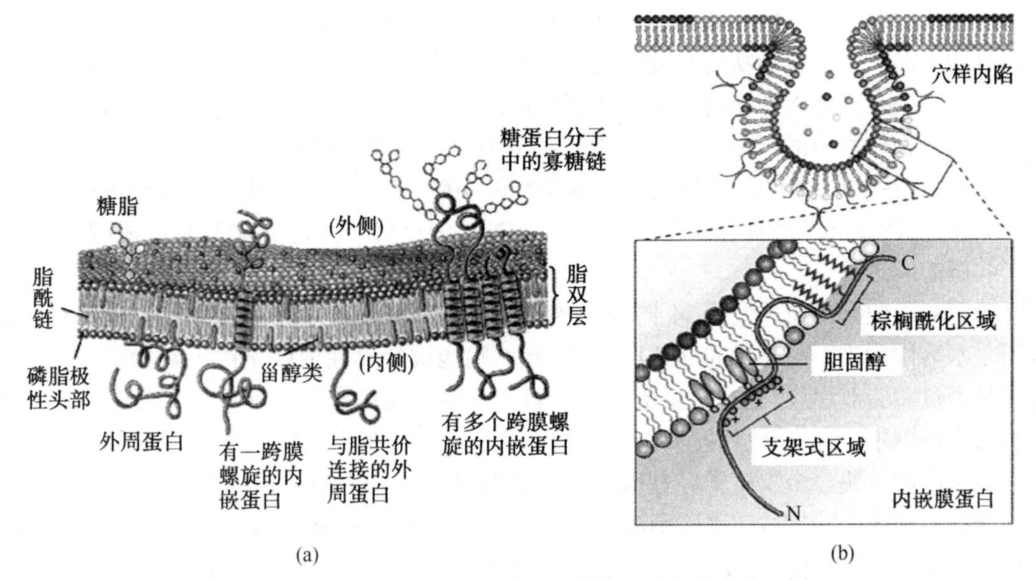

图1.1 生物膜的流动镶嵌模型结构及微囊结构示意图[9]

1.1.3 生物膜的性质

1. 生物膜的稳定性

生物体是以水为溶剂的体系,为保持磷脂双分子层的稳定性,必须使构成它的脂质分子的亲水性和亲油性恰好平衡,而磷脂基本符合这样的条件。磷脂在水中形成双分子层时,亲水的极性头部会自发地朝向水溶液,而疏水尾部与疏水尾部相连,构成双分子层结构。当磷脂水解成甘油酯后,便与水分离变成油滴,从而失去膜的状态。天然的磷脂要形成稳定的双分子层,其亲水性略显过强,如加入胆固醇等中性脂质,使混合膜整体的亲油性稍有提高而亲水性稍有降低,就能够使膜比较稳定。蛋白质的分子中也有亲油性(疏水性)部分,因此也可以用它代替中性脂质加入磷脂的双分子层中,使生物膜更加稳定。

2. 生物膜脂双层的非对称性

生物膜的中心物质是嵌在流动双层脂膜中的固有蛋白,膜的外侧(细胞外面)被糖蛋白的糖链所包围,内侧是由外在蛋白裱衬起来的,因此生物膜是由糖链层、类脂层、蛋白质层所形成的3层构造,是非对称的,外层和内层的化学组成及性质也都不相同,这一性质对研究物质的主动传输及其他的生物膜功能至关重要。另外,磷脂分子在膜两侧的分布也是不对称的,并且这种膜内的不对称分布可以长期存在。

3. 相转变温度

在不同的温度下,磷脂双层膜存在不同的相。磷脂分子从一种状态转变为另一种状态称为“相变”，随着温度的增加，磷脂分子由结晶态转变为流动态的温度称为相转变温度（Transition temperature），用 T_c 表示。所有磷脂都具有特定的 T_c，它依赖于极性基团的性质、酰基链的长度和不饱和度，一般来说，增加链的长度或增加链的饱和度都将增加 T_c。如果酰基链越短，不饱和程度越高，则相转变温度越低。在温度低于相变温度以下时，由于磷脂分子的脂肪酰链排列紧密，膜刚性和膜厚度都增加，双层膜结构处于晶态；当在相变温度以上时，由于脂肪酰链的伸缩、弯曲及歪扭现象和侧向移动，双层膜结构处于“流体态”，水分子可以穿过膜层，因此 T_c 是水分子通过磷脂分子双层的最低温度，也代表酰基链的“熔点”。当磷脂发生相变时，可有液态、液晶和晶态共存，出现相分离，使双层膜的通透性增加，容易导致内容物渗漏。了解磷脂膜的相变性质在制备和应用双层磷脂膜时是非常重要的，磷脂膜的相变行为决定其通透性、融合、聚集和蛋白质结合等性质，并最终影响双层磷脂膜的稳定性及其在生物体系中的行为。常见磷脂的 T_c：egg PC（蛋黄卵磷脂）为-15～7 ℃，动物来源的卵磷脂为0～4 ℃；DOPC（1,2-二油酰基磷脂酰胆碱）为-17 ℃；DSPC（二硬酯酰磷脂酸胆碱）为55 ℃；DMPC（二肉豆蔻酰磷脂酰胆碱）为24 ℃；DPPC（二棕榈酰磷脂酰胆碱）为41 ℃。

4. 膜的通透性

磷脂双层膜是半通透性膜，不同分子的扩散速率和离子穿过膜的速率有很大不同。脂双层是水溶性物质不易越过的通透屏障，只有那些能被特异性内嵌蛋白识别的水溶性分子才容易透过磷脂双层膜，而这些膜蛋白也只有在与膜双层内膜脂的非极性部分相互作用形成的非水环境中，才能有效地发挥作用。由于水分子间氢键结合的作用，质子和羟基离子穿过膜的速度非常快。金属离子穿过磷脂膜的扩散机制与其他小分子完全不同。一般来说，阴离子在磷脂膜上的扩散速率比阳离子快近10万倍。增加酰基链的长度、磷脂双层的厚度或增加酰基链的饱和度，对于所有溶质，不论其是否带电荷均产生同一作用，即降低其通过膜的扩散率。磷脂双层膜对钙和其他多价离子的通透性比单价离子（如钠离子）低得多。当温度在 T_c 或 T_c 以上时，膜对质子的通透性逐渐增高；当温度在 T_c 以下时，其通透性均降低，质子和水分子转运远比钠离子快。

上述理论基于磷脂囊泡在内外水相处于平衡状态。由于磷脂膜是半通透性膜，膜两侧的溶质浓度差异能产生渗透压，引起水分子在一侧聚集。在磷脂囊泡包裹高浓度溶质的情况下，外边是相对低浓度的缓冲溶液，磷脂囊泡将随着内部水容量的增加而膨胀以至于膜的面积明显增加，磷脂分子相邻空间随之增加。在这种情况下，等于或小于葡萄糖分子的溶质分子从膜中漏出的速度加快，但蔗糖的漏出不受影响。然而，某些情况下产生的压力足以使膜完全被破坏，磷脂囊泡在重新闭合前其内溶物均漏到膜外水相中。

5. 生物膜的流动性

许多物理学和生物学的方法都证明膜的流动性是膜结构的一个基本特征，生物膜的整个结构是动态的而并非静止不动的，这也是生物膜行使多种功能的重要体现。生物膜的流动性是指它的组成成分的分子运动，主要体现为膜中磷脂的流动性和膜蛋白的运动性。各部分的流动性是不均匀的，这与其所处的环境及生理状态有关。磷脂能以液晶状态存在于类脂双分子层内，在二维空间中可自由运动但并不会熔化，因液晶状态是允许膜成分在有序的骨架结构中得以流动的结构基础，所有降低 T_c 的因素均增加膜的流动性。Ca^{2+} 和 Mg^{2+} 等二价阳离子可能会与磷酸头部基团形成离子键，束缚了邻近的磷脂分子，使它们的扩散性质减弱，从而影响膜的流动性。所以二价阳离子是生物膜良好的稳定剂，若除去它们，会引起细胞的溶解和外周蛋白解离。胆固醇的极性羟基可以与膜脂的极性头部基团相互作用,当它嵌入脂肪酰链间,在磷脂双层中浓度低时所形成的“斑区”内,其相变温度曲线比纯磷脂要宽一些;如果膜中含高浓度胆固醇,便会限制磷脂碳氢链的自由运动,从而降低膜成分的流动性,引起膜“硬化”,抑制一些依赖于半流动环境的过程。例如,当向纯卵磷脂酰胆碱制成的磷脂囊泡中掺进多于 20%(摩尔分数)以上的胆固醇时,磷脂囊泡对水和葡萄糖的通透性会降低。与膜上有关的一些过程,如某些跨膜传送的催化运载反应、内吞作用和胞泌作用等都靠半流动的环境才能进行。生物膜的流动性是一切膜结构行使功能的基础,可使细胞内的各种代谢活动顺利进行,它影响膜融合、酶的功能、受体的运动和功能,还与其他诸如免疫、细胞分裂和发育、衰老、疾病等生命活动有密切关系。

6. 膜脂的多型性

膜脂是生物膜的基本组成物质,它们的存在形态多种多样。1968 年,Luzzati 等人[10]用 X 射线衍射技术证明,从生物膜中提取的膜脂,在充分水化后,并不一定都以片层形式存在,而是根据膜脂的种类和实验条件不同,可能以多种形式存在,例如胶束(Micelle)、六角形相(Hexagonal phase)、立方体相(Cubic phase)等,在改变条件后,这些结构之间可以互相转变。人们把这种现象称为脂多型性(Polymorphism of lipid)。之后由于技术条件的不断发展,特别是^{31}P-NMR 和冰冻断裂电子显微镜技术的应用,使得脂多型性问题的研究取得了显著的进展。

磷脂是两亲性物质,即一部分是亲水头部,另一部分是疏水尾部。改变水化程度、温度和 pH 等条件,它们可能以不同的相态存在。最常见的几种相态如图 1.2(a)所示。从图下方所示的水的质量分数可以看出,当形成胶束的脂浓度达到临界胶束浓度(Critical micelle concentration, CMC)后首先形成胶束溶液。胶束由头部在外、尾部在内的球体组成,这是水包油(Oil in water)的类型。反之,在水极少时则为油包水(Water in oil)的反胶束(Inverted micelle)形式,此时形成头部在内、尾部在外的反胶束,头部中间围绕少量水。H_{I} 与 H_{II} 分别称为六角Ⅰ相和六角Ⅱ相,它们都是由胶束或反胶束所组成的柱状结构,其截面呈整齐的六角形二维晶体排列。值得一提的是,在研究生物膜脂多型性问题时,H_{II} 具有重要意义。图 1.2(a)中 L_{α} 相为双层相。此外,近年来对立方体相有着较大的关注,立方体相的基本骨架是正立方体,但脂类是组成此立方体的单元物质,其局部结构为双层结构,如图 1.2(b)所示。

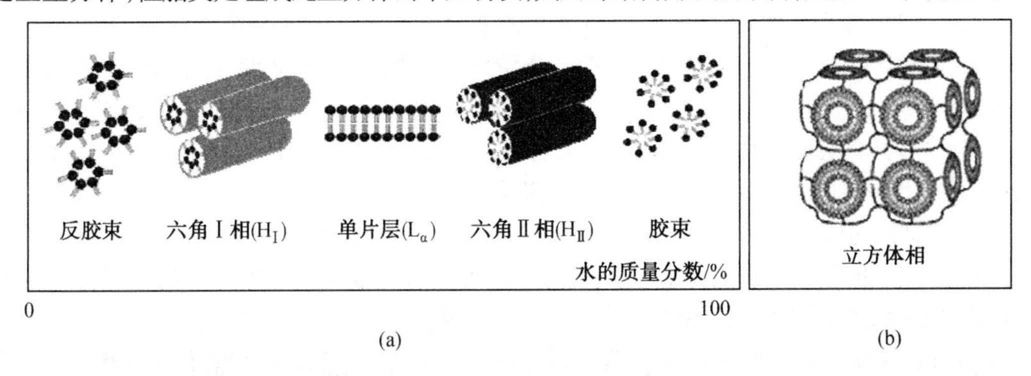

图 1.2　水的质量分数改变引起的磷脂相变示意图

因此,除 L_{α} 为脂双层结构外,包括立方体相在内的其他所有相都统称为非双层相。但从分子运动的观点看,L_{α},L_{I},H_{I},H_{II} 等都是各向异性的,而立方体相和胶束等则都是各向同性的。这一基本性质成为探测多型性结构的重要依据。

在过去的几十年里,磷脂的生物相容性和生物降解性质使得其组装体在许多领域得以应用[11,12],比如生物医学。从简单的脂肪酸、甘油二酯到复杂的神经节苷酯和脂多糖类,越来越多的脂类得以发现。磷脂和糖脂是复杂化学成分的化学中间体,它们在一定条件下可以呈现出液晶单片层状态,如磷脂囊泡、磷脂管等结构。这些组装体在医药领域具有广泛的应用。而非单层的磷脂超分子结构,如立方体相,由于其保留了磷脂的生物相容性,从而克服了它的一些缺点。特别重要的是,与单片层磷脂组装体相比,非单层的磷脂超分子结构具有优异的物理结构稳定性,如立方体相具有耐胃液能力,可用于载带口服药物。目前,对于由一种或少数几种脂类组成的人工膜体系,脂多型性的出现及其转变条件已基本明确,对于这一现象产生的机理也已提出了相应的模型。但对于脂多型性结构可能具有的生物学意义还有待进一步研究。

1.1.4　生物膜的功能

在生命起源的最初阶段,正是有了脂性的膜,才使生命物质——蛋白质与核酸获得与周围介质隔离的屏障,从而保持聚集和相对稳定的状态,继之才有细胞的发展。因此,生物膜是任何活细胞必不可少的结构。复杂的生物膜结构是生物膜功能多样性的基础,生物膜不仅仅是细胞结构的重要组成部分,同时还与细胞所具有的一些功能息息相关。生物膜的功能复杂多样,但它们却不完全相同,在特定区域起特定的作用。总的来说,生物膜的主要功能可分为以下 5 种。

(1)保护和屏障作用。膜系统不仅把细胞与外界环境隔开,而且把细胞内的空间分隔,使细胞内部区域化,即形成各种细胞器,从而使细胞的代谢活动"按室进行"。各区域内均具有特定的 pH、电位、离子强度和酶系等。生物膜不仅维持细胞的完整性和形状,与外界隔离以保证内部的代谢,而且维持膜内外的化学梯度,保证生理活动正常进行。同时,内膜系统又将各个细胞器联系起来,共同完成各种连续的生理生化反应。

(2)物质交换。生物膜的另一个重要特性是对物质的透过具有选择性,控制膜内外进行物质交换,可通过扩散、离子通道、主动运输及内吞外排等方式来控制物质进出细胞。各种细胞器上的膜也通过类似方式控制其小区域与胞质进行物质交换。高度的选择性使得生物膜能够调节细胞膜两侧物质的浓度,维持渗透的平衡。

(3)受体作用。受体作为细胞膜上的一类特殊跨膜蛋白,其外表结构可选择性地和细胞外物质结合,引起胞内发生相应的生物效应,保证细胞内的许多生理生化过程在膜上有序进行。如光合作用的光能吸收、电子传递和光合磷酸化、呼吸作用的电子传递及氧化磷酸化过程分别是在叶绿体的光合膜和线粒体内膜上进行的。

(4)信息传递作用。具有识别功能的多糖链分布于质膜外表面,似"触角"一样能够识别外界物质,并可接受外界的某种信号刺激,将细胞外的刺激经一系列膜上的信号传导与调控,最终转换成细胞内的应答,使细胞做出相应的反应。

(5)融合作用。融合作用可使得细胞膜的边界发生变化,有助于研究膜质和蛋白质的生物合成机理。

1.2　仿生膜种类

由于天然生物膜种类繁多且制备涉及复杂的纯化过程，因此仿生膜被用来研究生物膜的生物物理性质。仿生膜从层数上可分为单层膜、双层膜和多层膜。单层膜主要是指类脂膜；双层膜包括平板双层膜和脂质体，平板双层膜又可分为非支撑平板双层膜和支撑平板双层膜；多层膜主要指磷脂浇铸膜。支撑平板双层膜又可分为3类：固体表面支撑平板双层膜、固体支撑杂化双层膜、聚合物垫支撑磷脂双层膜。此外，近年来还发展了一类新型的双层膜模型，即液滴界面双层膜。

1.2.1　磷脂单层膜

磷脂单层膜主要是指类脂膜，最早的类脂膜是由 Langmuir 及其学生 Blodgett 发明的，因此也称为 Langmuir-Blodgett 膜，简称 L-B 膜。其形成过程如图1.3所示，首先是将两亲性的类脂溶于易挥发的有机溶剂中，铺展在平静的气-水界面上，待溶剂挥发后沿水面横向施加一定的表面压，这样溶质分子便在水面上形成紧密排列的有序单分子膜。尽管 L-B 膜是单层膜，但是它作为生物膜最简单的模型系统，一直受到人们的极大重视，特别是可以人为控制表面压、亚相组成、温度，或者把 L-B 膜转移到基底上，借助表面敏感技术来研究生物膜构象的变化，以及蛋白质和药物与生物膜之间的相互作用[13]。因此，L-B 膜作为模拟生物膜具有诸多优势。但是，由于 L-B 膜为单层膜，和真实的细胞膜相比，结构和性质都相差甚远。

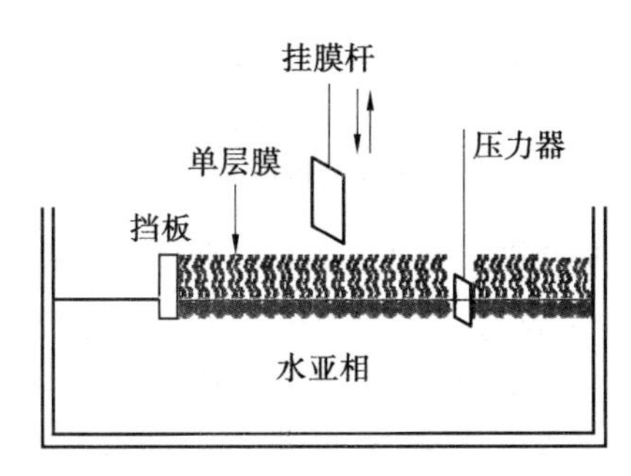

图1.3　类脂 L-B 膜的形成过程示意图

1.2.2　平板双层膜

1. 非支撑平板双层膜

Mueller 等人[14]于1962年首次制备出一种用于研究膜的电学性质的非支撑平板双层膜，从此开辟了用生物膜的基架构成简单模型、系统研究复杂的生物膜结构与功能的新途径。其制备过程如下：先准备一个有机玻璃或其他易于清洗的材料制成的实验槽，中间以聚四氟乙烯或其他疏水性能良好的材料作为隔板，在隔板中打一个小圆孔，孔的面积不超过 0.1 cm^2。实验槽的制备关键是使隔板与槽体胶合严密，否则测量时就会因绝缘性不佳而无法进行。在槽内加入所需的水溶液，把小孔浸没，用毛刷或微量注射器将一滴磷脂溶液加到小孔中。由于隔板具有极好的亲脂疏水性，故脂滴比较容易在小孔四周附着并覆盖整个小孔,随着脂滴从中间慢慢变薄,最后可自发形成双分子层。而沿着小孔周围积有较厚的磷脂,形成一个圈,它对磷脂双层膜起支撑作用,形成的磷脂双层膜如图 1.4 上图所示。通过光学或电学手段可以表征该方法制备的磷脂双分子层。光学方法是在反射光下,用低倍目镜观看,当膜形成时就由亮变黑(由于膜的厚度小于可见光波长的缘故),所以这种膜又称为黑膜(Black Lipid Membranes, BLM)。电学方法可测量 BLM 的电容,其特征值为 0.5 μF/cm^2,膜形成后,电容值就稳定在特征值左右。然而用上述方法成膜的成功率并不是很高,因此很多研究者试图改进这一方法,其中最出色的是 Montal-Muller 法[15]。该法是先将磷脂溶液滴加到水溶液表面,待溶剂挥发后,在水面上形成磷脂单层,然后用电动机或其他驱动装置使带有小孔的疏水性隔板从液面上往下或从水面下往上拉,这样两边的单层就会叠合成双层脂膜。这种成膜方法的关键是隔板运行的速度应小于 0.5 mm/min,而且隔板的绝缘和防漏性非常重要,否则就不能进行电化学测量。

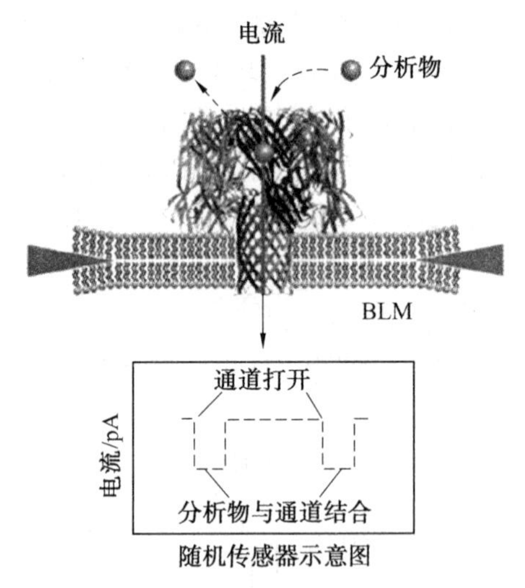

图 1.4 BLM 膜及 BLM 上制备的“随机传感器”示意图

表 1.2 是人工平板双层磷脂膜与天然生物膜的某些物理特性的比较,从表中可以看出,二者十分相似。由于面积小的 BLM 比面积大的 BLM 稳定,因此有研究者使用滤纸或聚碳酸酯膜成膜[16],后来改用十分均匀的微孔过滤膜[17]。还有研究人员[18]在经疏水处理过的半圆形腔上打一个孔,将此腔旋转着从上面浸过磷脂单层,也制备出了磷脂双层膜。此膜有一定的曲率,不能认为是平板膜。

自从平板双层膜发明以来,BLM 已被用于多种生理过程的研究。其中,最重要的研究就是磷脂双层膜中离子通道的形成,这些离子通道绝大多数是通过多肽[19]、膜蛋白[19]、抗生素[20]及其他能够形成孔道的生物分子与磷脂膜的相互作用产生的。Gu 等人[21]将 α 溶血素嵌入 BLM 中,制备出了一种“随机传感器”(Stochastic sensors),如图 1.4 下图所示。α 溶血素是由葡萄球菌产生的一种外毒素[22],它能够跨越细胞膜形成孔道。通过基因修饰,由 α 溶血素的突变体形成的孔道可以非共价地捕获一个环糊精分子,当环糊精分子由于孔道横截面的限制作用嵌入通道中时,可以检测到固定电压下的电流改变。该电流强度会由于宿主分子与环糊精的结合而减弱。因此,通过该过程可以检测到一些较小的有机分子是否与环糊精/α 溶血素孔道相结合[21]。

表1.2 人工平板双层磷脂膜与天然生物膜的某些物理特性的比较

特性		天然膜	人工膜(BLM)
厚度/nm	电镜法	4~13	6~9
	X-光衍射法	4~8.5	—
	光学法	—	4~8
	电容法	3~15	4~13
电动势差(静止时)/mV		10~88	0~140
阻抗/($\Omega \cdot cm^2$)		$10^2 \sim 10^5$	$10^3 \sim 10^9$
电容/($\mu F \cdot cm^{-2}$)		0.5~1.3	0.3~1.3
击穿电压/mV		100	100~550
折光指数		1.6	1.37~1.66
界面能力/(10^{-5} N·cm^{-2})		0.03~3.0	0.2~6.0
水的渗透性/(10^{-4} cm·s^{-1})		0.25~400	8~50
兴奋性		有	有

一种孔道蛋白(例如α溶血素)可以用来检测单个分子与离子通道的结合,该结合过程体现在流过孔道的电流减小。类似的方法还可以用于二价金属阳离子[23]和细胞信号分子[24]的随机传感(Stochastic sensing)。众所周知,多组氨酸基序列可以与二价金属阳离子产生强烈的相互作用,因此常被应用于蛋白的纯化。在α溶血素的孔道中构建4个组氨酸的短肽序列就能检测二价金属阳离子[24]。同样,在α溶血素的孔道中构建一个由14个精氨酸组成的环状结构可以实现细胞分子信号的检测。作为一个二级信使,纤维醇1,4,5-三羟甲基氨基甲烷磷酸盐(1,4,5-trisphosphate)中的磷酸基团可以与精氨酸组成的环相互作用,从而有效地阻塞孔道。通过修饰的α溶血素孔道进行的电流检测可以表明与分析物浓度相关的结合物种的结合频率。调制电流的振幅与分析物在通道中的结合时间可以判断已知物种的特殊识别[25]。由于每次只有一个分子可以进入通道中,因此分析物的识别只能独自进行,这也意味着同一个孔道可以相继被用来进行多种分析物的检测。综上所述,BLM是悬浮在溶液中的非支撑磷脂膜,因此不受膜与基底相互作用的干扰,这就意味着跨膜蛋白与磷脂双层膜结合后可以保持良好的活性和流动性。然而由于磷脂膜的稳定性较差,因此也限制了BLM的寿命,应用于BLM的检测方法也相应受限。

2. 固体表面支撑平板双层膜

与非支撑平板双层膜相比,固体表面支撑平板双层膜(Solid supported lipid bilayers, s-SLB)更加稳定。固体基底也使得一些特殊的表面分析技术能够应用于磷脂双层膜的表征。在固体表面支撑磷脂膜体系中,膜的流动性是依靠基底与磷脂膜之间厚1~2 nm的水层来维持的。对于支撑磷脂双层膜的基底种类有一些限制条件,为了得到高质量的磷脂膜(几乎没有缺陷且流动性很好),基底表面应该是亲水、平滑并且洁净的。理想的基底有石英玻璃[26]、硼硅酸盐玻璃[27]、云母[28]、金[29]等。还有很多研究人员致力于TiO_2和$SrTiO_3$单

晶及 $LiNbO_3$ 晶体上的 SiO_2 薄膜上制备磷脂膜的研究[30,31]。此外，TiO_2[32]，ITO（氧化铟锡）[33]，Au[34]都可作为支撑磷脂膜的固体基底。

在平板支撑基底上制备磷脂双层膜通常有3种方法[35]，如图1.5所示。

（1）第一种方法是先通过Langmuir-Blodgett技术把下层磷脂从气液界面转移出来，然后通过Langmuir-Schaefer技术把上层磷脂转移出来，该过程是通过水平浸渍基底来制备第二层磷脂膜，如图1.5(a)所示。

（2）第二种方法是通过磷脂囊泡从悬浮液到基底表面的吸附来实现的，如图1.5(b)所示。

（3）第三种方法就是前两种方法的结合，首先通过Langmuir-Blodgett技术转移出单层膜，然后再通过囊泡融合形成上层磷脂膜，如图1.5(c)所示。

以上3种成膜方法都有各自的优缺点。磷脂单层从气液界面转移到固体基底的技术可以追溯到20世纪20年代[36]。1985年，Tamn和McConnell等人[26]将玻璃片和石英片经亲水处理或烷基化处理后，采用Langmuir-Blodgett技术连续两次将磷脂单层沉积到基底上，形成磷脂双层膜，这种方法适用于所有种类的磷脂，也能将功能性物质在L-B膜池中重组入单层后带入磷脂双层。然而应用该技术进行跨膜蛋白的研究是非常困难的，这是由于磷脂膜在转移过程中会将嵌入的跨膜蛋白暴露在空气中引起蛋白质的失活。

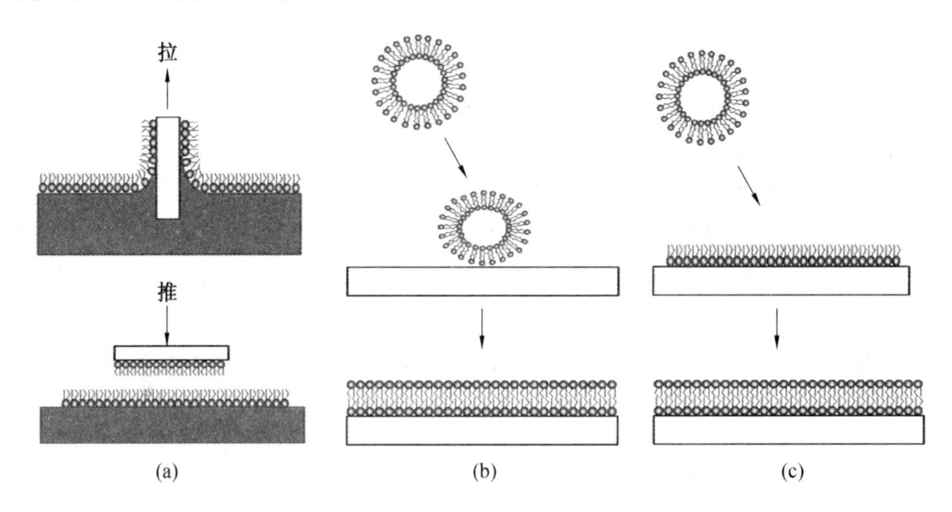

图1.5　3种不同的固体表面支撑平板双层膜的制备方法示意图

单层小囊泡(Small uniamellar vesicle, SUV)的吸附融合技术是3种方法中最简单易行的成膜方法。SUV的制备方法也是多种多样的，最简单的方法就是高压下通过聚碳酸酯薄膜挤压多层磷脂囊泡来制备SUV[37-40]。另一种方法是超声和超速离心磷脂悬浮溶液[41,42]。而跨膜蛋白的嵌入则需要像透析去除表面活性剂这样温和的方法来实现。影响SUVs在固体基底表面的吸附融合过程的因素有以下几个方面：囊泡的组分、尺寸、基底表面电性、表面粗糙度、表面洁净度、溶液pH、离子强度和囊泡的渗透压等[31,43]。该过程首先是囊泡从本体溶液到基底表面的吸附，然后发生囊泡的破裂和融合，从而在基底表面形成磷脂双层膜，该过程因不同种类磷脂的化学性质不同而有所差异[44]。一些二价阳离子，如 Ca^{2+} 和 Mg^{2+} 的存在可以加速吸附过程。加热、囊泡表面的渗透梯度及一些融合剂（如聚乙烯乙二醇）的加入[45]都能加速SUVs的融合过程。尽管囊泡的吸附融合形成磷脂膜的确切机制尚未被充分揭示,但是该体系的数学模型与实验结果能够很好地吻合[46]。Langmuir-Blodgett 技术与囊泡融合技术相结合也可以制备支撑磷脂双层膜。该方法是在制备好的磷脂单层膜上进行 SUVs 的融合。该法可以高效地制备非对称磷脂双层膜,并实现跨膜蛋白在支撑磷脂膜中的嵌入[47]。磷脂膜之所以能固定在固体支撑物上是依靠范德华力、静电作用力、水合作用及疏水作用[27]。在玻璃基底上制备的 egg PC 的磷脂双层膜体系中,基底与磷脂膜之间的水层可以有效地润滑磷脂使其可以自由移动,磷脂的横向扩散系数为 1 ~ 10 $\mu m^2/s$[48]。由于不受保护的支撑磷脂双层膜在经过气液界面时容易从支撑基底上脱落下来,这使得利用其来研制传感器存在困难。如果磷脂双层膜体系制备好后可以干燥保存,在使用之前可以与水作用而恢复膜的性质,那么这将成为固体支撑磷脂膜的一大优势。一些杂化磷脂双层膜[49]、蛋白质固定的磷脂双层膜及用含有丁二炔的磷脂制备的聚合物磷脂膜体系可以在空气中保持稳定[50,51],然而这些体系要么流动性较差,要么几乎全部被蛋白质覆盖。这些问题仍然限制了这些体系在传感器中的应用。近年来,Albertorio 等人[52]制备出一种新型的在空气中能保持良好稳定性的磷脂膜体系,该体系具有良好的流动性。该方法是将含有聚乙二醇(PEG)修饰的磷脂酰乙醇胺(PE)的囊泡铺展在玻璃基底表面,从而形成磷脂双层膜(图 1.6)。双层膜中的 PEG-PE 磷脂主要有以下两个作用:一是增加膜的弯曲弹性模量;二是使膜与基底间的水合层厚度增加,这种制备方法能使磷脂膜在空气中保持稳定。

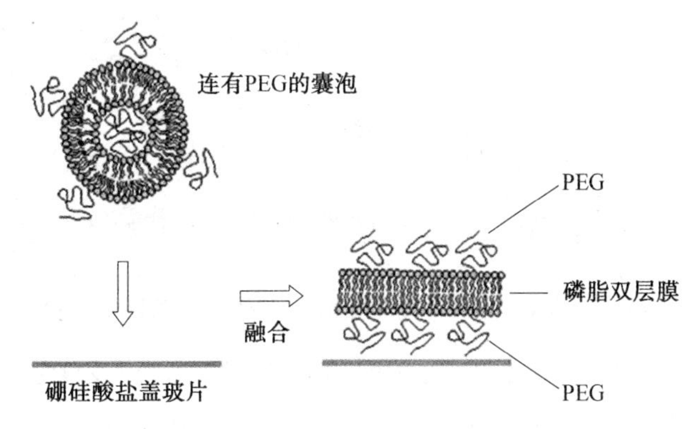

图 1.6　连接有 PEG 的磷脂囊泡在基底表面铺展融合形成的磷脂双层膜体系[52]

一般来说,磷脂膜经过冷冻以后会发生收缩和破裂[53,54]。2006 年,Granick 等人在电中性磷脂中加入带正电的磷脂,用其在云母表面制备出的磷脂双层膜在冷冻后变成凝胶状态从而不发生破裂[53]。他们认为这种混合磷脂可以阻止磷脂膜在冷冻时发生磷脂偶极的重组过程,进而抑制膜发生收缩和破裂。利用固体支撑物作为基底制备磷脂膜的优点在于它明显提高了磷脂双层膜的韧性和稳定性。然而固体支撑磷脂双层膜在基底的生物相容性方面也存在一定的局限性,由于磷脂膜与基底间距离(1 ~2 nm)过小,跨膜蛋白嵌入膜中后会与基底发生相互作用,阻碍膜蛋白在膜中的流动,从而抑制其发挥作用。

3. 固体支撑杂化双层膜

自组装膜(Self-assembly monolayers, SAMs)在电极表面的修饰一直是科学家们关注的热点[53,55]。由于自组装烷基硫醇稳定性高,且容易使金属表面烷基化,在金属基底上制备烷基硫醇/磷脂膜杂化膜也日益引起人们的重视。1983 年,Nuzzo 和 Allara[56]首次在金表面实现了烷基硫醇的自组装,从而为固体支撑杂化膜的制备提供了良好的疏水基底。杂化双层膜最简单的形式就是由金属支撑的硫醇自组装膜和一层磷脂单层膜构成,如图 1.7(a)所示[57]。很多种类的硫醇都能在金表面实现自组装。十八烷基硫醇形成的自组装膜致密且排列有序,因此常用于杂化膜的制备。自组装膜的制备过程较为简单,只需将洁净的金基底在 1 mm 的硫醇乙醇溶液中浸泡 12 h 即可[57]。此外,Langmuir-Blodgett 技术也可用于制备自组装膜[58]。囊泡融合法和磷脂从气液界面的转移法都可用于自组装膜上磷脂单层膜的制备。研究表明,水溶液中的囊泡可以在疏水的硫醇自组装膜表面自发地铺展,该过程已通过表面等离子体共振技术、循环伏安法和交流阻抗法等技术得到证实。磷脂单层膜还可以从气液界面转移到硫醇自组装膜的表面,该过程需要将 Langmuir 槽支撑的磷脂单层膜水平地转移出来。

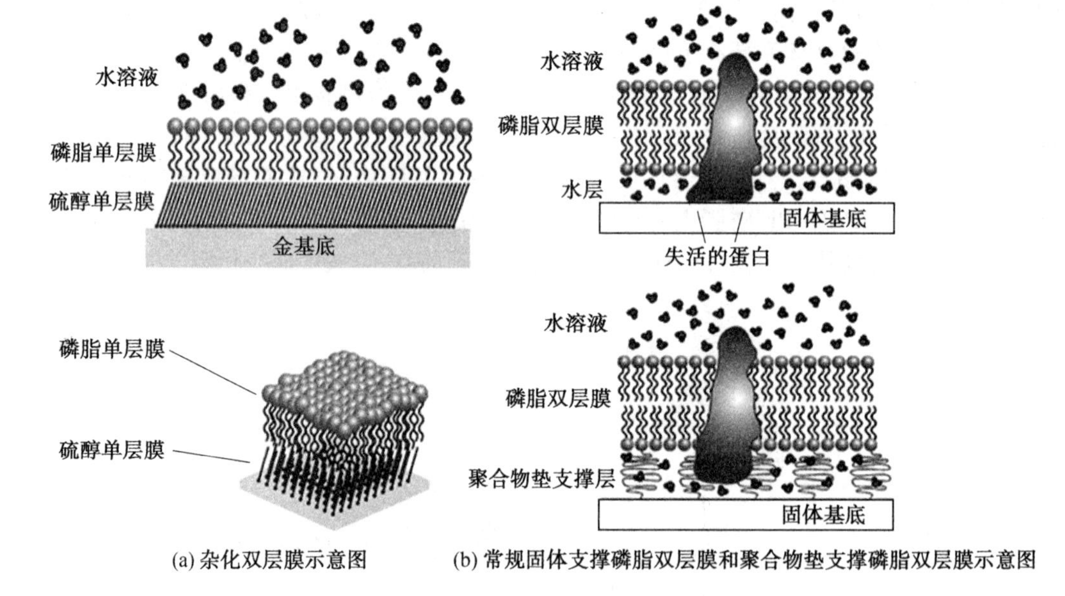

图 1.7　由硫醇自组装膜和磷脂单层膜构成的杂化双层膜及聚合物垫支撑的平板双层膜示意图[34]

利用不同种类的烷基硫醇、磷脂及膜组分添加剂(如固醇、蛋白质等)可以改变杂化双层膜的物理性质。比如,增加烷基硫醇或磷脂的链长可以增加膜的厚度,从而减小膜的电容,并且囊泡的组分也可以改变杂化膜的性质。将连接有配体的磷脂嵌入膜中对于研究其与相应受体间的结合(Binding)动力学很有益处[59]。

位于下层的 SAM 层必须经过一些特殊的修饰才能使跨膜蛋白和活性多肽嵌入膜中。在硫醇基底上引入环氧乙烷间隔单元就可以实现跨膜蛋白质(如 α 溶血素、蜂毒素)的嵌入,这些蛋白质可以改变膜的电学性质。循环伏安法可以用来研究蜂毒素与膜的相互作用,中子反射测量技术(Neutron reflectometry)可以研究蜂毒素在膜中的取向。

杂化磷脂膜在传感器的应用方面具有很多优点,最重要的一点是磷脂单层膜可以直接与金属表面相结合,这使得电化学测量技术、表面等离子体共振技术和石英晶体微天平技术都能用于无标记分析物的检测。由于硫醇 SAM 层与基底之间作用力很强,因此杂化磷脂膜比固体支撑膜的稳定性更强。在气液界面形成后,干燥和再水化都不会改变杂化膜原有的物理和化学性质,但是 SAM 的引入也使杂化磷脂膜具有一定局限性。与一般的磷脂单层膜相比,硫醇 SAM 单层在结构上更加趋于晶体,这就限制了杂化膜的流动性。此外,蛋白质的嵌入也受 SAM 单层密度的影响,同时也影响嵌入蛋白的功能。

4. 聚合物垫支撑磷脂双层膜

尽管固体支撑磷脂双层膜和杂化双层膜都能为研究很多细胞过程提供良好的平台,但是在重组跨膜蛋白,尤其是较大的外周蛋白的膜环境时仍存在很大困难[60]。这是由于磷脂膜与固体基底之间水层的距离太短(1 ~2 nm),跨膜蛋白的外周部分很容易与基底接触发生变性失活,如图 1.7(b)上图所示。基底组装上聚合物可以有效地避免跨膜蛋白与基底的接触而变性,如图 1.7(b)下图所示[34]。

聚合物层的引入有效地将磷脂膜与基底表面分隔开来,并且可以用一系列的表面分析技术对其进行检测。含有聚合物层的磷脂膜体系还能避免跨膜蛋白的非特性吸附,而该过程经常发生在固体支撑磷脂双层膜的缺陷位点上。在电学检测时,过多数量的缺陷位点会使电子或离子流过基底,从而导致很高的背景响应及较低的信噪比。红细胞的细胞膜是由一个蛋白质阵列骨架支撑起来并保持其原有的形状,聚合物支撑的磷脂膜就可以模拟这种细胞骨架,这种体系的设计需要严格保证表面作用力的平衡。在该体系中,如果磷脂膜与聚合物层间的作用力较弱将导致体系不稳定。因此,要首先保证聚合物层能共价吸附在基底上,其次就是聚合物中要嵌入含有脂锚或者烷基链的磷脂,这样就能有效地将磷脂膜与聚合物层连接起来。一般来说,聚合物支撑层要具备柔软、亲水性良好、带电性较低、没有大面积的交叉等特性。可用作制备聚合物支撑的磷脂膜体系的聚合物有葡聚糖、纤维素、壳聚糖、聚电解质、脂类聚合物等。其中,聚电解质和脂类聚合物是较常用的聚合物垫片。聚电解质可以通过层层沉积直接吸附在多种基底上,该方法可以控制聚合物垫片的厚度。已有报道用聚乙烯亚胺(Poly ethylen imine,PEI)在云母和石英上制备磷脂双层膜。在金属基底上(如 Au 基底),聚电解质可以吸附在 SAMs 上,Au 上含巯基的十一烷酸可以交替吸附 PDDA(Poly diallyl dimethyl ammonium chloride)和 PSS(Poly (sodium-4-styrene sulfonate))来制备聚合物垫片。

聚电解质垫片主要靠静电作用力来稳定整个体系,因此带电量的改变是关键。基底与聚合物间的静电吸引使聚合物层牢固地连接在基底上,范德华作用力、氢键及静电作用力使磷脂膜与聚合物之间紧密结合。当聚电解质层沉积在基底上后,表面电荷将排斥电性相同的材料使其远离表面。在合适的沉积条件下,聚电解质吸附层的数目与厚度呈线性关系。然而依靠静电吸附的聚电解质作为聚合物垫片也存在一些局限性,电荷太多不仅会反过来影响膜组分的功能及流动性,还将改变蛋白质与聚合物层间的相互作用。这些作用力直接受溶液 pH 和离子强度的影响。

脂类聚合物是另一类常用的聚合物垫片。它是一种柔软又亲水的聚合物层,其表面的类磷脂分子可以嵌入磷脂膜中,从而将磷脂膜与聚合物层连接起来。这种形式的连接受溶液条件(如溶液 pH、离子强度)的影响较小,然而大面积的连接会影响支撑膜中一些组分的流动性[61]。一般来说,脂类聚合物靠共价键与基底相连。脂类聚合物在基底的附着可以通过光反应耦合、金硫键、环氧基团或硅烷键合来实现。常用于合成脂类聚合物的聚合物骨架有丙烯酰胺、多肽和乙二醇。聚合物垫片应具备在溶液环境中膨胀的能力,并且不与磷脂膜和膜中任意组分发生反应。因此,聚合物垫片在溶液中或者潮湿环境中的膨胀能力可作为该聚合物是否适合做支撑物的一个评价标准。研究表明,聚合物层的膨胀程度也会影响支撑膜质量的好坏。聚合物的膨胀程度可以通过椭圆偏振技术或者表面等离子体共振技术进行检测。聚合物垫片上磷脂双层膜的形成可以通过囊泡融合或 Langmuir-Blodgett/

Langmuir-Schaffer 技术转移来实现。含有蛋白质的囊泡可以在这些已沉积的单层上发生融合,从而形成含有跨膜蛋白的支撑膜体系[61]。如果该跨膜蛋白的外周部分倾向于朝向细胞膜的一侧,那么通常外周部分蛋白会朝向本体溶液。聚合物层中过多的连接分子会降低支撑膜的流动性,改变磷脂的相转变温度。在某些情况下,聚合物支撑的磷脂膜比那些直接在氧化物基底上形成的磷脂膜体系稳定性更低,缺陷更多。

1.2.3　液滴界面双层膜

液滴界面双层膜的思想最早起源于 1966 年 Tsofina 等人[62]发表在 *Nature* 上的一篇文章。然而之后该方面的研究没有得到进一步发展,直到 2005 年,David Needham 在温哥华的“Lipids, liposomes and biomembranes”会议上提出在含有磷脂的油溶液中的两个水滴之间可以形成磷脂双层膜,自此以后,牛津大学的 Hagan Bayley 课题组一直从事该方面的研究工作并取得了一系列的研究进展。水滴浸入油-磷脂的混合溶液中在其表面会自发形成一层磷脂单层膜,当两个这样的液滴在油-磷脂混合溶液中接触后,在两液滴的界面间就会形成一层磷脂双层膜,即液滴界面双层膜(Droplet interface bilayer, DIB)体系。将膜蛋白分散到其中一个液滴中,它能嵌入 DIB 中。将电极插入液滴中施加电压后,可以测量通过离子通道的电流。液滴可以用移液管手动加入油溶液中,也可以通过微流控装置将油-磷脂溶液与水流混合。与用 Montal-Muller 法制备出的非支撑磷脂膜体系相比,DIB 体系的稳定性可高达几天甚至数星期,即使在持续通电的情况下,其稳定性仍然较好。DIB 体系之所以能如此稳定,主要得益于以下几点因素:

(1)DIB 界面的作用力不同于 Montal-Muller 法制备出的非支撑磷脂膜体系。

(2)DIB 体系无须环形物支撑,而是靠周围油溶液的支撑,因此膜不会分散。

(3)用于形成 DIB 体系的磷脂数量充足。

(4)由于液滴一直浸于油溶液中,双层膜受到的流体静力冲击力最小,在传统的双层膜装置中,存在来源于装置两侧流体水位差导致的单侧压力。

DIB 体系的形成方法主要有两种:一种是外部磷脂法(Lipid-out),即将磷脂溶解在油相中,加入水滴后磷脂分子自发地在其表面形成一层单层膜,如图 1.8(a)所示[62,63,64];另一种是内部磷脂法(Lipid-in),即将磷脂囊泡直接分散在油相中的水滴中,两种水滴中的磷脂组分可以不同,常用这种方法制备非对称的磷脂双层膜,如图 1.8(b)所示[65]。两种方法在磷脂双层膜形成之前都需要一段时间使液滴表面单层膜稳定形成。一般来讲,第一种方法所用的时间(<5 min)要比第二种方法所用的时间短(<30 min)。

与传统的磷脂双层膜一样,DIB 可以承受 150 mV 以上的电压[64],液滴的位置可以由 Ag/AgCl 电极直接控制。电极表面包覆的琼脂糖使其具有良好的亲水性,因此可以将液滴牢牢抓住。通过将两液滴接触或分开,可以精确地调节 DIB 的面积,这非常有利于单通道的研究。譬如,一开始为了保证离子通道最大限度地嵌入,可以尽可能增大双层膜面积,等嵌入过程完成后,可以通过减小双层膜的面积来提高灵敏度[66]。

磷脂双层膜除了可以在两个液滴之间形成外,还能在液滴与平板水溶性介质中形成。这类平板支撑物可以是缓冲溶液,也可以是固体(如玻璃)或半固体基底(如水凝胶),这些基底必须具有良好的亲水性,并且在其表面能够形成磷脂单层膜。Wallace 课题组就在水凝胶和液滴之间制备出了磷脂双层膜(Droplet-on-hydrogel bilayer, DHB)[66,67]。与 DIB 类似,

DHB中液滴表面形成磷脂单层膜时,磷脂既可溶在油相中,也可以磷脂囊泡的形式溶在水相中。DHB具有良好的机械稳定性,该法制备出的磷脂双层膜稳定性可达数周。

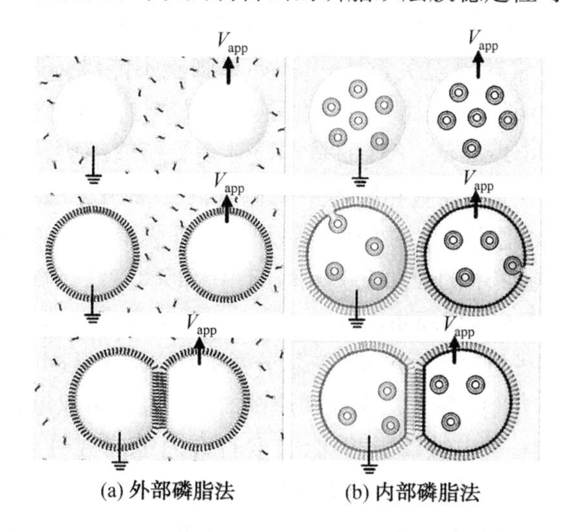

图1.8　外部磷脂法和内部磷脂法示意图[65]

DHB体系在水平基底上制备磷脂双层膜,因此其还具有一大优点,就是可以直接用光学成像检测成膜。例如,在一个厚度不到100 nm的固体基底上成膜,可以利用全内反射荧光显微镜(Total internal reflection fluorescent microscopy, TIRFM)观察到双层膜中单荧光分子的扩散[67]。而DIB体系中单分子荧光的检测则需共聚焦显微镜来实现。通过两个液滴之间的接触可以制备一个磷脂双层膜,Hagan Bayley等人推测将几个表面覆盖有磷脂单层膜的液滴连接起来可以制备出由DIB连接的液滴网络,如图1.9(a)所示。这种液滴网络的阵列在基底表面上更易实现,例如,在一个表面含有经过微机械加工圆形凹槽阵列的塑料表面上,只需将表面覆盖膜的液滴移入这些凹槽中即可形成图1.9(b)所示的液滴网络阵列。凹槽之间的间隔距离和液滴直径决定DIB的面积大小,网络的形状也可以改变。用琼脂糖包裹的电极可以将液滴提拉出来,用其他液滴可以直接替代被提拉出来的液滴,而且液滴重排的作用力不会破坏附近的DIB。DIB网络的稳定性可达几天甚至更长[64]。

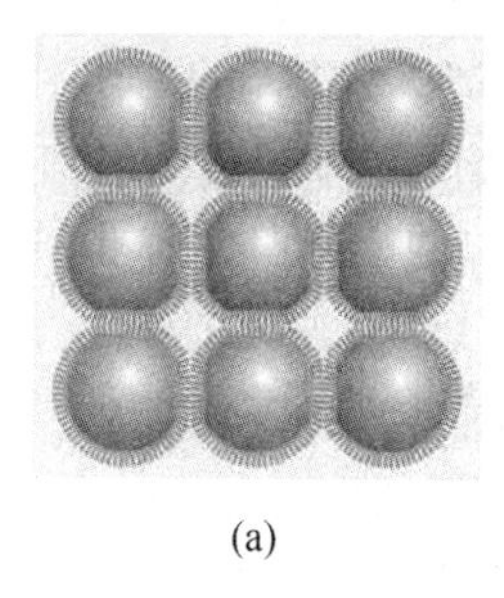

(a)

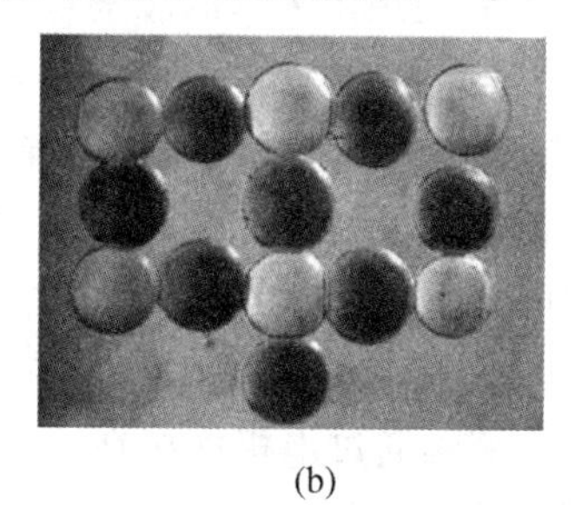

(b)

图1.9　由DIB连接的液滴网络阵列示意图和实物图[64]

关于DIB的应用,主要从以下几方面来介绍。

(1)非对称磷脂双层膜对膜蛋白行为的影响。

目前很多离子通道的研究都是在对称的磷脂双层膜中进行,然而现实生物膜中很多模型的磷脂都是非对称的。在真核细胞中,阴离子型的磷脂和含有胺类的磷脂一般位于朝向细胞质的一侧,而外层磷脂一般是富含胆碱的磷脂和鞘糖脂(Glycosphingolipids)。原核细胞中,内侧磷脂一般为数量较多的磷脂酰乙醇胺(Phosphatidylethanolamine),外层磷脂一般为磷脂酰甘油(Phosphatidylglycerol)[68,69,70]。细胞膜的非对称性主要是靠 ATP 的转运过程来维持,这对细胞行使其正常功能至关重要[71]。如果细胞不能维持膜的这种非对称性质,细胞表面的化学成分将发生改变,从而导致其性质发生根本性变化。例如,位于细胞外表面的磷脂酰丝氨酸(Phosphatidyl serine, PS)的暴露通常是受伤或细胞凋亡的信号[68],致使吞噬细胞识别并吞没这些细胞。癌细胞和肿瘤中的血管内皮细胞也通常将 PS 暴露在表面[72]。Hagan Bayley课题组[65]利用非对称的 DIB 体系研究了外膜蛋白 G(OmpG)的行为,该行为与蛋白质在非对称磷脂双层膜中的取向有关。他们用内部磷脂法,制备出一侧带正电(DPhPC 中含 10%(摩尔分数) DDAB(Dimethyl dioctadecyl ammonium bromide,二甲基二十八烷基溴化铵)、另一侧带负电(DPhPC 中含 10%(摩尔分数) DPPG(1,2-dipalmitoyl-sn-glycero-3-[phosphorac-(1-glycerol)],1,2-二棕榈酰磷脂酰甘油)的磷脂双层膜。当 OmpG 从带负电一侧嵌入双层膜(-/+)中,与中性磷脂相比,自发打开通道的数目会增加,而当其从带正电一侧嵌入双层膜(+/-)中,自发打开通道的数目会相对减少。

(2) DHB 在单分子荧光检测及蛋白质检测中的应用。

单分子荧光测量技术可以研究膜过程的动力学性质和异质性,例如膜蛋白复合物的组装机制等[73]。磷脂双层膜中的单分子荧光可以在活体中[74]、固体支撑的双层膜[75]、小孔上形成的双层膜[76]或者玻璃移液管的末端形成的双层膜中实现[77]。然而以上方法存在以下缺点:

①尽管活体中的单分子荧光实验可以展示真实生命系统的分子行为,但是由于不能人为控制膜磷脂组分,一些实验数据很难解释。

②固体支撑的磷脂双层膜会受到固体基底的影响,该法形成的磷脂双层膜可能存在缺陷。

③非支撑的磷脂双层膜可以在小孔上或移液管底部形成,然而该法一般所需装置复杂,而 DHB 装置相对简单。

不仅如此,较长的稳定性使很多难以在传统方法制备的磷脂膜体系中进行的实验在 DHB 体系中都能进行。DHB 体系形成示意图如图 1.10(a)所示。Wallace 等人利用 TIRF 显微技术和单分子追踪技术(Single-particle tracking)研究了 DHB 中磷脂分子的扩散行为[67]。DHB 体系磷脂双层膜的流动性高于玻璃基底支撑的磷脂膜流动性,而与非支撑磷脂膜接近。而且 DHB 体系中磷脂与基底之间的相互作用几乎可以忽略不计,这一点明显优于玻璃支撑的磷脂膜体系。DHB 体系还可用于蛋白质的检测,图 1.10(b)中上图为两种不同类型环糊精 γCD 和 βCD 与 α 溶血素反应的电流响应曲线,下图是两种环糊精的结合频率随 DHB 位置的变化曲线[66]。液滴通过电极连接在一个三维微控制器上,然后将其浸入含有磷脂的油溶液中,稳定一段时间后就能形成 DHB。通过微控制器可以将液滴转移到其他位置重新形成 DHB,从而能够重新嵌入离子通道。这样一个直径为 200 μm 的双层膜能够在几厘米的凝胶表面范围内移动,从而进行两个方面的检测:一是检测位于凝胶中的通道阻断剂的性质;二是检测凝胶区域的膜蛋白。在第一项检测中,DHB 中的 α 溶血素被用作分子传感器来检测聚丙烯酰胺凝胶中的阻断剂。α 溶血素从液滴一侧嵌入 DHB 中,当 DHB 被转移到凝胶表面时,磷脂膜中的跨膜孔道依然存在,通过电学检测就能捕捉到这些跨膜孔道与凝胶中的阻断剂发生短暂的结合行为。例如,可以用野生型的 α 溶血素来区分两种嵌在不同凝胶区域(距离约 10 mm)的环糊精分子。环糊精分子可以与 α 溶血素的 β 面结合[78]。第二项检测是利用液滴检测膜中通道和孔道,如图 1.10(c)所示,包括 α 溶血素、病毒性的钾离子通道 K_{cv}和大肠杆菌中的外周膜孔蛋白。这几种蛋白在电泳作用下分离后,DHB 可以直接检测到凝胶中的这些蛋白。当 DHB 被移动到含有这些蛋白质的区域时,这些蛋白就能嵌入 DHB 的磷脂膜中,通过单通道记录技术就能表征这些通道和孔道。将 DHB 分离时可以清除那些已嵌入的膜蛋白,当磷脂膜重新形成时又能嵌入新的蛋白,因此一个 DHB 就能检测多种类型的通道或孔道。这种检测方法还有一个很大的优点就是灵敏度高。例如,该法能够检测到大肠杆菌中低水平的内生孔蛋白(Endogenous porins)。这种灵敏度不需要过度表达,开启了发现和表征新通道的蛋白质组学实验的大门。

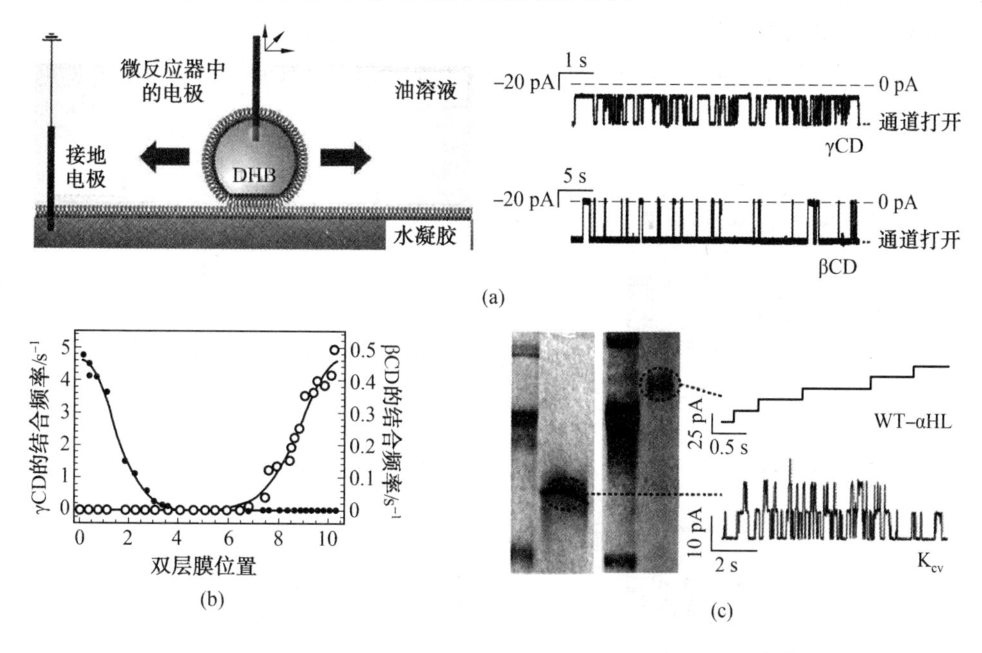

图 1.10　DHB 体系形成示意图及其在蛋白质检测中的应用[66]

(3)DIB 网络的电学行为及应用。

DIB 网络中的液滴可以被看作是通过双层膜中的嵌入蛋白来行使功能的人造“原始细胞”。这些人造“原始细胞”已经可以行使基因转录[79,80]、蛋白质合成[81]及产能和储能[82,83]等功能。功能化的 DIB 网络为研究生物系统中一些基于膜的现象提供了一个很好的平台。比如,可以设计一个 DIB 网络来模拟心脏窦房节点(Sinoatrial node)的电学行为。

当膜体系中的一个孔道阻塞分子与孔道结合或从孔道中游离出来,由于在双层膜中施加了一个常量电压,穿过孔道的电流会瞬间发生改变。膜中所有的电流阻塞行为都保持相同的数量级和形状。为了进行对比,Hagan Bayley 等人[63]建立了一个含有跨膜孔道和可逆孔道阻塞分子的 DIB 网络。由于该体系含有多个双层膜,当孔道阻塞分子与孔道结合或分离时,施加在体系上的固定电压会在网络的双层膜中重新分配,因此整个网络中的电流不会瞬间达到新的稳态值。此外,尽管阻塞分子与孔道的结合或分离是类似的物理过程,但是网络的电流效应还取决于以下几个因素:双层膜面积、每个双层膜中孔道的数目及孔道的取向。在图 1.11 所示的“O-U”(Oxford university)网络中,Bayley 等人观察到两种类型的阻塞行为，这两种不同的行为取决于图 1.11(a) 中箭头所指液滴中的阻塞分子是与左侧的双层膜孔道相结合还是与右侧的双层膜孔道相结合。由于 DIB 网络稳定性较高，因此可以用于制备一些功能化的体系。通过将诸如离子通道、孔道、离子泵等膜蛋白嵌入网络中可以模拟一些生物过程。Bayley课题组就利用 3 个耦合的液滴根据浓度梯度设计出了一种生物电池，如图 1.12(a) 所示[64]，左边的液滴含有 α 溶血素突变体 (N123R)，具有一定的阴离子选择性。左边液滴和中间液滴分别含有 100 mmol/L 和 1 mol/L NaCl 盐溶液，右边液滴为含有 M113F/K147N α 溶血素 (αHL) 和 β 环糊精 (βCD) 的 1 mol/L NaCl 溶液。左边和右边的液滴通过 Ag/AgCl 电极与膜片钳放大器相连。通过将中间的液滴移到左右两液滴之间，磷脂双层膜就在两个界面间形成了。将孔道嵌入两个界面后，N123R 孔道将允许更多的 Cl^- 从中间液滴流向左侧液滴，这样就为右侧液滴提供了约+30 mV 的电压。该电压作用于整个体系，这样就能观察到 M113F/K147N α 溶血素孔道和 β 环糊精的束缚 (Binding) 作用，如图 1.12(b) 所示。除了自驱动电池外，Bayley 等人还基于光驱动的质子泵 (Bacteriorhodopsin, BR) 构建了一种光敏网络[64]。

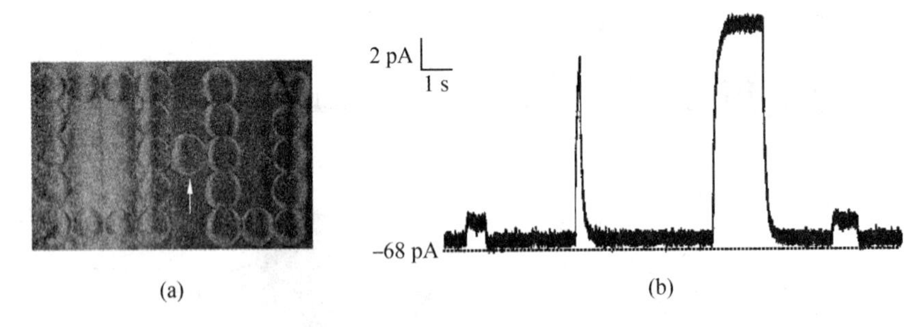

(a) (b)

图 1.11 26 个液滴组成的"O-U"型 DIB 网络及其电流响应曲线[63]

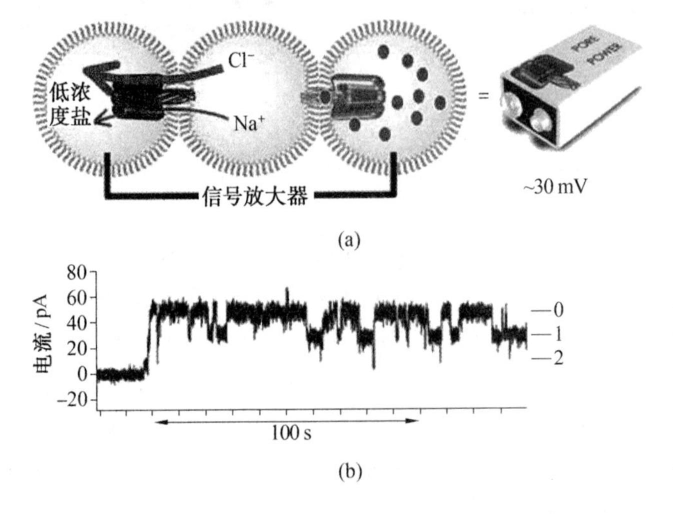

(a)

(b)

图 1.12 以浓度梯度为动力的电池设计[64]

DIB 体系稳定性很好，具有很好的应用前景。预计可将其应用在生物合成方面，譬如可以利用液滴构建一个以蛋白质和 DNA 作为组分的纳米微型机器，然后建立一些微型液滴网络来模拟活体的组织或器官；或许还能利用 DIB 体系制造出可以储存并传递能量的发动机。

受到液滴界面双层膜(DIB)[66,84,85]的启发,并结合固体表面支撑磷脂双层膜,笔者课题组[86]提出新型的具有高阻抗的液固界面磷脂双层膜,利用液滴在含有磷脂的有机溶剂中形成单层磷脂膜,控制其与单层膜修饰的基底进行接触制备液-固界面磷脂双层膜,其阻抗可以通过控制水滴和浸在含有磷脂的油溶液中的导电固体基底的接触面积进行控制,如图 1.13 所示。这种高阻抗的磷脂膜稳定并且可以实现离子通道活动的检测,这种高阻抗磷脂双层膜系统具有成本低和稳定性高的特点,在离子通道研究和高通量药物筛选领域具有巨大潜力。

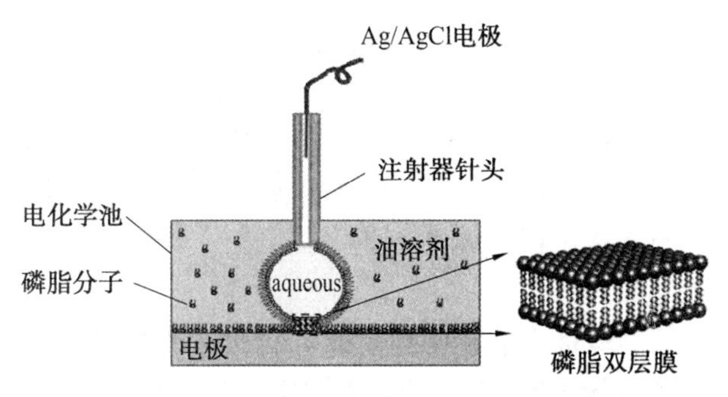

图 1.13　高阻抗的液-固界面磷脂双层膜形成示意图[86]

1.3　磷脂组装体

目前,利用天然或非天然的磷脂人工控制磷脂的组装,进而研究其组装体的性质、功能与应用是当前许多研究领域比较关注和感兴趣的课题。磷脂分子均由极性的亲水头部和两条疏水的尾部组成。由于其基团间的亲疏水特性,磷脂分子可以有不同的组装形式,主要为六角相、胶束、双层膜和立方相等结构,而磷脂双层膜可进一步组装成为更稳定的宏观球体结构或中空的管状结构。呈球状结构的组装体即为磷脂囊泡。由于尺寸与细胞相近的巨型磷脂囊泡(Giant uniamellar vesicle,GUV)结构类似于所有生物细胞膜的封闭磷脂双层膜结构,成为研究细胞生物膜的良好模型,而磷脂管作为磷脂分子的另外一种存在状态,除了在生物体内细胞间的能量和物质转移过程中起着重要作用之外,在生物体外,磷脂分子自组装成的中空磷脂管在许多领域的潜在应用也倍受关注。以磷脂管为模板进行功能化复合结构的构建正逐渐成为一个新兴的研究领域。

1.3.1　磷脂囊泡

磷脂囊泡又称脂质体,是指磷脂双分子层将水相分隔为内、外两部分的模型膜体系,是一种闭合结构。Bangham 等人[87]于 1965 年发现磷脂可以在水相中自组装形成磷脂囊泡。由于一般的磷脂分子均由一个极性头部基团和两条疏水尾部组成,在水相介质中,磷脂的极性头部朝向水相,而磷脂疏水尾部相互聚集而形成磷脂双分子层,进而由一个单一的双分子层形成封闭的磷脂囊泡。其中,内层磷脂的极性头部朝向囊泡的内部水相,外单层的极性头部朝向囊泡的外部水相。磷脂囊泡的尺寸范围从几十纳米到几百微米不等,根据其直径的大小不同可分为小单片层磷脂囊泡(Small uniamellar vesicle,SUV),粒径小于 0.1 μm;大单片层磷脂囊泡(Large uniamellar vesicle,LUV),粒径为 0.1 ~ 1 μm;巨型单层磷脂囊泡(Giant uniamellar vesicle,GUV),粒径大于 1 μm。根据研究模型的需要,可以采用不同的方法实现磷脂囊泡制备。在所有模型膜体系中,直径为微米级的巨型磷脂囊泡因为与细胞具有相近的尺寸与结构,更加成为研究的热点[88,89]。目前,巨型磷脂囊泡已经成为膜渗透压,膜与纳米粒子相互作用[90],药物输送与释放[91],膜的曲度、张力与弹性[92,93]及作为微反应器[94]等研究的极好模型。Yamashita 等人成功地以巨型磷脂囊泡为容器在其内实现了蛋白质的结晶[95]。数十年来,发展了很多制备巨型磷脂囊泡的方法[96,97],如温和水化法[98]、电形成法[99]、相转移法[100]和微流控法[101,102]等,其中电形成法因为产率高、尺寸分布均匀、单层结构为主、缺陷少等优点而成为一种非常有用的技术方法。Angelova 等人于 1986 年发明了电形成法[103],后来 Angelova 等人在平面氧化铟锡(ITO)导电玻璃电极上制备了巨型磷脂囊泡,通过热分析深入研究了磷脂膜的曲度与弹性[104]。Estes 等人也用 ITO 为电极,采用旋涂法将磷脂铺展于 ITO 表面上,研究了磷脂厚度对形成的巨型磷脂囊泡的影响[105]。Okumura 等人以 ITO 和铂丝为电极制备了巨型磷脂囊泡,并更进一步在处于 ITO 电极间的高聚物网膜上制备了巨型磷脂囊泡[106,107]。

以上制备方法中所用的电极在装置中都是面对面的。笔者课题组采用共平面的叉指微电极阵列也制备出了巨型磷脂囊泡[108]。结合光刻技术与电化学方法两种技术[109,110,111],制备出共平面叉指微电极,如图 1.14 所示,并利用该叉指微电极制备出不同种类的磷脂囊泡。图1.15(a)为 50 μm 间距电极上生成的典型 DOPC(1,2-Dioleoyl-sn-glycero-3-phosphocholine,1,2-二油酰基甘油-3-磷酸胆碱)囊泡荧光显微镜图片,图 1.15(a)右图为其局部放大图。由该图可见,在本电极体系中,磷脂囊泡形成状态良好,主要在 ITO 区形成,形成的囊泡平均直径测量值为32.99 μm。对 DOPC 和 egg PC 在同样条件下形成的囊泡进行对比发现,DOPC 囊泡的平均直径稍大,原因在于 DOPC 为单一组分的磷脂,其磷脂层的分离、隆起与弯曲较磷脂混合物 egg PC 更容易。此外,电极宽度和溶液高度均对磷脂囊泡的形成也都有一定影响。由于作用于磷脂层的有效场强随电极宽度的减小而增强,因此在同样时间及条件下,小尺寸的电极上能够形成直径更大的囊泡。利用 Comsol 软件对 200 μm 宽度的叉指微电极产生的电场进行了三维模拟分析,结果表明在 600 μm 的溶液高度位置,其空间的电场强度几乎为 0,因此当溶液高度大于 600 μm 时,其施加于磷脂膜的电场强度在空间分布没有明显区别。不同电场幅值下形成磷脂囊泡的直径分布如图 1.15(b)左图所示,当频率固定为 10 Hz 时,施加电场幅值(V_{pp})为 1 ~10 V 范围内均有典型的巨型磷脂囊泡生成。在 V_{pp} 为 1 ~5 V 范围内,生成磷脂囊泡的直径随着电场幅值的增加逐渐增大,在 V_{pp} 为 5 ~10 V 范围内,生成磷脂囊泡的直径随着电场幅值的增大而逐渐减小,其中在 V_{pp} 为 5 V 时,生成的磷脂囊泡平均直径最大。电场幅值可以影响和控制膜的扰动和分离,电渗流会随着电场振幅的增强而增强[112],进而改变膜相互间作用的强度,增加膜分离的驱动力与水合作用[113]。因此,较大的电场幅值有利于形成较大直径的磷脂囊泡,这就是 V_{pp} 在 1 ~5 V 范围内形成磷脂囊泡直径逐渐增大的原因。但是过强的扰动与分离会导致磷脂层隆起速度过快,增加磷脂膜本身弯曲后的不稳定性,增加弯曲磷脂膜的闭合机会,减小膜的闭合时间。因此,V_{pp} 在 5 ~10 V范围内形成磷脂囊泡的直径反而呈逐渐减小的趋势。当电场幅值高于 10 V 时,磷脂层本身的氧化现象会变得逐渐明显,甚至可以观察到电极指尖处由于过强的电场振幅引起的强烈氧化使得磷脂层变焦、变黑的情况。不同电场频率下形成磷脂囊泡的直径分布如图1.15(b)右图所示。实验结果表明,生成磷脂囊泡的直径总体上随着频率的增加逐渐减小。

形成囊泡的直径由 10 Hz 的 25.65 μm 逐渐减小到 1×10^4 Hz 的 7.65 μm。固定电场幅值同时频率逐渐增大时,电渗的振幅也逐渐增加,这导致磷脂膜的机械扰动,形成了较小的囊泡。T=26 ℃,36 ℃,46 ℃温度下对 egg PC 磷脂囊泡形成也有影响。随着温度的升高,形成磷脂囊泡的直径逐渐增大。共平面叉指微电极制备巨型囊泡的方法突破了双面对电极体系制备巨型磷脂囊泡的限制,进一步扩展和丰富了巨型磷脂囊泡的制备方法。

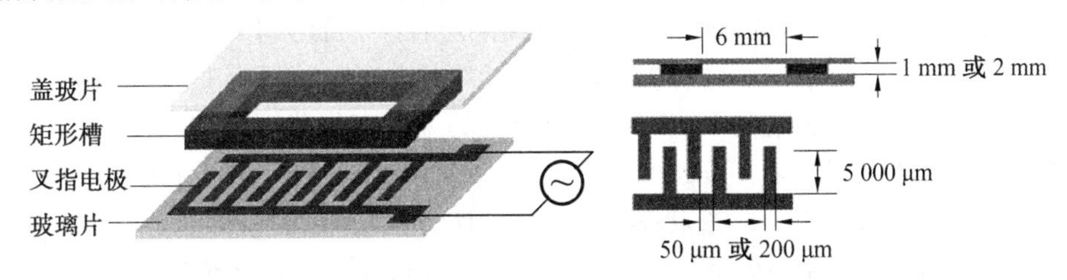

图 1.14　共平面叉指微电极示意图[108]

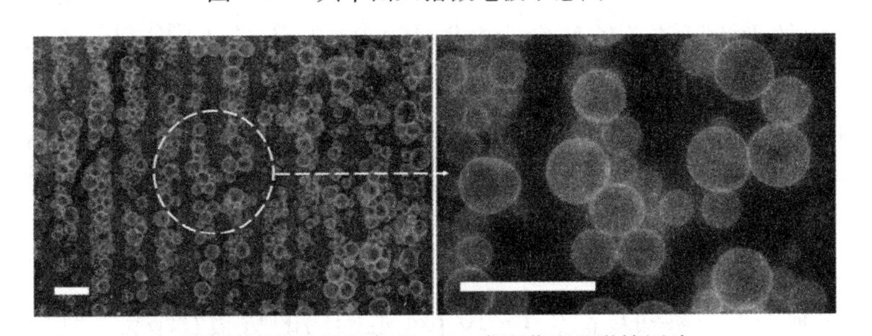

(a) 利用叉指微电极制备的DOPC囊泡荧光显微镜图片

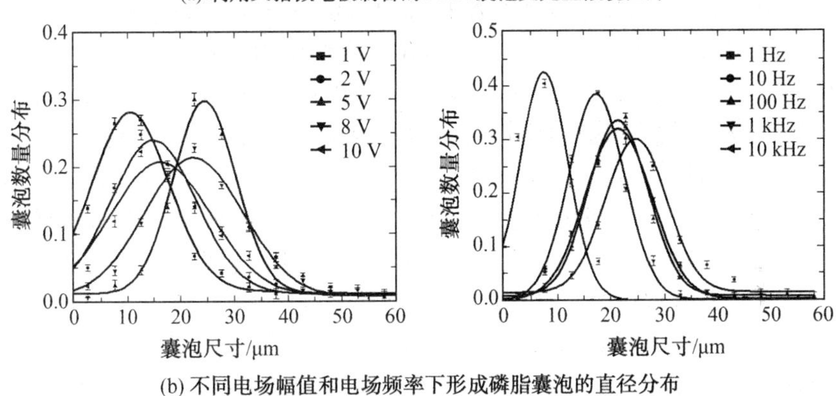

(b) 不同电场幅值和电场频率下形成磷脂囊泡的直径分布

图 1.15　叉指微电极体系制备的 DOPC 囊泡荧光显微镜图片及不同电场振幅和电场频率下形成磷脂囊泡的直径分布[108]

磷脂囊泡还是生物医学中最有前途的药物载体之一,药物的治疗效果由于囊泡到特定组织或细胞的靶向定位特异性和控制释放能力得到增强。药物的泄漏可以通过外部刺激对载体系统的扰动而激活,这主要取决于载体系统本身的性质[114,115]。磷脂囊泡作为纳米/微米尺寸药物输送载体的潜在应用已经吸引了越来越多的关注[116-119],因为它们具有良好的生物相容性及灵活的组成和尺寸[120],此外它们还同时具有亲水化合物到内部水相和疏水化合物到磷脂双分子层间的能力[121,122]。磷脂囊泡内部包封或在磷脂双分子层中间嵌入磁性纳米粒子后的磁性磷脂囊泡,可以通过施加交变磁场(AMF)来控制药物释放[123],用于特定位置的靶向给药。

1.3.2 磷脂管

磷脂组装体除了囊泡形态以外,还有磷脂管形态。磷脂管的制备方法有很多种,大体上归为两大类,即磷脂分子的自组装和利用外力对磷脂聚集体或磷脂囊泡的拉伸。人工制备的磷脂管由 Yager 等人[124]于 30 年前首次发现,他们在冷却 1, 2-二(10, 12-二十三碳二炔)-sn-甘油-3-磷脂酰胆碱($DC_{8,9}PC$)磷脂囊泡过程中,当达到 $DC_{8,9}PC$ 的相转变温度时观察到了中空的管状微结构。这些管状结构直径约 0.5 μm,长度为 1 ~ 200 μm 不等。另一种自组装成磷脂管的方法是在不变的温度或较小的温度变化范围内利用醇/磷脂/水混合体系中磷脂分子组装成磷脂管。Yager 课题组[125,126]利用 $DC_{8,9}PC$ 单体,通过向磷脂的乙醇溶液中加入水来沉淀的方法形成管状微结构,采用该方法可以得到不同尺寸的管状微结构。利用磷脂分子的自组装制备磷脂管是较为简单的一种方法,但自组装法受到磷脂种类的限制,如局限于炔类磷脂 $DC_{8,9}PC$ 等。利用外力的方法对磷脂聚集体或磷脂囊泡进行拉伸制备磷脂管时,主要的力为微流体剪切力或电场力。Brazhnik 等人[127]利用微流体系统制备了天然磷脂的微/纳米管状结构,其长度达到了前所未有的几厘米长度,其中空的微管结构通过观察管内部的荧光染料得以证实。最近 Sugihara 等人[128]报道了在生理溶液条件下,六角相存在的 1,2-二油酰-sn-甘油-3-磷脂酰乙醇胺(DOPE)在微流体状态下可形成磷脂纳米管。管的外直径为 19.1±4.5 nm,长度可达几百微米。West 等人[129]通过微流体产生的力获得了最大直径达到 3.6 μm 的磷脂管。Lin 等人[130]结合微机电系统技术和微流控技术,利用干的磷脂薄层制备了一系列直径在 1 ~ 10 μm 范围内的磷脂管结构。他们还深入研究了各种参数对磷脂管生成的影响,包括流体流速、水合温度、水相溶液的 pH 及磷脂浓度等。借助微流体除了对磷脂层或磷脂聚集体本身进行拉伸形成磷脂管外,对已经形成的磷脂囊泡也可以拉伸形成磷脂管状结构。Rossier[131]和他的合作者分别从理论和实验上讨论了在高速流体下,由囊泡挤出和收缩形成磷脂管的动力学过程。他们认为从囊泡主体到磷脂管的尖端部分,其张力是随着磷脂管长度增加而逐渐增加的。其动力学过程也与他们的数学预测结果一致。另外一种用来制备磷脂管的驱动力为电场,Castillo 等人[132]通过施加适度的电场构建了磷脂管状结构。他们将制备好的囊泡固定在两个电极间的玻璃基底上,通过改变电场和磷脂组成研究磷脂管的形成。囊泡种类可以是磷脂酰胆碱(PC)、磷脂酸(PA)、磷脂酰乙醇胺(PE)及其与胆固醇的混合物。这种方法可形成较长的毫米级磷脂管,且形成的磷脂管排列方向与电场方向一致。笔者课题组利用制备出的叉指微电极也实现了磷脂管的电场制备[133]。图 1.16 证实了在交流电场下,可以利用叉指微电极实现磷脂管的制备。从图 1.16(b)可以看出,在电极指尖的部分,磷脂管成放射状伸向溶液中,而相邻电极间的磷脂管则垂直于电极边缘平行地向外生长。除了 egg PC 和 DOPC 外,egg PC 混合胆固醇(质量比约为 1 : 5)或者 DOPC 混合胆固醇(质量比约为 1 : 10)也可以在叉指微电极上实现磷脂管的电形成制备。形成磷脂管的外直径平均值为300 ~ 800 nm。为了分析溶液高度对电场分布的影响,利用 COMSOL 软件对宽 200 μm 的叉指微电极在保持电场振幅为 5 V、频率为 10 Hz 条件下,不同溶液高度时的电场分布的侧向电场分量(E_x, 平行于电极表面)和纵向电场分量(E_z, 垂直于电极表面)进行了仿真模拟分析,如图 1.17(a)所示。模拟的电场分布范围为一个电极中心到另一个电极中心,共 400 μm 的距离。电场强度的分布通过灰度变化来表示。从图1.17(a)可以看出,E_x 主要集中分布在电极的间隔区域,而 E_z 主要集中分布在电极上方区。从电场分布图可以看出，E_x 的变化比 E_z 的变化更明显。结合实验结果和仿真模拟数据，可以认为在一定溶液高度下的 E_x 是形成磷脂管的主要原因。交变电场下磷脂管的形成机理如图1.17(b)所示。整个过程可分为3个阶段：第一阶段，在纵向电场分量 E_z 的作用下，由于磷脂层之间的静电斥力而引起磷脂膜的分离和膨胀(图1.17(b)中第一步)。同时电场诱导产生的较高电荷密度，易于产生更小的电场张力，有利于形成更小直径的管状结构。第二阶段，逐渐增加的侧向电场分量 E_x 拉动形成的磷脂管芽移向电极的边缘(图1.17(b)中第二步)。磷脂管芽的形成和移动在数分钟内即可完成。第三阶段，移动到电极边缘处的磷脂管芽继续生长，E_x 会变成这一阶段磷脂管生长的主要驱动力。这一推断也在频率为1 Hz的条件下磷脂管的脉冲生长观察中得到证实。随后，松散的磷脂管继续膨胀、拉伸生长为表面积更小的中空管状结构(图1.17(b)中第三步)。从宏观上来看，磷脂管看上去是从电极边缘直接向外生长。但磷脂管的弹力会随着管长度的增加而增加，这会对磷脂管的生长起到阻碍作用。

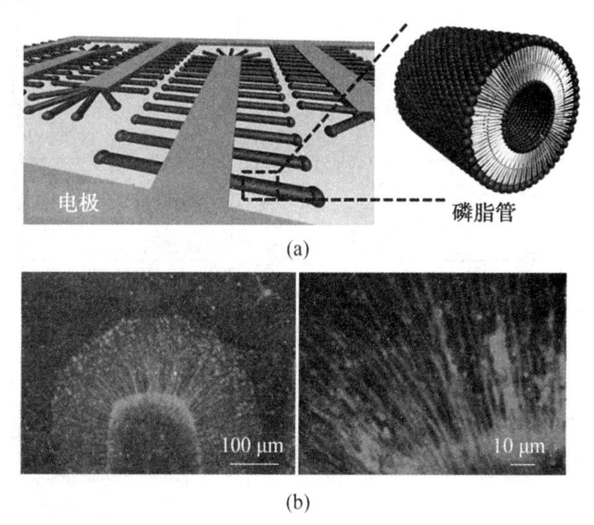

图1.16　叉指微电极上制备磷脂管示意图及荧光显微镜图片[133]

最早报道利用磷脂管为模板构建金属管状微结构的是Schnur课题组。Schnur等人[134]利用化学镀方法在磷脂管表面镀上金属形成金属管，采用的磷脂为 $DC_{8,9}PC$。化学镀金属技术可以在磷脂管的内外表面都镀上一薄层金属，金属层的厚度可以通过改变镀液的浓度和镀层时间来调节。同年，Georger等人[126]应用这种电镀技术在磷脂管表面沉积了一薄层金属铜。Banerjee等人[135]也利用序列的组氨酸肽磷脂管为模板构建了铜纳米管。组氨酸肽磷脂分子自组装形成磷脂管，其表面可以结合 Cu^{2+} 进而形成纳米晶。这些结合了铜纳米晶的磷脂管随着结合的金属纳米晶的直径不同而呈现出有显著变化的电学特性。因此，这有可能发展成为一个电导率可调节的微电子器件和生物传感器。Schnur课题组[134]报道了在 $DC_{8,9}PC$ 磷脂管表面沉积上硅薄层以后，Baral等人[136]应用凝胶法在组装的磷脂管表面沉积了一薄层硅而使其管状结构稳定存在。磷脂管表面的硅层经水洗后仍保持连续和良好的形貌，表明了硅在磷脂管表面具有强烈的附着力。Ji等人[137]利用正硅酸四乙酯(TEOS)的凝胶聚合作用，以糖脂类磷脂形成的管状结构为模板制备了具有不同直径的 SiO_2-脂质-SiO_2-脂质-SiO_2 分层结构。此外，通过在硅/磷脂干凝胶加入乙醇来改变模板的形态，在煅烧后可以得到管中管的二氧化硅纳米管[138]。因为二氧化硅卓越的生物相容性,其在磷脂管表面的沉积或涂层在农业、环境和医药的长期缓释系统中具有潜在的应用[139]。Zhou 等人[140]成功将 CdS 纳米粒子嵌入合成肽磷脂的磷脂双层膜中得到了带有荧光的纳米管。在这个过程中,Cd^{2+}与磷脂的两个羧基基团结合形成 Cd-磷脂复合物。再通入 H_2S 蒸气,与磷脂管结合的 Cd^{2+}释放与 S^{2-}结合随后形成 CdS 内核,最后在磷脂管层间形成 CdS 量子点。纳米粒子包裹到管腔内部或嵌入磷脂层间已经实现了无机粒子与有机分子矩阵的整合,制备出在生物材料及其他领域具有特定功能的纳米复合材料。

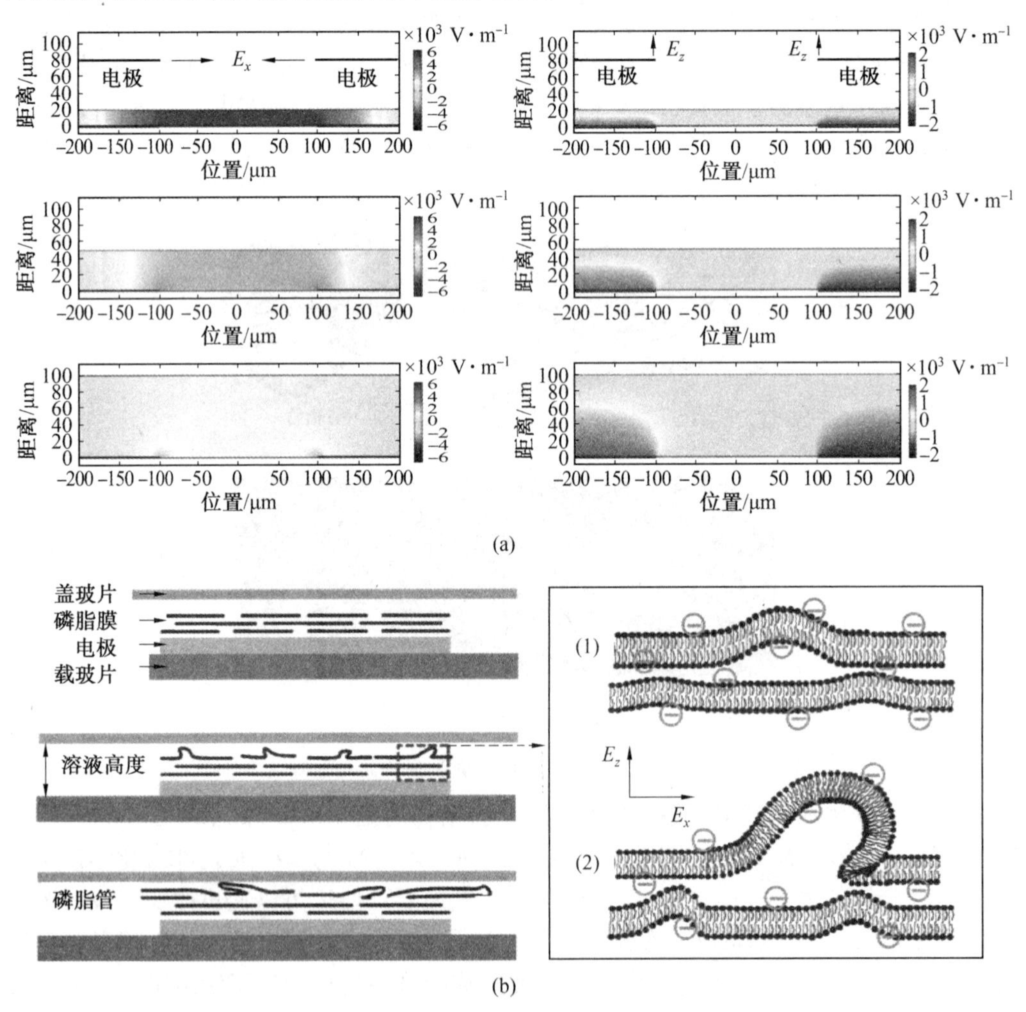

图 1.17　电极上方在 x 和 z 方向的电场分量模拟结果及交变电场下磷脂管的形成机理示意图[133]

1.4　磷脂双层膜阵列的制备

前面介绍了磷脂双层膜的种类与制备方法,近期磷脂双层膜阵列由于其在高通量药物筛选、生物传感器等领域的应用而逐渐引起人们的重视。下面对磷脂双层膜阵列的制备方法及应用进行介绍。

1.4.1　机械划痕法

磷脂双层膜图案化最简单的方法就是通过锋利工具(如镊子)在制得的磷脂双层膜表面进行机械划刻[141-143]。通过镊子在氧化硅基底上进行垂直和水平方向上的划刻可以得到棋盘状图案。这种方法制得的边界将流动的磷脂膜固定在内部,其在碱性缓冲溶液中(pH>8)或者超纯水中可以稳定数周。硅基底上的水化层在维持划痕边界的稳定性方面起到了巨大的作用。因为随着 pH 的增加,在硅缓冲界面上的水分子将会变得更加有序,而高度有序的水化层对于扩散膜来说是较差的润滑剂。磷脂双层膜可以在弱酸条件下跨越边界进行铺展。机械划痕法的一个具体实例如图 1.18 所示[141]。黑色网络为镊子在基板上的划痕区域,灰色区域为含染料标记的磷脂的图案化磷脂双层膜。

图 1.18　机械划痕法制备图案化磷脂双层膜的荧光图像[141]

1.4.2　基底预图案化法制备磷脂膜阵列

1997 年,Groves 等人[144]率先将光刻技术应用到固体支撑的磷脂双层膜的图案化研究中。在硅片上旋涂厚度为 1 μm 的标准正性光刻胶,然后在硅片上覆盖掩膜并将其暴露在紫外线下。在氩气等离子体蚀刻后,光刻胶图案化的表面就可用于磷脂膜的制备。这种方法已被广泛地应用于磷脂双层膜阵列的制备[145-147]。通过这种方法,Cremer 等人[147]制备出微米级的亲水区域。在对图案化基底进行清洗后,将 10 ~ 100 pL 的磷脂囊泡滴到每个亲水区域中,如图 1.19(a)所示,便可制备出磷脂膜阵列。在 50 μm×50 μm 的井型基底上形成了 3 种类型的磷脂双层膜,如图 1.19(b)所示。图中灰色格子区域的磷脂双层膜含有质量分数为 1% 的 TR-PE 红色荧光探针,四个角上的白色格子区域的磷脂双层膜含有质量分数为 3% 的 NBD-PE 绿色荧光探针,中心区域的磷脂双层膜含有这两种荧光磷脂。

笔者利用软紫外线(365 nm)光刻自组装膜技术制备出磷脂双层膜阵列[148,149]。首先合成了两种含有可光解的邻位硝基苯的化合物,而后分别利用这两种化合物在金和硅表面制备磷脂双层膜阵列。在硅基底上制备磷脂双层膜阵列的过程如图 1.20(a)[148]所示。首先用 3-氨基丙基二甲基乙氧基硅烷(3-aminopropyldimethylethoxysilane,APTES)制备出末端为氨基的自组装膜,如图 1.20(a)中(1)所示。然后可光解分子通过表面反应附着到表面的氨基官能团上,如图 1.20(a)中(2)所示。随后通过铬掩膜暴露在软紫外线(365 nm)下,如图 1.20(a)中(3)所示。光照区域裂解为含有氨基的表面(亲水性),而其他区域仍为疏水区域。这样便成功制备出同时含有亲水区域和疏水区域的图案化自组装膜表面。将此图案化的自组装膜基底浸渍到囊泡溶液中 1 h 后,图案化的磷脂双层膜就会形成,如图 1.20(a)中

(4)所示。虽然成功制备出磷脂膜阵列,但是膜的扩散系数仅为0.14 $\mu m^2/s$,该值约为硅基底上制备的磷脂膜扩散系数的1/10,说明该膜阵列的流动性较差。低流动性的部分原因是软紫外线照射后表面为氨基以及光解的不完全性。众所周知,深紫外线(254 nm)能够除掉硅表面的自组装膜并在表面留下—OH亲水基团表面,这对于形成流动性的磷脂双层膜来说是非常理想的表面,因此深度紫外线也可用于形成图案化的自组装膜[150,151]。这种方法的步骤如图1.20(b)所示[150]。笔者将合成的胆固醇衍生物附着于氨基功能化表面,通过掩膜将表面暴露在深紫外线中,如图1.20(b)中(1)所示,得到图案化的自组装膜表面(图1.20(b)中(2)所示),然后将其浸泡在囊泡溶液中1 h后,就会形成磷脂双层膜阵列(图1.20(b)中(3)所示),图1.20(b)中(4)为该法制备的磷脂双层膜阵列的荧光显微镜图片。在硅表面利用这种方法制备的磷脂膜阵列,其扩散系数为1.22 $\mu m^2/s$,流动性较好。

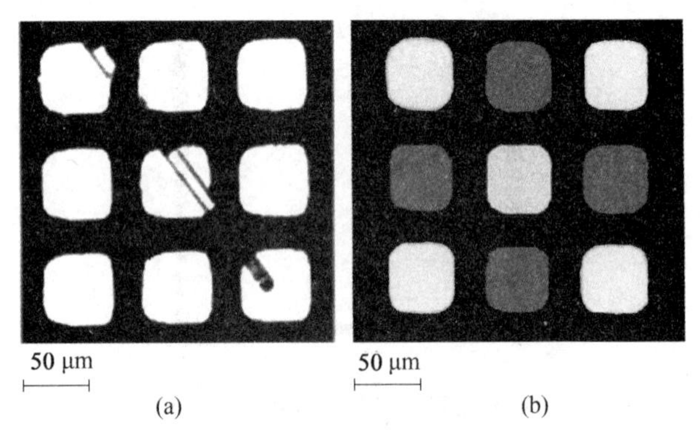

图1.19　含磷脂溶液的图案化亲水玻璃基底的明场照片及荧光标记磷脂的磷脂双层膜阵列的荧光显微镜图像[147]

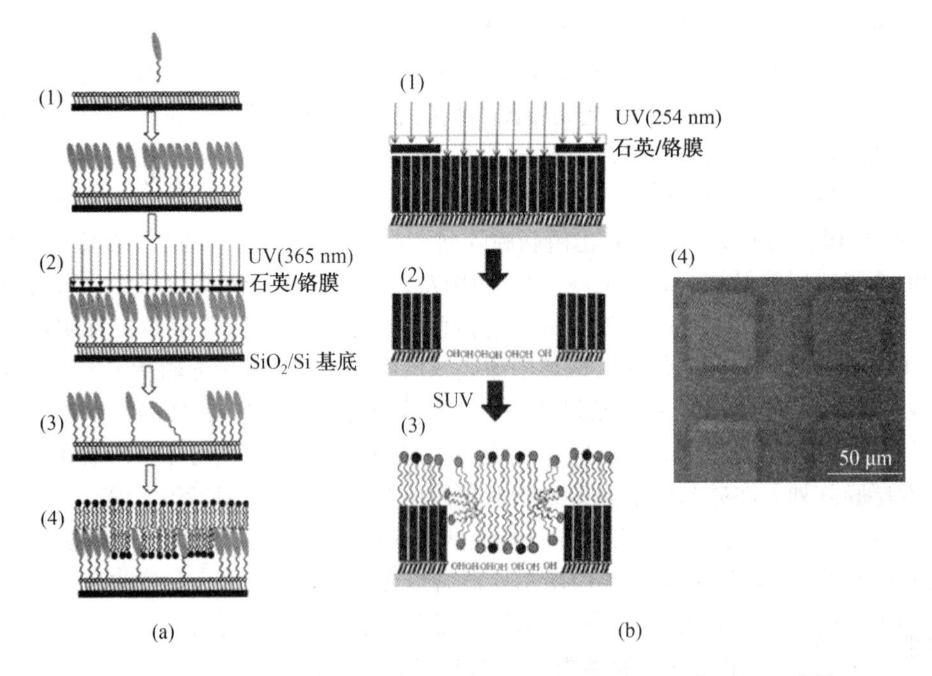

图1.20　硅表面上软紫外线[148]和深度紫外线下制备磷脂膜阵列的制作步骤[150]示意图

利用深度紫外线,其他硅烷(如N-十八烷基硅氧烷[152-155]和甲基氯硅烷[151])也可用于制备磷脂双层膜阵列。笔者在此基础上发展了在微图案化的聚电解质膜基底上制备磷脂双层膜阵列的方法[156]。该方法首先是利用层层组装技术在APTES修饰的二氧化硅基底上制备聚电解质双层膜,如图1.21(a)所示,然后利用深度紫外(254 nm)透过掩膜对聚电解质膜进行图案化,如图1.21(b)所示,得到如图1.21(c)所示的图案化的玻璃基底。最后采用荧光小球证实了图案化表面的形成,如图1.21(d)所示,其中黑色方格以外的边框区域是用绿色荧光小球标记的聚电解质膜区域,黑色方格区域是阵列的底部(二氧化硅表面)。将图案化的基底浸入egg PC囊泡溶液中进行磷脂双层膜的自组装,便可制备出磷脂膜阵列。通过荧光漂白恢复技术(FRAP)测定双层膜区域的扩散系数为1.31 $\mu m^2/s$,并且观察了双层膜中的NBD PE带电磷脂在电场中的运动情况。这种方法制备的井型阵列是高度多样化的,包括图案的形状、尺寸及井的深度都可控制。

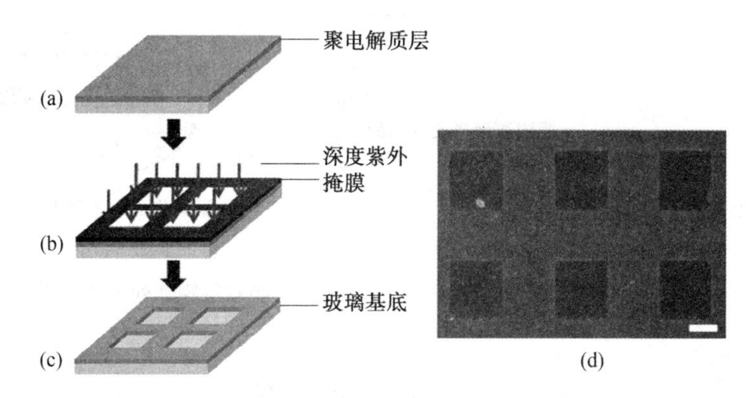

图1.21　聚电解质井阵列的形成过程示意图及荧光小球吸附于聚电解质表面的荧光图片,标尺为100 μm[156]

自组装单层膜(Self-assembly membrane,SAM)的微接触印刷法是另一种制备微/纳米级别阵列的有效途径[157,158]。Evans课题组采用这种方法制备了磷脂双层膜阵列[159],如图1.22所示。此法一般采用聚二甲基硅氧烷(PDMS)印章[160]制备自组装膜图案化表面。Evans课题组采用自己合成的胆固醇聚氧乙烯硫醇($CPEO_3$)为墨水,形成图1.22(a)所示的20 μm×20 μm的"井形"阵列后,将其放入含1 mmol/L的巯基乙醇的二氯甲烷中,利用巯基乙醇对空白金基底进行回填,这样图案化表面便制备出来。将其浸入磷脂囊泡溶液中20 min后会形成图1.22(b)所示的磷脂双层膜阵列。这种磷脂膜的电容为0.9 $\mu F/cm^2$,为磷脂双层膜的特征电容。这种方法制得的图案化磷脂双层膜的优点在于金基底大部分都被完整的自组装膜所覆盖,因此降低了磷脂层缺陷区域引起的电流泄漏。

Morigaki等人[161,162,163]发明了一种制备磷脂双层膜图案的新方法,他们利用光化学聚合特定磷脂双层膜来形成图案化表面,如图1.23所示。首先将磷脂双层膜附着到载体基底上,如图1.23(a)所示,随后在水溶液中透过掩膜利用紫外光聚合磷脂膜,如图1.23(b)所示,再通过有机溶剂将未聚合的磷脂单体除去,便制备出图1.23(c)所示的聚合磷脂图案化表面。聚合磷脂对于磷脂双层膜图案起到边界的作用,如图 1.23(d)所示。与上述方法类似,将此基底浸入磷脂囊泡溶液一段时间后,磷脂膜阵列便制备出来。图 1.23(e)是通过这种方法形成的磷脂双层膜阵列的荧光图像,较亮的方格区域为流动性磷脂双层膜,而黑色栅栏区域为聚合磷脂。

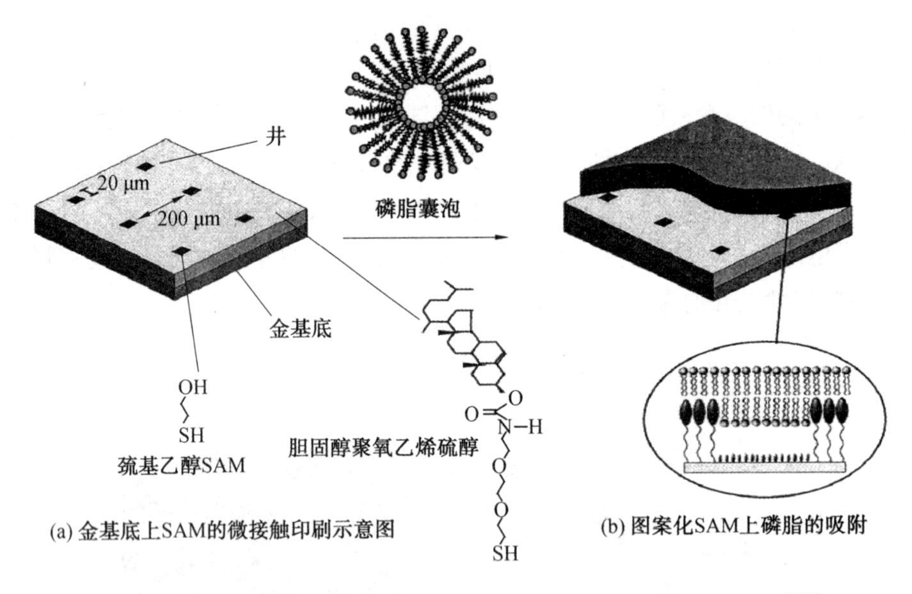

图 1.22　利用微图案化的自组装单层膜制备磷脂双层膜阵列示意图[159]

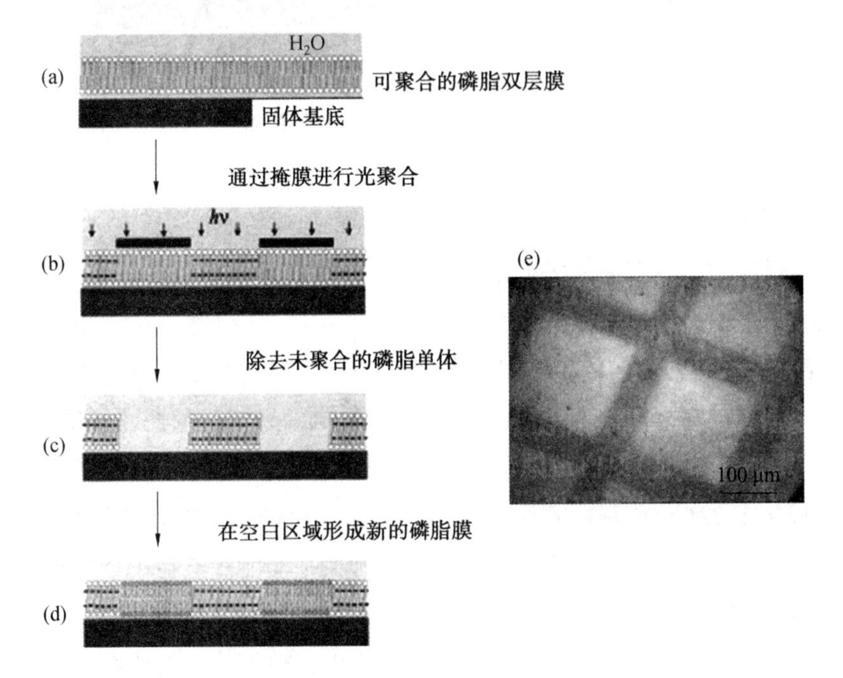

图 1.23　利用聚合特定磷脂双层膜图案化表面制备磷脂膜阵列的示意图及用此方法制备的磷脂双层膜阵列的荧光图像[163]

Shi等人[164]在硼酸硅基底上利用原子力显微加工刻蚀技术制备了纳米级别的磷脂双层膜线阵列。这种方法的原理如图1.24(a)所示，首先将硼酸硅基底置于含有10 mg/mL牛血清蛋白(BSA)的PBS磷酸盐缓冲溶液中，从而在其上形成BSA单层膜，图中深灰色与白色椭球体代表吸附的BSA分子，浅灰色区域代表AFM针尖正在移动的区域，下图中凸出区域表示随后沉积的磷脂双层膜。干燥后，通过原子力显微镜(AFM)观察到蛋白质分子并选择性地从表面将其移除产生不同宽度的线，如图1.24(b)所示。将此线阵列表面浸入磷脂囊泡溶液，磷脂双层膜会通过囊泡融合的方式回填到没有BSA的区域，得到磷脂膜的线阵列，如图1.24(c)所示。他们制备了从15~600 nm的一系列不同宽度的线阵列，并发现利用这种方法可制备的最小线型双层膜的宽度为55 nm。线型磷脂双层膜的扩散系数为2.5 $\mu m^2/s$。

除了上述提到的表面预图案方法，也可以用PDMS印章将蛋白质(牛血清蛋白[165]与纤维连接蛋白[166-168])印在基底表面以形成边界，制备磷脂双层膜阵列。

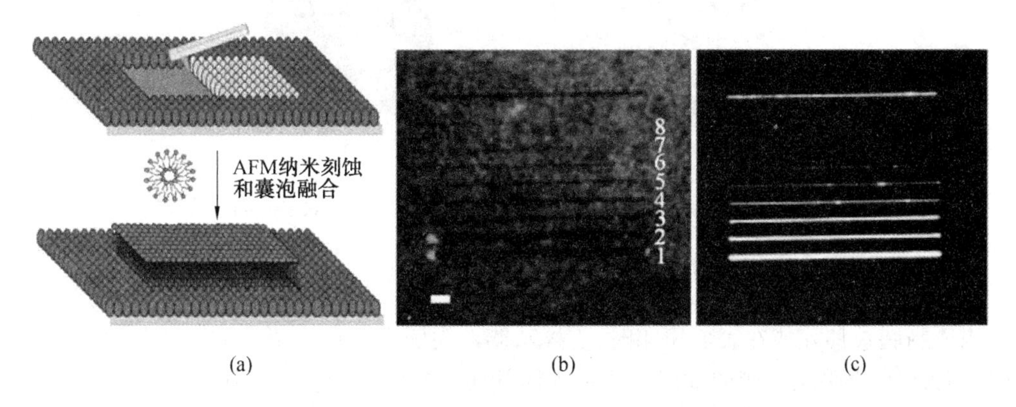

图1.24　基于AFM纳米微加工技术制备纳米磷脂双层膜线阵列示意图及荧光显微镜图片，标尺为3 μm[164]

1.4.3　直接紫外照射法图案化磷脂双层膜

Yee等人[169-171]采用掩膜利用深度紫外光照射得到图案化的支撑磷脂双层膜体系。他们在支撑双层膜顶部放置“掩膜”，如图1.25(a)上图所示，然后暴露于深度紫外光下，如图1.25(a)中图所示。曝光于深紫外光下的磷脂双层膜会发生分解，留下的空隙作为阻隔未曝光区域的栅栏，如图1.25(a)下图所示。图1.25(b)为制备磷脂双层膜阵列所用的石英/铬膜“掩膜”，明亮区域是石英，黑暗区域为铬膜。图1.25(c)为该法所制备的磷脂双层膜阵列的荧光显微镜图片。这种方法适用于在面积较大的基底上制备图案化的磷脂双层膜，并且与双层膜组分无关。用这种方法可以在流动的磷脂双层膜上直接制备稳定的亲水性空隙的图案。由于空隙可以再次铺展囊泡，因此可以应用这种方法在制备好的图案化磷脂膜中控制膜的组分、探究二维反应(扩散过程)、制备功能化的微区域。

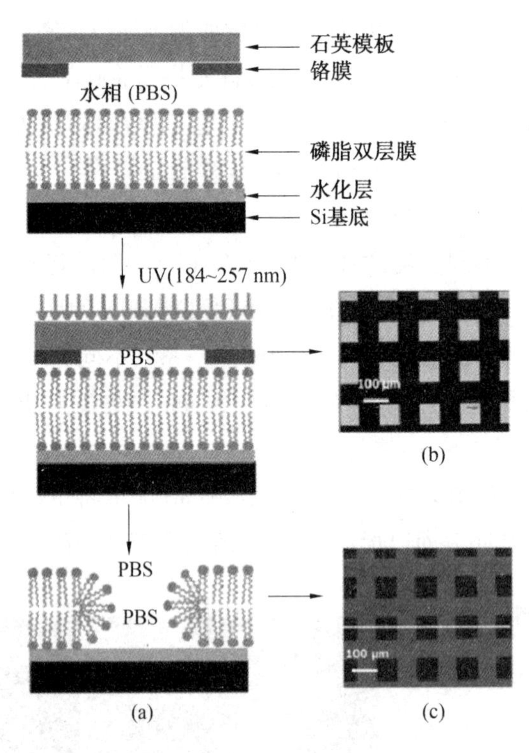

图 1.25　利用图案化的微孔或空穴制备图案化的磷脂双层膜的过程[169]

1.4.4　直接压印或冲压法制备磷脂双层膜阵列

当磷脂膜被移除或在表面压印时,支撑磷脂双层膜会进行自限性的横向扩展。基于此,Hovis 等人[172,173]采用压印或冲压方法在固体基底上制备磷脂双层膜阵列。该方法与微接触印刷技术类似,以 PDMS 作为印章。冲印法和压印法在玻璃表面制备磷脂双层膜阵列的过程示意图与显微镜图像如图 1.26 所示。图 1.26(a)为冲印法示意图。将 PDMS 印章压到磷脂膜表面,当移开印章时,吸附于印章表面的磷脂膜便从表面被移除,剩下磷脂膜阵列,如图 1.26(b)所示。光亮区域为含有荧光标记的双层膜区域,而暗格为印章带走的双层膜区域。图 1.26(c)为压印法示意图。将表面修饰有磷脂双层膜的印章压到空白玻璃基底上,磷脂膜会被转移到表面,如图 1.26(d)所示,其中光亮的区域为磷脂膜区域。他们阐述了 PDMS 印章修饰“墨水”的两种不同方式:一种是将印章压在磷脂膜上面;另一种是将 PDMS 印章浸入囊泡溶液,使囊泡破裂在 PDMS 表面形成磷脂双层膜。第二种方式需要将疏水性 PDMS 进行表面亲水化处理。

除了 PDMS 印章,水凝胶印章也可用于压印蛋白质[174,175]、细菌[176]及哺乳动物细胞[177]等材料。受到这些工作的启发,Majd 等人[178]率先将水凝胶压印技术应用于制备磷脂双层膜阵列。该方法将磷脂囊泡吸附到多孔的水凝胶阵列内。以此阵列作为印章可制备出超过 100 个双层膜阵列,而且该过程中没有明显的荧光强度损失,如图 1.27(a)所示。图1.27(b)和(c)分别是在玻璃上经过 6 次和 100 次压印后得到的荧光图像。图 1.27(d)显示了第 100 次压印所得阵列的荧光漂白恢复技术(FRAP)实验数据图,其表面仍然具有良好的流动性。

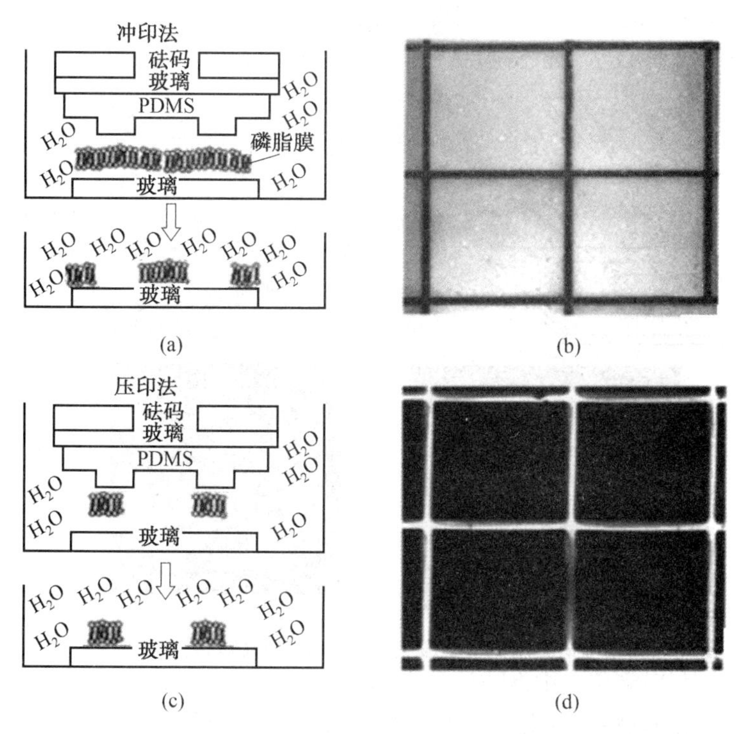

图 1.26　冲印法和压印法在玻璃表面制备磷脂双层膜阵列过程示意图与显微镜图像[172]

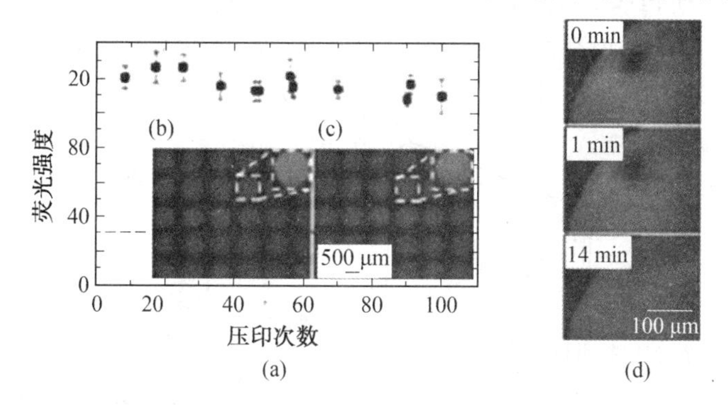

图 1.27　水凝胶压印磷脂膜阵列的荧光图像与磷脂膜的荧光漂白恢复图像[178]

1.4.5　微流控技术制备磷脂双层膜阵列

微流控技术通常用于芯片实验室的研究领域，也可以用于制备磷脂双层膜阵列[52,179-181]。它通常将含有微流控通道的 PDMS 膜压在二氧化硅表面，而后在各个微流控通道内通入组分不同的囊泡溶液，囊泡在二氧化硅表面铺展形成磷脂膜，将 PDMS 膜从表面移除后便制备出磷脂膜阵列。图 1.28 所示为二维微流体技术制备磷脂双层膜阵列的示例[179]。磷脂双层膜的方格阵列可以通过交叉填充磷脂囊泡溶液的方法制得，如图 1.28(a)所示。第一，将生物素-牛血清白蛋白(BSA)溶液注射到 200 μm×200 μm× 2 cm 的凹槽中，与醛基修饰的玻璃片结合得到生物素-BSA 线；第二，将此 PDMS 芯片移开，旋转 90°后重新压在玻璃基底上；第三，在凹槽中通入 BSA 以钝化表面；第四，将链霉亲和素或亲和素蛋白通入，与生物素-BSA 区域结合；第五，经过 PBS 的漂洗后，将生物素囊泡注入微通道内，铺展后会在生物素-BSA 修饰的区域成膜。制得的磷脂双层膜阵列如图 1.28(b)所示。下面所述为利用三维连续微流体技术制备磷脂双层膜阵列的示例。

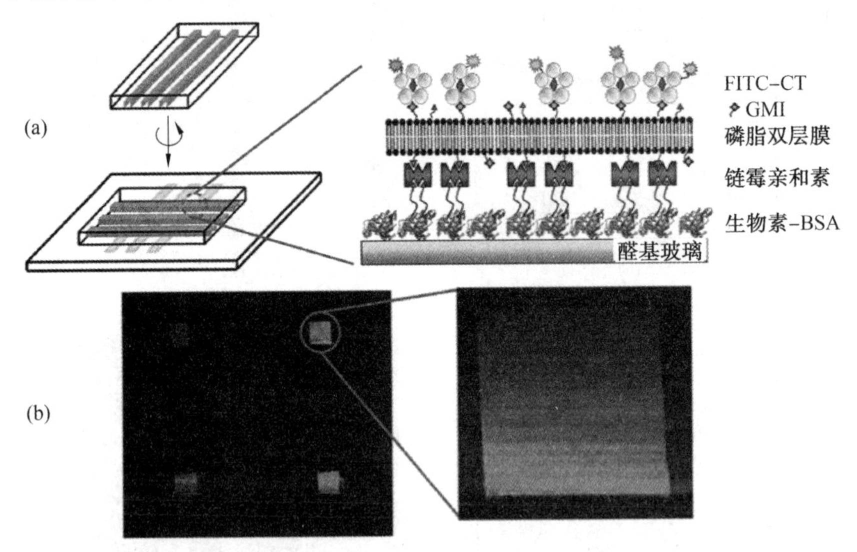

图 1.28　微流体技术制备磷脂双层膜阵列过程示意图及磷脂双层膜阵列的荧光图像[179]

Joubert 等人[182,183]利用三维微流体技术制备出高密度的多元磷脂双层膜阵列。他们通过 PDMS 材料制备出包含一系列出口和入口结构的微流控通道,与内嵌在 PDMS 内部的微流控通道相连。一旦 PDMS 的顶部和基板相接触,就会在入口和出口间形成连续的通道,如图 1.29(a)所示。每个通道都是独立的,可向每个通道中注入不同的囊泡溶液以获得不同组分的磷脂双层膜阵列。图 1.29(b)证实利用这种方法可制备出多组分双层膜阵列。通过

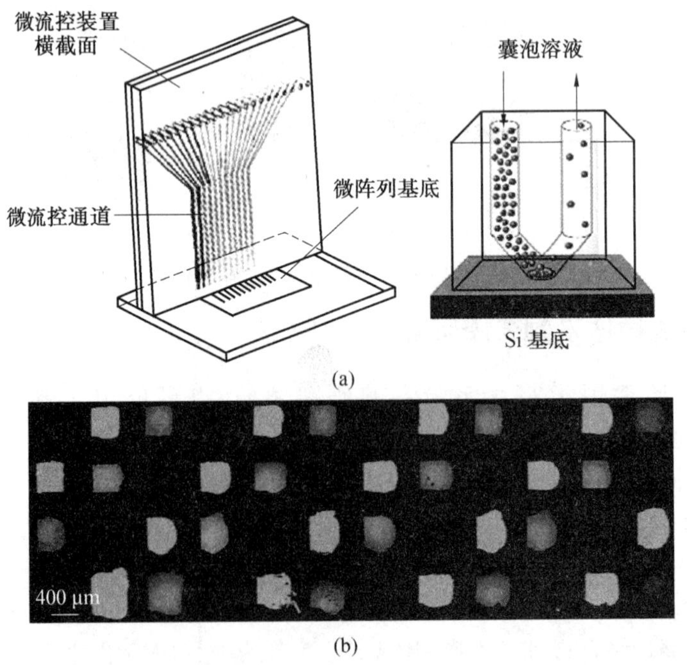

图 1.29　含有多个进出口的 PDMS 芯片与硅基底接触用于制备磷脂双层膜阵列的原理图及多组分磷脂双层膜阵列的显微镜图片[183]

这种方法制得的磷脂双层膜的扩散系数为(1.4±0.3) $\mu m^2/s$,这和在硅表面上制得的双层膜的扩散系数数量级相同。这种方法不需要利用预图案化的基底,当 PDMS 流道被移除时,残留在表面的 PDMS 可将磷脂双层膜有效地限制在微米级大小。这种方法的好处在于囊泡融合后的清洗过程非常简单,而且还可以制备多组分磷脂双层膜阵列等,可用于高通量传感器的制备。

1.4.6　蘸水笔纳米加工法制备磷脂双层膜阵列

蘸水笔纳米加工法(Dip pen nanolithography,DPN)是一种利用微探针蘸着“墨水”书写图案的新型技术[184]。原子力显微镜(AFM)的针尖被描绘成“笔”,将特定溶液描绘成“墨水”,然后使其和“纸”表面相接触,针尖划过的地方便留有“墨水”痕迹。硫醇分子可作为“墨水”用于 DPN 技术,如图 1.30(a)所示[184],被硫醇墨水包覆的 AFM 针尖与金基底接触,从针尖到表面的分子扩散以及随着针尖的路径自组装形成稳定的纳米结构[185]。这种技术可用于制备纳米结构的磷脂膜阵列[186]。这种方法的横向分辨率可达 100 nm。Lenhert 等人发现在高湿度(>70%)下,DOPC(T_m=16.5 ℃)非常适合作为“墨水”。掺杂质量分数为 1% 的罗丹明荧光染料的 DOPC 线阵列的荧光图案如图 1.30(b)所示[186]。通过这种针尖技术可以非常容易地制备出多元磷脂膜。

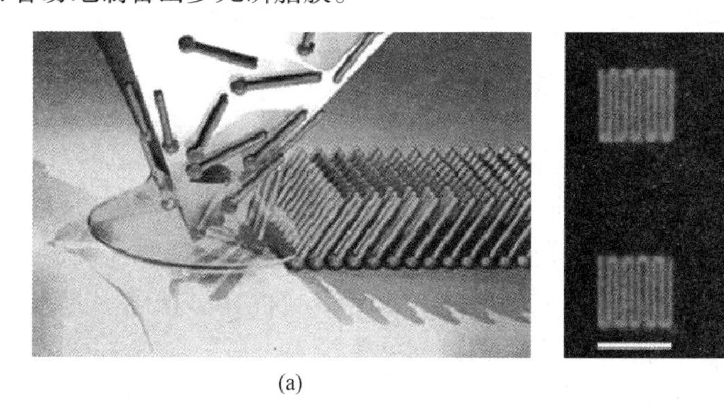

(a)　(b)

图 1.30　DPN 原理图[184]及该法形成的磷脂线阵列[186]

基于磷脂双层膜的仿生膜研究进展从研究细胞间信号传导到生物燃料电池方面都进行了广泛的应用[187-190]。为了更好地控制膜的组分,需要在一维尺度上把独立的支撑磷脂双层膜的尺寸限制到最小。Lenhert 等人也采用这种“蘸水笔”式的纳米加工技术用来“书写”微小尺寸的磷脂双层模图案,在液体状态下达到微米尺寸,在空气中精确湿度的条件可达到 100 nm[186,191,192]。Heath 等人[193]提出了一种简单、基于印刷技术的可重复使用的针尖,能够制备出在流动状态下尺寸达到 6 nm 的稳定磷脂双层膜。图 1.31(a)为超小尺寸的磷脂膜形成示意图,首先在 AFM 针尖涂上溶有磷脂的有机溶剂,待溶剂挥发后,将针尖表面多余的磷脂冲洗掉,然后在液相溶液中与基底接触形成磷脂膜。利用荧光特性和 AFM(原子力显微镜),可以清楚地观察到包含质量分数为 2% 的 TR-DHPE 的磷脂在基底上的沉积过程,如图 1.31(b)所示。图 1.31(c)中可见形成的高 4.5~5.5 nm、宽 25 nm 的 DOPC 磷脂双层膜条纹的 AFM 图像,最窄的连续磷脂双分子层宽度为(10±2.5) nm(图 1.31(d)和(e))。由于磷脂双分子层边缘的疏水性导致磷脂双分子层变形而形成原生细胞式的形态结构，如图1.31(f)所示。由于很大一部分脂类蛋白位于这种结构的边缘部位，可以较为理想地研究双层膜边界的磷脂行为特性，这对于理解细胞膜瞬态缺陷的形成以及一系列重要生理过程至关重要，如膜融合、内吞作用、病毒感染等。

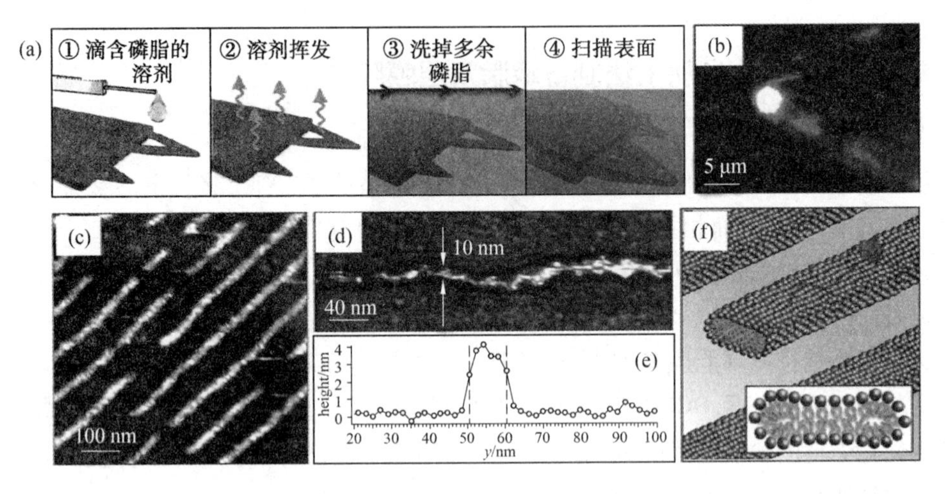

图 1.31　超小尺寸的磷脂膜形成示意图及扫描原子力显微镜图片[193]

1.4.7　利用自动检测体系制备磷脂双层膜阵列

Ymazaki 等人[194]提出了一种利用商用自动检测系统来制备磷脂双层膜阵列的新技术。这种自动检测系统(Cartesian technologies MycroSysTM SQ)上装有能够对磷脂溶液可程序化管理的软件(AxSysTM)。为避免溶剂蒸发，该实验需在室温下的湿室中(湿度为 98%)进行。因为液滴尺寸非常小，在每个样品被抽出之前要有一个自动清洗步骤，以防止不同磷脂溶液的交叉污染。制备好磷脂膜微阵列后，将阵列元素浸入去离子水中并用磷酸缓冲溶液清洗 3 次。图 1.32 显示了利用自动检测仪制备出的含有荧光标记的磷脂双层膜阵列。应用该方法可制备出包含独特磷脂成分(荧光掺杂磷脂)高密度的双层膜阵列。

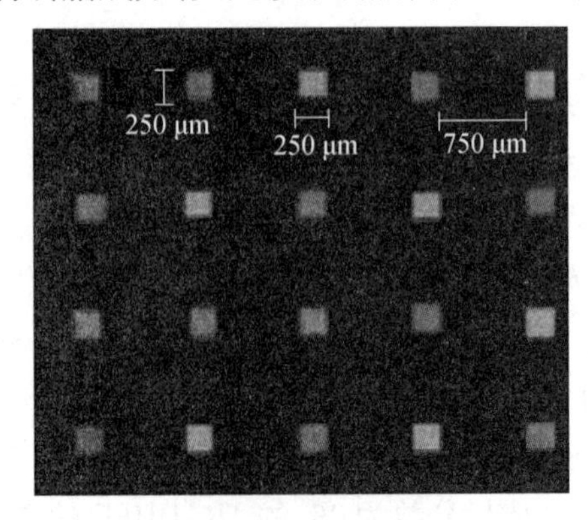

图 1.32　自动检测仪制备出的含有荧光标记的磷脂双层膜阵列[194]

1.4.8　聚合物剥离技术制备磷脂双层膜阵列

Orth 和 Moran 等人[195,196]通过聚合物剥离技术制备了一种分辨率为 1 μm 的磷脂双层膜阵列,具体过程如图 1.33 所示。聚对二甲苯通过气相沉积弱吸附在硅基底表面,形成聚合物膜且与表面附着力较弱。经过涂覆光阻剂,用标准光刻技术使膜层形成图 1.33(a)所示的图案,随后通过可控离子刻蚀(Reactive ion etch,RIE)对二氧化硅基板上暴露区域的聚对二甲苯进行移除,如图 1.33(b)所示。和光阻剂保护的区域相比,通过对暴露区域进行刻蚀将会形成亲水性二氧化硅表面。将得到的表面浸入囊泡溶液,在二氧化硅区域和聚合物区域都会形成磷脂双层膜,如图 1.33(c)所示,将表面上的聚对二甲苯剥离后,其上的磷脂双层膜也随之剥离,剩下的磷脂双层膜就会形成阵列,如图 1.33(d)所示。通过这种方法制备的磷脂双层膜阵列的荧光显微镜图像如图 1.33(e)所示,其中浅灰色区域为磷脂双层膜,可以较容易地制备得到宽度为 1 ~76 μm 的磷脂双层膜阵列。

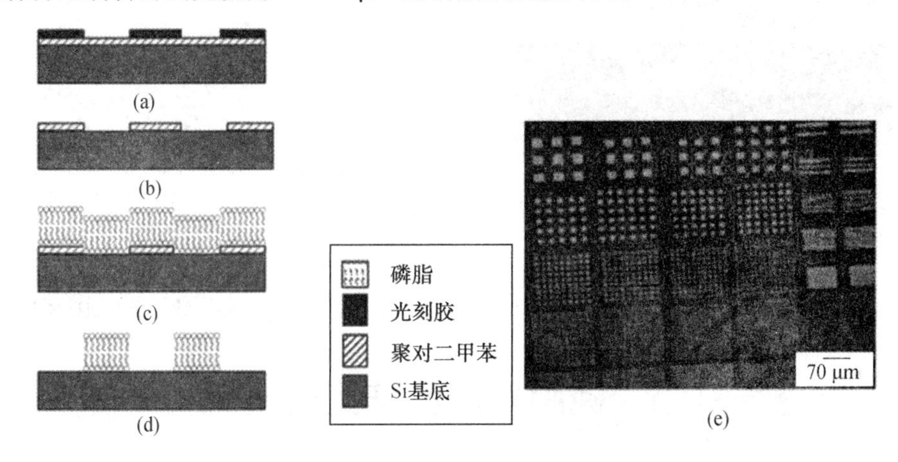

图 1.33　聚合物剥离技术制备步骤示意图及采用此技术制备的磷脂双层膜阵列的荧光显微镜图像[195]

1.4.9　纳米孔阵列上制备磷脂双层膜

固体支撑磷脂双层膜的缺点在于膜和固体表面间的距离太小(1 ~2 nm),因而限制了跨膜蛋白质的重组。黑膜因其两面均为水相,因此可以克服这个问题。黑膜的问题在于膜不稳定,因此许多科学家致力于在微米或纳米孔上制备非支撑磷脂双层膜[197-199]。这种类型双层阵列的另一个优点是比传统的黑脂膜具有更好的稳定性。

笔者[197]在纳米孔阵列芯片上成功地制备了非支撑磷脂双层膜阵列,如图 1.34(a)所示。孔的直径为 200 nm,400 nm 和 800 nm,每个芯片的氮化硅薄膜上(0.5 nm×0.5 mm)都含有数以万计的纳米孔。芯片经过氟硅烷处理后使其表面疏水化,有利于稳定磷脂膜。采用涂抹技术在芯片上成膜,磷脂膜形成后阻抗值明显提高,比图 1.34(b)所示的裸芯片的阻抗值大几个数量级。从拟合的阻抗数据中可得电阻和电容分别为(12.4±2.4) GΩ 和 1 μF/cm^2,其阻抗和电容值满足将其用于离子通道研究的要求。此类型的磷脂双层膜阵列可稳定数天到一周。当孔径为 800 nm 时,芯片的氮化硅膜的厚度与孔径比约为 0.375,这使得该体系非常适合研究物质的跨膜传输。

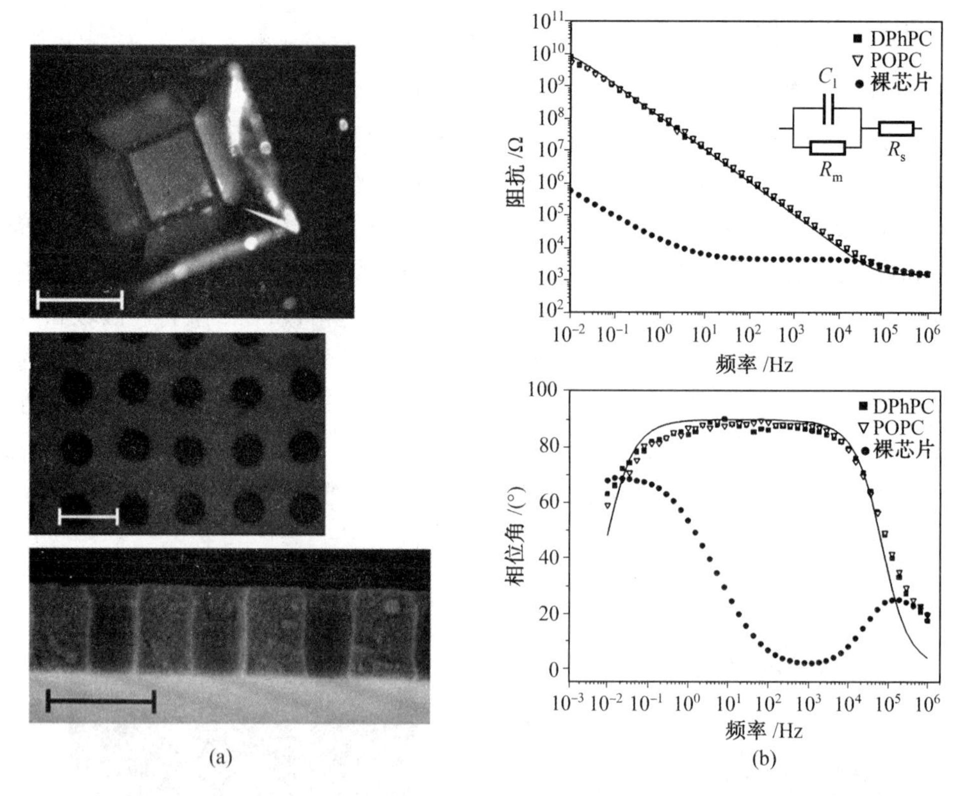

图 1.34　芯片显微镜图像与氮化硅纳米孔阵列的电子显微镜图像及芯片在修饰磷脂膜前后的阻抗谱[197]

1.5　磷脂双层膜阵列的应用

1.5.1　细胞的黏附和活性研究

众所周知,表面的物理化学特性可以极大地影响细胞行为[200,201]。例如,含有聚乙二醇(Poly ethylene glycol,PEG)的表面可以通过阻断细胞基质(ECM)来阻碍细胞黏附,相反疏水表面则有利于细胞的黏附。固体支撑磷脂双层膜体系最初是用于研究免疫系统中的细胞识别[202,203],该膜体系为免疫学研究(如 T-淋巴细胞、白血球等)提供了非常有效的人造细胞表面。磷脂双层膜阵列主要是通过控制磷脂组成或改变用于细胞黏附与刺激的受体来调节细胞的行为。这些受体包括 DNP-cap-DPPE(1,2-二棕榈酰基-sn-丙三醇-3-磷酸乙醇胺-N-[6-[(2,4 二硝基苯基)氨基]乙酰](铵盐)(1,2-dipalmitoyl-sn-glycero-3-phosphoethanolamine-N-[6-[(2,4-dinitrophenyl)amino]hexanoyl](ammonium salt)[204]、GPI(聚糖-磷脂酰肌醇,Glycan-phosphatidyl inositol)修饰的 E-钙粘蛋白(hEFG)[205]、RGD(精氨酸、甘氨酸和天冬氨酸组成的序列)肽[145]等。Groves 等人[146]的研究表明,磷脂双层膜阵列中磷脂的成分会影响细胞在固体基底上的黏附和生长。他们发现含 PS(磷脂酰丝氨酸,Phosphatidylserine)的双层膜可以促进细胞的黏附和生长。图 1.35(a)和(b)分别是相同的磷脂双层膜阵列在细胞中培养 24 h 后的荧光和相差图像,其中在上面两个方块中的磷脂双层膜含有质量分数为 5% 的 PS,质量分数为 94% 的 PC 和质量分数为 1% 的 TR-PE,而下面两个方块中含有质量分数为 5% 的 PG，质量分数为 94% 的 PC 和质量分数为 1% 的 NBD-PE。虽然 PS 和 PG 电性相同，但从图中可以清晰地看到细胞沉积在含 PS 的双层区域而不是含 PG 的双层膜区域，该结果显示细胞可以被人为地控制到双层膜阵列的某一特定位置。

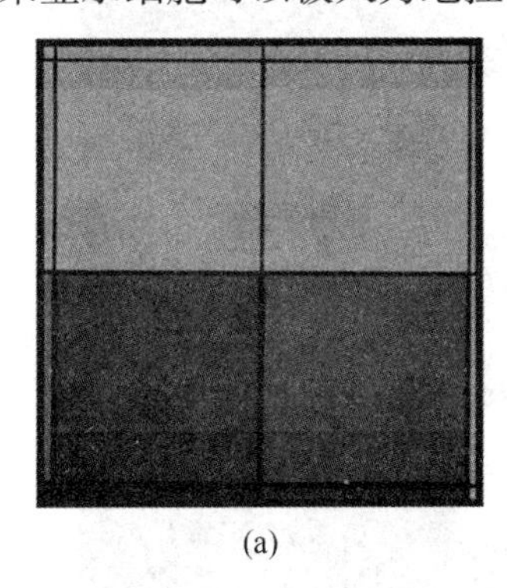
(a)

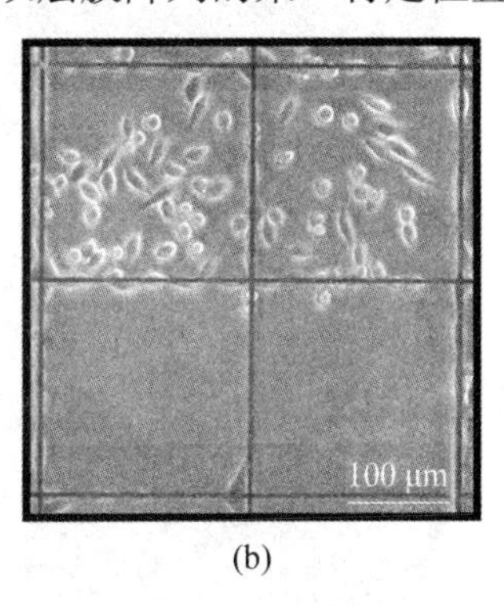

(b)

图 1.35　磷脂双层膜阵列在细胞中培养 24 h 后的荧光和相差图像[146]

T 细胞、B 细胞及免疫系统中其他的特殊细胞都会因为细胞质膜表面上抗原受体的聚集而使其活化，因此科学家们不再是仅仅简单地改变双层膜中的磷脂组成，而是将改性受体引入磷脂双层膜中。Orth 等人[204]合成了含半抗原脂类的双层膜阵列来研究细胞响应的信号传输路径。在他们的试验中，DPN-cap-DPPE 可与 anti-DNP IgE 特异性结合。由于鼠嗜碱性白血病细胞（RBL）表面存在免疫球蛋白受体，含 DNP-cap-DPPE 的磷脂双层膜会促进 RBL 的黏附。将 RBL 在图案化双分子层中培育（37 ℃），细胞将会在晶片上沉积并在 30 min 内完成黏附，如图 1.36 所示。在没有 DNP-cap-DPPE 存在的区域内细胞仍然为圆形，但大多数的修复功能已消失（图 1.36（a））。在含有 DNP-cap-DPPE 的区域，斑块处的细胞会发生平铺或分散。如果固定间隔大于 10 μm，被标记的 lgE 受体将会向磷脂边缘聚集（图 1.36（b））。如果固定间隔小于 10 μm，那么细胞将会在几个斑块上聚集（图 1.36（c））。如果固定间隔接近 10 μm，细胞将会在一个或多个斑块顶部沉聚（图 1.36（d）），团簇的 IgE 受体在柱状细胞上聚集引起信号传导致使化学介质的释放过程伴随着细胞骨架肌动蛋白的聚合，并导致圆形细胞的生长。这种明显的形态变化表明半抗原磷脂刺激细胞反应从而导致受体聚集。Perez 等人[205]报道了磷脂双层膜阵列体系中蛋白质的横向流动性是如何影响细胞信号传递的。将 GPI 修饰的钙黏蛋白（hEFG）重组到磷脂双层膜中，其横向扩散系数为（0.6±0.3）$\mu m^2/s$，恢复程度为 30.60%。虽然观察到 MCF-7 细胞识别并聚集 hEFG，但是并没有观察到细胞大量生长。Stroumupoulis 等人[145]制备了含 RGD 肽试剂（含 RGD 氨基酸序列类脂分子））的磷脂双层膜阵列，来控制细胞在其表面的黏附及繁殖。他们发现膜中没有 RGD 时，细胞不会黏附在细胞表面，而有 RGD 分子时，细胞则会吸附在表面。细胞黏附和生长的总面积会随着膜中 RGD 肽浓度的增加而扩大，但在高浓度时会保持稳定。该研究证明这类方法可用于促进细胞黏附和生长的生物探针的筛选。

最近，Oilver 等人[155]利用深度紫外图案化的方法制备出磷脂单层膜与磷脂双层膜相间的磷脂膜阵列。他们发现膜层只含 POPC 时，视网膜色素上皮细胞仅在磷脂单层膜区域而不在双层膜区域发生黏附和生长，这是由于单层脂膜和双层膜物理特性（膜张力等）的细微变化所致。将 PS 引入磷脂膜阵列后，细胞的选择性吸附能力消失。

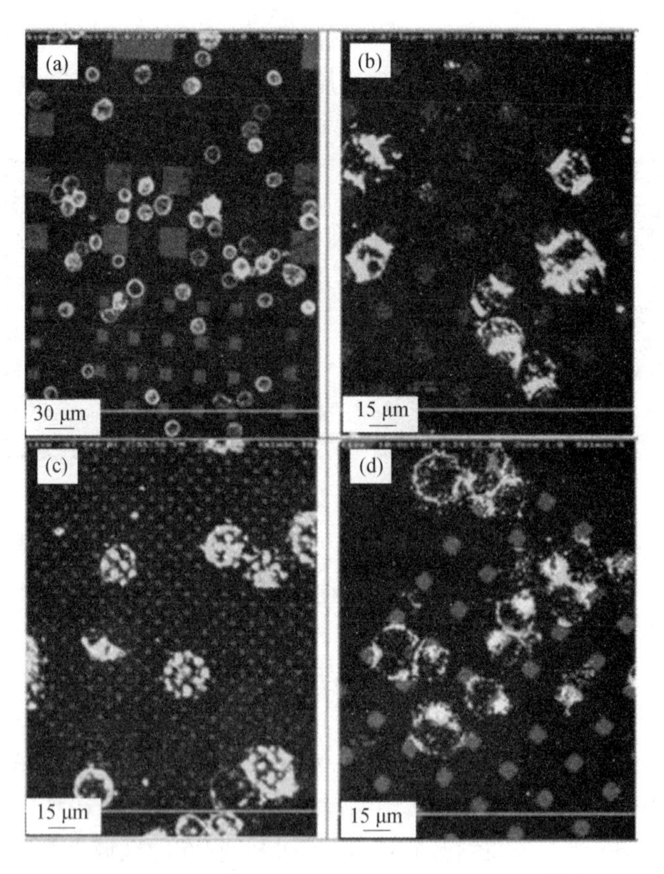

图 1.36　RBL 在磷脂双层膜阵列上的生长情况[204]

1.5.2　磷脂双层膜阵列在高通量研究中的应用

支撑磷脂双层膜体系由于具有良好的生物相容性,因此已被广泛应用于生物实验。研究表明,含磷脂酰胆碱头部基团的双层膜表面对于非特异性蛋白质的吸附具有高抵抗性。这样当磷脂双层膜中含有蛋白质受体时,便可用于与相应蛋白质结合的研究。这是磷脂双层膜阵列的一个重要的应用领域,即检测蛋白质与磷脂受体的吸附和反应,并探讨它们的结合特性[206]。到目前为止,许多“特异结合对”包括生物素/亲和素[52,147,183]、神经节苷脂 GM1/霍乱毒素 CT[179,182,183,194,196]、神经节苷脂 GT1b/破伤风毒素片段 C(TTC)[196]与二硝基苯(DNP)/DNP 抗体[183]都被用于这方面研究。Cremer 等人[147]证明了链霉亲和素可与生物素功能化的磷脂膜阵列进行选择性的结合,如图 1.37(a)所示,他们通过标准光刻技术制备了 4 个 50 μm×50 μm 的膜阵列,其中区域 1,2,4 分别为含有质量分数为 2%、0、1% 的生物素修饰的磷脂,区域 3 为空白区域。将此基底暴露在 10 μmol/L 红色标记的链霉亲和素溶液中,发现链霉亲和素在区域 1 中吸附最多、区域 4 中少量吸附,而在区域 2 和区域 3 中则没有吸附。区域 1 所含的生物素磷脂是区域 4 的 2 倍,因此会吸附更多的链霉亲和素,如图 1.37(b)所示。

神经节苷脂是一类膜中的内嵌蛋白受体,可被几种细菌毒素识别,进而感染宿主细胞。霍乱毒素是由霍乱弧菌产生的寡聚蛋白质,它的 B 亚基五聚物(CTB_5)的相对分子质量为

12 kDa,可与 5 个完全一样的神经节苷脂 GM1 在肠细胞表面结合[207]。同样,破伤风毒素由破伤风梭状芽孢杆菌分泌,可与神经细胞表面的神经节苷脂结合[208],不过它特异地结合神经节苷脂 GT1b[209]。为研究这些结合过程,Moran 等人[196]利用含有神经节苷脂 GT1b 或 GM1 的磷脂双层膜微阵列对破伤风毒素或霍乱毒素 B 亚基的结合进行研究。他们发现神经节苷脂 GT1b 与破伤风毒素的结合常数为 1.1 μmol/L,神经节苷脂 GM1 与霍乱毒素的结合常数为 370 nmol/L。他们还在微流体通道内对毒素混合进行了分离与检测。Taylor 等人[179]证明了含神经节苷脂 GM1 的磷脂双层膜阵列可用于检测霍乱毒素。

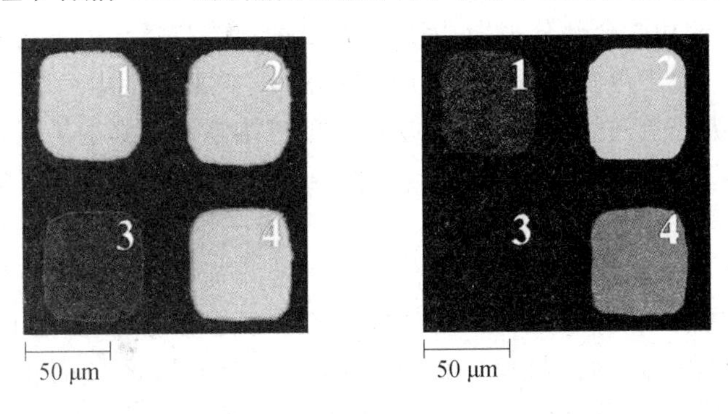

图 1.37　含生物素修饰的磷脂的磷脂膜阵列对链霉亲和素的选择性吸附前的荧光显微镜图像,标尺为 50 μm[147]

Smith 等人[183]设计了更为复杂的基于磷脂双层膜阵列体系的结合实验。为了结合亲和素、反 DNP 抗体与 CTB,他们在同一双层阵列中不同区域选择性地加入 Biotin-cap-DOPE, DNP-cap-DOPE 及 GM1 等。在图 1.38 中,第 1,2,3 行分别含有不同浓度的 GM1,DNP-cap-DOPE 和 Biotin-cap-DOPE。在含 CTB(200 nmol/L),NeutrAvidin(500 nmol/L)和anti-DNP(500 nmol/L)的溶液中培育,分别用 3 种不同颜色的荧光物质标记,每一行配体浓度从

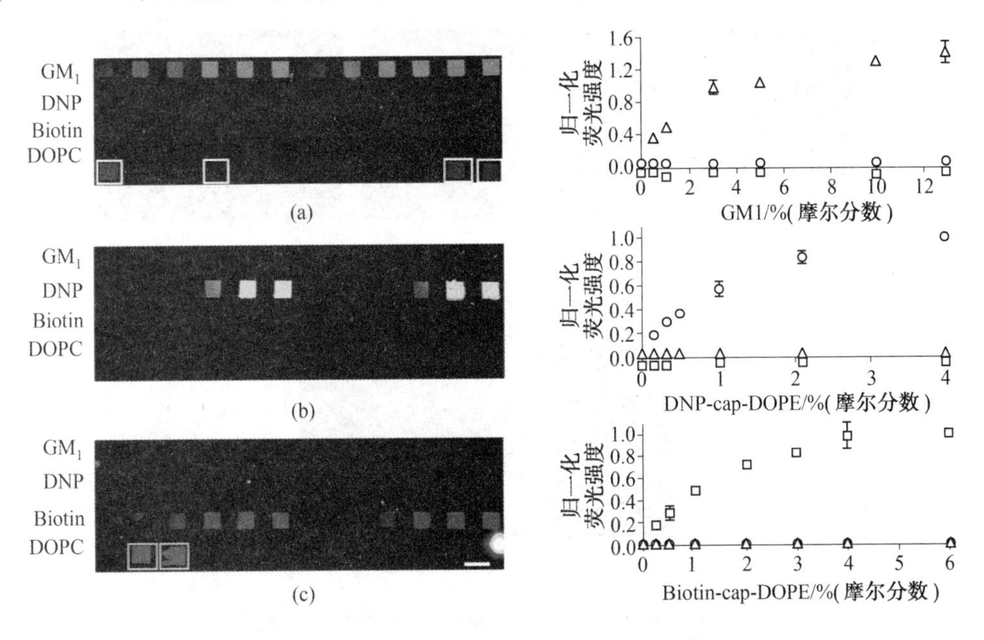

图 1.38　含有多元配体 DOPC 磷脂膜阵列[183]

左向右依次增加,然后对其荧光图案进行量化分析,每种分析物都选择性地与其对应配体定量结合。图 1.38 右侧数据代表了不同区域内荧光物质的强度,表明随着磷脂膜中配体浓度的增加,相应蛋白的含量也增加。这项工作表明磷脂双层膜阵列对于高通量的结合实验具有很好的实用性。

1.5.3　磷脂双层膜阵列在二维膜电泳中的应用

市场上大约一半药物的最终作用位点为膜蛋白。大多数情况下,将膜蛋白从膜环境中分离出来时,膜蛋白的功能会部分丧失,因此人们试图在磷脂膜环境下对膜蛋白进行分离及结构和功能的研究。由于蛋白质可以通过改变溶液 pH 使其带上电荷,所以可以在磷脂双层膜中利用电场来操纵膜蛋白。支撑磷脂双层膜中的二维电泳现象很早就有报道[151,210]。Poo 等人[211]于 1977 年首次提出电场可以重新排布细胞膜上的伴刀豆球蛋白 A 受体(Concanavalin A receptors)。

如图 1.39 所示,笔者[151]利用深度紫外光刻短链硅烷自组装膜的方法制备了磷脂双层膜阵列。在施加电场前,每一个方形区域中的荧光强度是均匀的,如图 1.39(a)左图所示。施加 30 V/cm 电场 10 min 后,带负电的磷脂向每一个方形区域的正极方向聚集,如图 1.39(a)中图和右图所示。这证明了膜中带电磷脂在电场下可以运动。此外,又实现了膜阵列中带电磷脂的分离,如图 1.39(b)所示,表明了膜中带相反电性的磷脂的分离。当施加 50 V/cm 的电场时,10 min 后,TR-PE($q=-1e$)和 D291($q=+1e$)发生分离。带负电的 TR-PE 向正极方向移动,而带正电的 D291 向负极方向移动。从这两种标记性染料的荧光强度分析曲线可以清晰地看出两种磷脂的分离。具有相同电性的磷脂在膜中也可以发生分离,比如电场下 TR-PE($q=-1e$)和 NBD PS($q=-2e$)的分离。在 75 V/cm 的电场作用下,会发现这两种磷脂的快速分离。

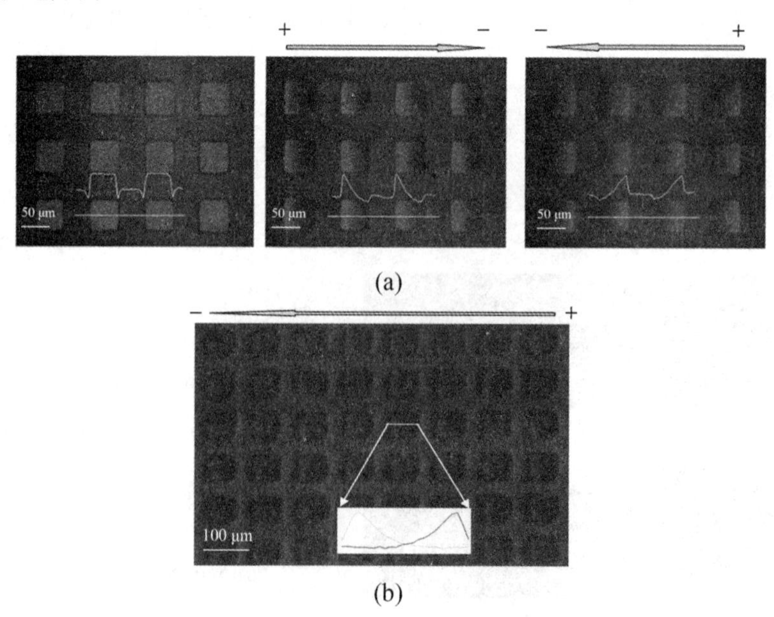

图 1.39　加电场前后磷脂膜中带电物种的移动情况[151]

除了利用膜电场操纵膜中带电的磷脂,一些科学家还研究了有关膜蛋白等更为复杂体系的操控。如上所述,在电场中带电磷脂的迁移主要受到电泳的影响,但这对于磷脂膜上的吸附蛋白来说情形比较复杂,电泳和电渗共同起作用。荧光标记的链霉亲和素通过生物素磷脂连接到膜表面[151],在电场的作用下,带负电荷的链霉亲和素就会向负极移动,说明了该体系内电渗现象对于链霉亲和素这种蛋白的运动起到同样重要的作用。通过向磷脂双层膜中加入足够多的正电磷脂(如 DOTAP),发现链霉亲和素可以向正极方向移动,也就是说可以通过调节膜的电性来影响膜吸附蛋白的运动方向。

另外一个膜吸附蛋白在电场下移动研究的例子为 GPI-蛋白质的操纵和富集[143]。荧光修饰的 GPI-CD48,I-E^K 和 B7-2 通过 GPI 与脂膜相连,如图 1.40(a)和(b)所示。在电场作用下,当 3 种 GPI 连接蛋白复合体根据各自的电荷性质向负极方向运动时,带负电的磷脂 NBD-PE 向正极方向运动,如图 1.40(c)所示。这表明电泳作用在膜表面连接物质的运动中起着很重要的作用。当达到稳定状态时,I-E^K 所用的时间比 B7-2 或 CD48 慢,其原因是一个 I-E^K 分子需要两个 GPI 将其连接在膜上,因此增大了膜内阻力。

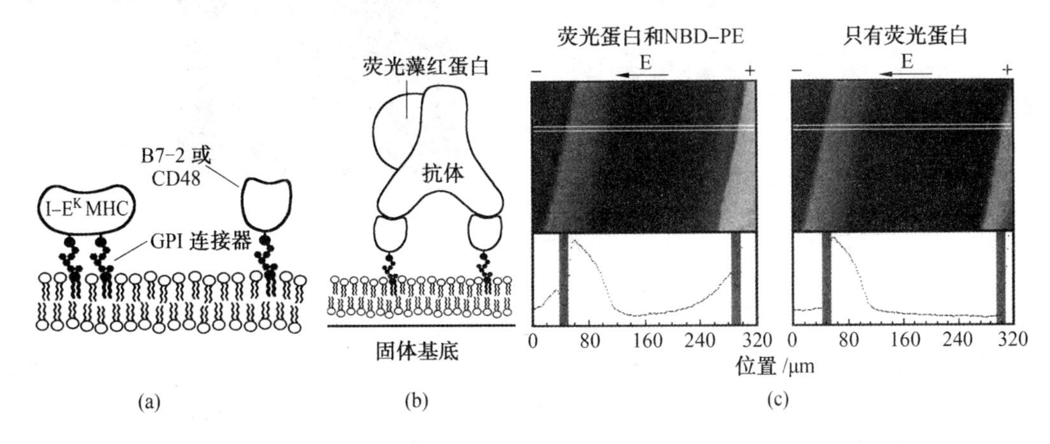

图 1.40　3 种蛋白通过 GPI 连接到磷脂膜上的示意图及电场下膜内蛋白复合物稳态荧光图和浓度分布曲线[143]

除了蛋白质,吸附于膜表面的磷脂囊泡在电场下的运动行为也被详细研究。Yashina 等人[166]报道了在平行于基底的电场的作用下,磷脂双层膜阵列中单个 DNA 连接的囊泡的运动特性。图 1.41(a)为连接囊泡的组装过程。将洁净的玻璃基底浸泡在含有寡核苷酸(A′序列)的囊泡溶液中,从而在其上形成具有流动寡核苷酸的磷脂双层膜。而后,向其中加入标记了含有互补序列寡核苷酸的新鲜囊泡溶液。通过 DNA 的杂化作用将囊泡连接到膜表面。连接的囊泡在电场下受到电泳和电渗的两种互作用力,如图 1.41(b)所示。电泳来源于电场对膜中带电物种的作用,而电渗则来源于膜的表面电性。因支撑磷脂双层膜中的带电物种发生了重组,这样便在其表面产生了不均匀的电渗流。因此,不同位置的囊泡(囊泡 1 和 2)会受到不同程度的电渗流(V_{EO1} 和 V_{EO2})的影响。囊泡 1(含有质量分数为 4% 的 DPPS 和质量分数为 1% 的 TR-PE)和囊泡 2(含有质量分数为 2% 的 Oregon Green DHPE)均被连接到含有质量分数为 2% 的 DPPS 的 egg PC 磷脂双层膜上。当施加一个从左向右的电场时,囊泡均向栅栏处移动。转变电场的方向之后,在右侧的障碍物处观察到了条状的囊泡,囊泡 2 先向栅栏处移动,而囊泡 1 在囊泡 2 的左边。囊泡 1 比囊泡 2 带有更多的负电,因而它所受到的电泳力更大,而使它们靠近正极方向的位置。

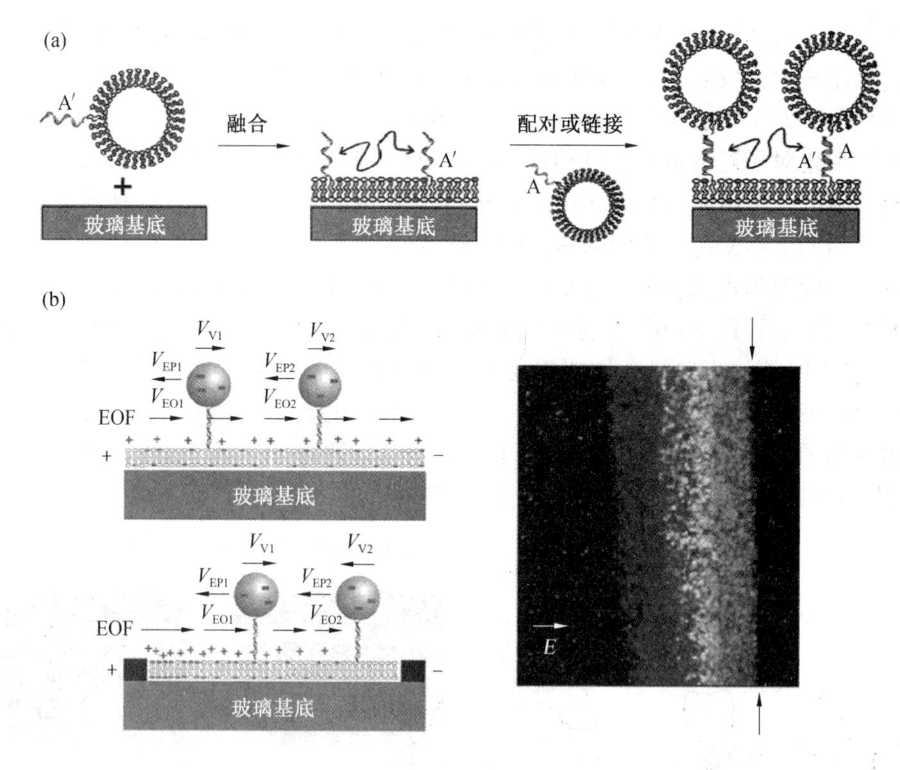

图 1.41　囊泡与膜连接的过程示意图及膜上连接的囊泡在电场作用下受到电泳和电渗相互作用的示意图[166]

Cheetham 等人[212]利用膜中带电物种能被电场操控的原理实现了膜蛋白的富集。如图 1.42(a)所示,他们设计了一种“巢形陷阱”在交流电场的作用下来浓缩膜蛋白。在这种特殊的结构中,膜中带电物种一旦前行越过障碍物便很难往回运动,并且进入中心区域便很难出来。这种方法能够使中心区域膜蛋白浓度提高将近 30 倍。由于这种特殊的陷阱结构限制了蛋白质的扩散,撤掉电场后,蛋白质仍能够在陷阱处停留数小时。他们还设计了双锯齿棘轮图案,也能定向富集膜中带电物种和膜蛋白[213]。然而,以上方法有两个主要缺点:需要施加较大的电势(200 V)才可达到合适的电场强度(60 V/cm),并且实验周期较长(>10 h)。这些缺点来源于施加电场的电极之间的距离较大(约为 3 cm)。因此,Bao 等人[214]利用微加工的技术构建了微米级别的叉指电极芯片,并在叉指电极间构建这些棘轮结构,实验装置如图 1.42(b)所示。流动池提供一个用于维护磷脂双分子层的不断更新的水环境。磷脂双层膜由囊泡融合法制得,其内含有质量分数为 0.2% 的红色荧光物质标记的磷脂。叉指电极材料为 Au/Ti,棘轮结构由 SU8 光刻胶光刻得到。施加交流电场之前,带负电荷的 TR-PE 均匀分布于磷脂双层膜内,如图 1.42(c)中(1)所示。施加交流电场后,由于电泳力的作用,区域 1 内的带负电的 TR-PE 磷脂会向区域 6 处移动,如图 1.42(c)中(2)所示。同时区域 2 内的 TR-PE 将向区域 5 处富集;当施加相反方向的电场时,带电磷脂会向相反的方向移动,如图 1.42(c)中(3)所示,这时除了区域 7 内的 TR-PE 将向区域 2 处移动外,而上一时间段内捕获聚集在区域 6 和区域 5 处的 TR-PE 将分别向区域 3 和区域 4 处移动。不对称结构避免了施加反方向的电场时流动组分的倒流。这样的巢形结构使得流动组分容易由外层进入内部,而不容易由内向外流动。循环施加交流电场,可以在内部得到浓度较高的带电成分。利用这个芯片,施加较低的电压(<13 V)即可获得较大的场强(>200 V/cm),另外时间也由原来的 16 h 降低到 1.5 h,缩短了近 10 倍。

通过使用不对称图案与交流电场,可以实现膜中带电组分的浓缩或定向运输。通过减少电极间的间距以及按比例缩小磷脂双层膜的图案尺寸,所需要的交流电场振幅和完成实验所需的时间都明显降低。这类设计对利用电池驱动的便携式实验室芯片来分离膜蛋白提供了新的思路。

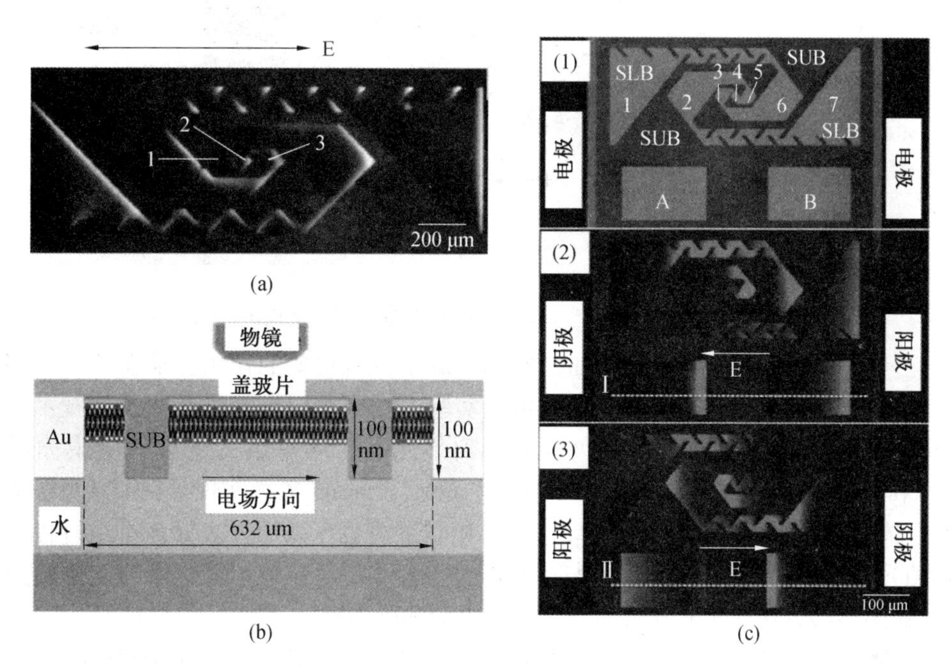

图 1.42　巢形陷阱和叉指电极芯片中巢形结构实验装置示意图及带电磷脂在巢形结构内运动过程的荧光显微镜图片[214]

1.5.4　支撑磷脂双层膜在能量转化方面的应用

地球上的一切生命活动所需的能量几乎可以说都来源于太阳能(光能),而将太阳能转化为其他形式能量的主要转换者就是绿色植物内的叶绿体。叶绿体能捕获光能,然后利用二氧化碳和水,合成储藏能量的有机物,同时产生氧。由此可见,绿色植物的光合作用是地球上有机体生存、繁殖和发展的根本源泉,因此该过程被科学家们广为研究。此方面研究中包括很多方面,本节中着重介绍支撑磷脂双层膜体系在能量转换中的应用。

在光合成过程中,主要包括以下 3 个步骤:

(1)集光复合体捕获太阳光。

(2)激发态的能量从集光复合体转移到反应中心。

(3)在反应中处发生跨膜的电荷分离,从而将光能转化为化学能。

最简单的光合成能量转换体系是在细菌视紫红质中发现的,如海洋浮游细菌、古细菌和真核生物等,它们的共同点是都具有一种充当质子泵的蛋白质。图 1.43 给出了支撑磷脂双层膜体系中嵌有生物能量转化的结构组分,如集光复合体 1 和集光复合体 2、反应中心、细胞色素、ATP 合成酶等结构[215]。利用支撑磷脂双层膜体系可以控制各个组分,进而对这个能量转化过程有更深入的理解。下面将此研究方向的工作进展总结一下,侧重点在于支撑磷脂膜与集光复合体,细胞色素和 ATP 酶的结合体系。

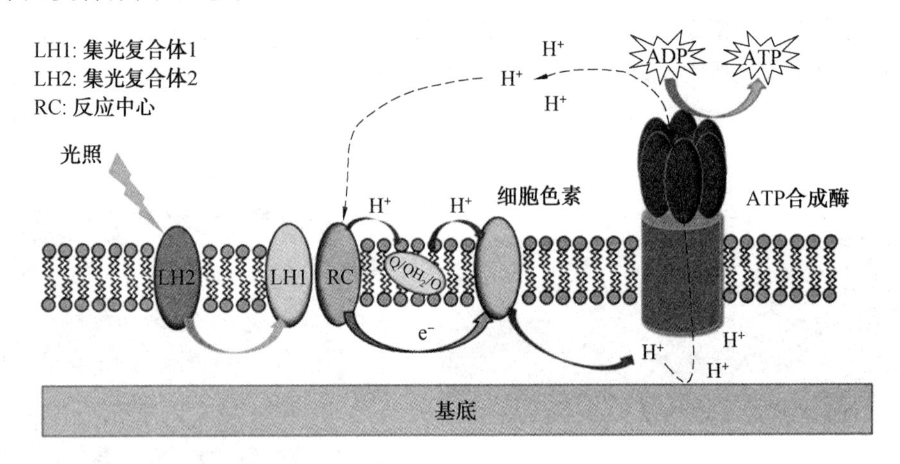

图 1.43　支撑磷脂双层膜体系中嵌有生物能量转化的结构组分示意图[215]

集光复合体在绿色植物和一些细菌的光合成中具有重要的作用。早在 20 世纪 80 年代,科学家们就开展了关于集光复合体重组的实验[216]。1994 年,近场荧光成像技术(Near-field fluorescence imaging,NFI)第一次被应用到集光复合体重组的支撑磷脂膜体系的表征[217]。利用该技术,测出了集光复合体的荧光寿命。Negata 等人实现了在 ITO 电极表面将集光复合体重组于支撑磷脂膜体系中,这样电化学手段也可以用来表征该重组过程及集光复合体的光活性[218]。另外,原子力显微镜也被用来研究含有集光复合体的支撑磷脂双层膜,通过检测能够分辨出集光复合体 2 位于胞内侧和胞外侧的区别[219,220]。

细胞色素是细胞膜蛋白中的一类物质,作用是帮助电子转移。自从 1990 年起,已经有很多在支撑磷脂膜体系中进行细胞色素重组的报道。起初,利用 LB 技术和囊泡的铺展技术进行细胞素的重组。Kalb 等人[221]将细胞色素 b5 成功地重组于支撑磷脂膜体系中,并且通过 FRAP 技术证实了重组后的支撑磷脂膜体系依旧具有较好的流动性。2004 年,Choi 等人[222]通过质谱和可见光吸收谱图证实了细胞色素 c 在磷脂双层膜的疏水部分得到重组。

三磷酸腺苷(ATP)是一种细胞内能量供给化合物,通过 ADP 和无机磷酸盐在 ATP 合成酶的作用下产生。集光复合体在磷脂双层膜中能够引起质子浓度梯度的产生,而这种质子浓度梯度便会促进 ATP 合成酶的运转而帮助合成 ATP。

最早在支撑磷脂膜体系中进行 ATP 合成酶的重组是在 1995 年完成的[223]。在该工作中,ATP 合成酶通过磷脂囊泡破裂的方法重组到了修饰短肽的金电极表面,方波伏安等技术被用来直接表征质子的转移和反应过程。这个工作成功地实现了 ATP 合成酶的重组和活性测定,为进一步实现光合成中所有组分的重组奠定了基础[224]。以上这些研究为进一步利用支撑磷脂膜体系实现光合成体系的重组提供了可能性,遗憾的是还没有将整个光合成体系的所有组分都重组到支撑磷脂双层膜体系中的报道。

1.6　本章小结

本章介绍了生物膜的组成、结构、性质及功能,仿生膜种类,磷脂组装体,磷脂双层膜阵列的制备及应用。人工制备的平板双层膜可以用于多种生理过程的研究，如离子通道的形成、膜蛋白的功能等。磷脂囊泡可作为药物载体用于靶向给药研究。磷脂双层膜阵列在高通量药物筛选、生物传感器等领域有着很好的应用前景。

参考文献

[1] BOGGS J M. Effect of lipid structural modifications on their intermolecular hydrogen-bonding interactions and membrane functions[J]. Biochemistry and Cell Biology, 1986, 64(1): 50-57.

[2] BOGGS J M. Intermolecular hydrogen bonding between lipids: influence on organization and function of lipids in membranes[J]. Canadian Journal of Biochemstry, 1980, 58(10): 755-770.

[3] LOSADA P P, KHORSHID M, YONGABI D, et al. Effect of cholesterol on the phase behavior of solid-supported lipid vesicle layers[J]. Journal of Physical Chemistry B, 2015, 119(15): 4985-4992.

[4] MCMULLEN T P W, LEWIS R N A H, MCELHANEY R N. Differential scanning calorimetric study of the effect of cholesterol on the thermotropic phase-behavior of a homologous series of linear saturated phosphatidylcholines[J]. Biochemistry, 1993, 32(2): 516-522.

[5] DEVAUX P F, SEIGNEURET M. Specificity of lipid-protein interactions as determined by spectroscopic techniques[J]. Biochimica et Biophysica Acta, 1985, 822(1): 63-125.

[6] DANIELLI J F, DAVSON H. A contribution to the theory of permeability of thin films[J]. Journal of Cellular & Comparative Physiology, 1935, 5(4): 495-508.

[7] ROBERTSON J D. The molecular structure and contact relationships of cell membranes[J]. Progress in Biophysics & Molecular Biology, 1960, 10:343-418.

[8] SINGER S J, NICOLSON G L. The fluid mosaic model of the structure of cell membranes[J]. Science, 1972, 175(4023): 720-731.

[9] PARTON R G, SIMONS K. The multiple faces of caveolae[J]. Nature Reviews Molecular Cell Biology, 2007, 8(3): 185-194.

[10] LUZZATI V, GULIK K T, TARDIEU A. Polymorphism of lecithins. [J]. Nature, 1968, 218(5146): 1031-1034.

[11] NAVARRO J, LANDAU E M, FAHMY K. Receptor-dependent G-protein activation in lipidic cubic phase[J]. Biopolymers, 2002, 67(3): 167-177.

[12] ANGELOVA A, OLLIVON M, CAMPITELLI A, et al. Lipid cubic phases as stable nanochannel network structures for protein biochip development: X-ray diffraction study[J]. Langmuir, 2003, 19(17): 6928-6935.

[13] DOISY A, PROUST J E, IVANOVA T, et al. Phospholipid/drug interactions in liposomes studied by rheological properties of monolayers[J]. Langmuir, 1996, 12(25): 6098-6103.

[14] MUELLER P, RUDIN D O, TI TIEN H, et al. Reconstitution of cell membrane structure in vitro and its transformation into an excitable system[J]. Nature, 1962, 194(4832): 979-

980.

[15] MONTAL M, MUELLER P. Formation of bimolecular membranes from lipid monolayers and a study of their electrical properties[J]. Proceedings of the National Academy of Sciences of the United States of America, 1972, 69(12): 3561-3566.

[16] KAMO N, MIYAKE M, KURIHARA K, et al. Physicochemical studies of taste reception I. Model membrane simulating taste receptor potential in response to stimuli of salts, acids and distilled water[J]. Biochimica et Biophysica Acta-Biomembranes, 1974, 367(1): 1-10.

[17] THOMPSON M, LENNOX R B, MCCLELLAN R A. Structure and electrochemical properties of microfiltration filter-lipid membrane systems[J]. Analytical Chemstry, 1982, 54(1): 76-81.

[18] BRUTYAN R A, DEMARIA C, HARRIS A L. Horizontal solvent-free lipid bimolecular membranes with two-sided access can be formed and facilitate ion-channel reconstitution [J]. Biochimica et Biophysica Acta-Biomembranes, 1995, 1236(2): 339-344.

[19] DIOCHOT S, BARON A, SALINAS M, et al. Black mamba venom peptides target acid-sensing ion channels to abolish pain[J]. Nature, 2012, 490(7421): 552-555.

[20] BARBIER J, JANSEN R, IRSCHIK H, et al. Isolation and total synthesis of icumazoles and noricumazoles-antifungal antibiotics and cation-channel blockers from sorangium cellulosum [J]. Angewandte Chemie-International Edition, 2012, 51(25): 6035-6035.

[21] GU L Q, BRAHA O, CONLAN S, et al. Stochastic sensing of organic analytes by a pore-forming protein containing a molecular adapter[J]. Nature, 1999, 398(6729): 686-690.

[22] GOUAUX E. α-Hemolysin from Staphylococcus aureus: an archetype of β-barrel channel-forming toxins[J]. Journal of Structural Biology, 1998, 121(2): 110-122.

[23] BRAHA O, WALKER B, CHELEY S, et al. Designed protein pores as components for biosensors[J]. Chemistry & Biology, 1997, 4(7): 497-505.

[24] CHELEY S, GU L Q, BAYLEY H. Stochastic sensing of nanomolar inositol 1,4,5-trisphosphate with an engineered pore[J]. Chemistry & Biology, 2002, 9(7): 829-838.

[25] BAYLEY H, BRAHA O, GU L Q. Stochastic sensing with protein pores[J]. Advanced Materials, 2000, 12(2): 139-142.

[26] TAMM L K, MCCONNELL H M. Supported Phospholipid-bilayers[J]. Biophysical Journal, 1985,47(1):105-113.

[27] CREMER P S, BOXER S G. Formation and spreading of lipid bilayers on planar glass supports[J]. Journal of Physical Chemistry B, 1999, 103(13): 2554-2559.

[28] EGAWA H, FURUSAWA K. Liposome adhesion on mica surface studied by atomic force microscopy[J]. Langmuir, 1999, 15(5):1660-1666.

[29] PENG P Y, CHIANG P C, CHAO L. Mobile lipid bilayers on gold surfaces through structure-induced lipid vesicle rupture[J]. Langmuir, 2015, 31(13): 3904-3911.

[30] ROSSETTI F F, BALLY M, MICHEL R, et al. Interactions between titanium dioxide and phosphatidyl serine-containing liposomes: formation and patterning of supported phospholipid bilayers on the surface of a medically relevant material[J]. Langmuir, 2005, 21(14):

6443-6450.

[31] STARR T E, THOMPSON N L. Formation and characterization of planar phospholipid bilayers supported on TiO_2 and $SrTiO_3$ single crystals[J]. Langmuir, 2000, 16(26): 10301-10308.

[32] REIMHULT E, HOOK F, KASEMO B. Intact vesicle adsorption and supported biomembrane formation from vesicles in solution: influence of surface chemistry, vesicle size, temperature, and osmotic pressure[J]. Langmuir, 2003, 19(5): 1681-1691.

[33] HOYO J, GUAUS E, ONCINS G, et al. Incorporation of ubiquinone in supported lipid bilayers on ITO[J]. Journal of Physical Chemistry B, 2013, 117(25): 7498-7506.

[34] BIN X M, ZAWISZA I, GODDARD J D, et al. Electrochemical and PM-IRRAS studies of the effect of the static electric field on the structure of the DMPC bilayer supported at a Au (111) electrode surface[J]. Langmuir, 2005, 21(1): 330-347.

[35] CASTELLANA E T, CREMER P S. Solid supported lipid bilayers: from biophysical studies to sensor design[J]. Surface Science Reports, 2006, 61(10): 429-444.

[36] IRVING L. The mechanism of the surface phenomena of flotation[J]. Transactions of the Faraday Society, 1920, 15: 62-74.

[37] PATIL Y P, AHLUWALIA A K, JADHAV S. Isolation of giant unilamellar vesicles from electroformed vesicle suspensions and their extrusion through nano-pores[J]. Chemistry and Physics of Lipids, 2013, 167:1-8.

[38] BELICKA M, KUCERKA N, UHRIKOVA D, et al. Effects of N,N-dimethyl-N-alkylamine-N-oxides on DOPC bilayers in unilamellar vesicles: small-angle neutron scattering study [J]. European Biophysics Journal with Biophysics Letters, 2014, 43(4-5): 179-189.

[39] CHENG H T, LONDON E. Preparation and properties of asymmetric large unilamellar vesicles: interleaf let coupling in asymmetric vesicles is dependent on temperature but not curvature[J]. Biophysical Journal, 2011, 100(11): 2671-2678.

[40] FUTO K, BODIS E, MACHESKY L M, et al. Membrane binding properties of IRSp53-missing in metastasis domain (IMD) protein[J]. Biochimica et Biophysica Acta-Molecular and Cell Biology of Lipids, 2013, 1831(11): 1651-1655.

[41] MIHUT A M, DABKOWSKA A P, CRASSOUS J J, et al. Tunable adsorption of soft colloids on model biomembranes[J]. ACS Nano, 2013, 7(12): 10752-10763.

[42] DEGEN P, WYSZOGRODZKA M, STROTGES C. Film formation of nonionic dendritic amphiphiles at the water surface[J]. Langmuir, 2012, 28(34): 12438-12442.

[43] JOHNSON J M, HA T, CHU S, et al. Early steps of supported bilayer formation probed by single vesicle fluorescence assays[J]. Biophysical Journal, 2002, 83(6): 3371-3379.

[44] CSUCS G, RAMSDEN J J. Interaction of phospholipid vesicles with smooth metal-oxide surfaces[J]. Biochimica et Biophysica Acta-Biomembranes, 1998, 1369(1): 61-70.

[45] BERQUAND A, MAZERAN P E, PANTIGNY J, et al. Two-step formation of streptavidin-supported lipid bilayers by PEG-triggered vesicle fusion. Fluorescence and atomic force microscopy characterization[J]. Langmuir, 2003, 19(5): 1700-1707.

[46] ZHENG Z M, STROUMPOULIS D, PARRA A, et al. A monte carlo simulation study of lipid bilayer formation on hydrophilic substrates from vesicle solutions[J]. Journal of Chemical Physics, 2006, 124(6): 64904.
[47] CRANE J M, KIESSLING V, TAMM L K. Measuring lipid asymmetry in planar supported bilayers by fluorescence interference contrast microscopy[J]. Langmuir, 2005, 21(4): 1377-1388.
[48] STELZLE M, MIEHLICH R, SACKMANN E. 2-Dimensional microelectrophoresis in supported lipid bilayers[J]. Biophysical Journal, 1992, 63(5): 1346-1354.
[49] APRILE A, PAGLIUSI P, CIUCHI F, et al. Probing cavitand-organosilane hybrid bilayers via sum-frequency vibrational spectroscopy[J]. Langmuir, 2014, 30(43): 12843-12849.
[50] ROSS E E, ROZANSKI L J, SPRATT T, et al. Planar supported lipid bilayer polymers formed by vesicle fusion. 1. Influence of diene monomer structure and polymerization method on film properties[J]. Langmuir, 2003, 19(5): 1752-1765.
[51] MORIGAKI K, KIYOSUE K, TAGUCHI T. Micropatterned composite membranes of polymerized and fluid lipid bilayers[J]. Langmuir, 2004, 20(18): 7729-7735.
[52] ALBERTORIO F, DIAZ AJ, YANG T L, et al. Fluid and air-stable lipopolymer membranes for biosensor applications[J]. Langmuir, 2005, 21(16): 7476-7482.
[53] ZHANG L F, SPURLIN T A, GEWIRTH A A, et al. Electrostatic stitching in gel-phase supported phospholipid bilayers[J]. Journal of Physical Chemistry B, 2006, 110(1): 33-35.
[54] CHARRIER A, THIBAUDAU F. Main phase transitions in supported lipid single-bilayer [J]. Biophysical Journal, 2005, 89(2): 1094-1101.
[55] HOLMLIN R E, HAAG R, CHABINYC M L, et al. Electron transport through thin organic films in metal-insulator-metal junctions based on self-assembled monolayers[J]. Journal of the American Chemical Society, 2001, 123(21): 5075-5085.
[56] NUZZO R G, ALLARA D L. Adsorption of bifunction organic disulfides on gold surfaces [J]. Journal of American Chemical Society, 1983, 105(13): 4481-4483.
[57] MEUSE C W, NIAURA G, LEWIS M L, et al. Assessing the molecular structure of alkanethiol monolayers in hybrid bilayer membranes with vibrational spectroscopies[J]. Langmuir, 1998, 14(7): 1604-1611.
[58] RAO N M, SILIN V, RIDGE K D, et al. Cell membrane hybrid bilayers containing the G-protein-coupled receptor CCR5[J]. Analytical Biochemistry, 2002, 307(1): 117-130.
[59] KASTL K, ROSS M, GERKE V, et al. Kinetics and thermodynamics of annexin A1 binding to solid-supported membranes: a QCM study[J]. Biochemistry, 2002, 41(31): 10087-10094.
[60] WONG J Y, MAJEWSKI J, SEITZ M, et al. Polymer-cushioned bilayers. I. A structural study of various preparation methods using neutron reflectometry[J]. Biophysical Journal, 1999, 77(3): 1445-1457.
[61] NAUMANN C A, PRUCKER O, LEHMANN T, et al. The polymer-supported phospholipid

bilayer: tethering as a new approach to substrate-membrane stabilization[J]. Biomacromolecules, 2002, 3(1): 27-35.

[62] TSOFINA L M, LIBERMAN E A, BABAKOV A V. Production of bimolecular protein-lipid membranes in aqueous solution[J]. Nature, 1966, 212(5063): 681-683.

[63] HWANG W L, HOLDEN M A, WHITE S, et al. Electrical behavior of droplet interface bilayer networks: experimental analysis and modeling[J]. Journal of the American Chemical Society, 2007, 129(38): 11854-11864.

[64] HOLDEN M A, NEEDHAM D, BAYLEY H. Functional bionetworks from nanoliter water droplets[J]. Journal of the American Chemical Society, 2007, 129(27): 8650-8655.

[65] HWANG W L, CHEN M, CRONIN B, et al. Asymmetric droplet interface bilayers[J]. Journal of the American Chemical Society, 2008, 130(18): 5878-5879.

[66] HERON A J, THOMPSON J R, MASON A E, et al. Direct detection of membrane channels from gels using water-in-oil droplet bilayers[J]. Journal of the American Chemical Society, 2007, 129(51): 16042-16047.

[67] THOMPSON J R, HERON A J, SANTOSO Y, et al. Enhanced stability and fluidity in droplet on hydrogel bilayers for measuring membrane protein diffusion[J]. Nano Letters, 2007, 7(12): 3875-3878.

[68] BALASUBRAMANIAN K, SCHROIT A J. Aminophospholipid asymmetry: a matter of life and death[J]. Annual Review of Physiology, 2003, 65:701-734.

[69] DEVAUX P F, MORRIS R. Transmembrane asymmetry and lateral domains in biological membranes[J]. Traffic, 2004, 5(4): 241-246.

[70] POMORSKI T, MENON A K. Lipid flippases and their biological functions[J]. Cellular and Molecular Life Sciences, 2006, 63(24): 2908-2921.

[71] POMORSKI T, HRAFNSDOTTIR S, DEVAUX P F, et al. Lipid distribution and transport across cellular membranes[J]. Seminars in Cell & Developmental Biology, 2001, 12(2): 139-148.

[72] ZWAAL R F A, COMFURIUS P, BEVERS E M. Surface exposure of phosphatidylserine in pathological cells[J]. Cellular and Molecular Life Sciences, 2005, 62(9): 971-988.

[73] BAYLEY H, JAYASINGHE L, WALLACE M. Prepore for a breakthrough[J]. Nature Structural & Molecular Biology, 2005, 12(5): 385-386.

[74] MASHANOV G I, TACON D, PECKHAM M, et al. The spatial and temporal dynamics of pleckstrin homology domain binding at the plasma membrane measured by Imaging single molecules in live mouse myoblasts[J]. Journal of Biological Chemistry, 2004, 279(15): 15274-15280.

[75] SCHUTZ G J, SCHINDLER H, SCHMIDT T. Single-molecule microscopy on model membranes reveals anomalous diffusion[J]. Biophysical Journal, 1997, 73(2): 1073-1080.

[76] ICHIKAWA T, AOKI T, TAKEUCHI Y, et al. Immobilizing single lipid and channel molecules in artificial lipid bilayers with annexin A5[J]. Langmuir, 2006, 22(14): 6302-6307.

[77] HARMS G, ORR G, LU H P. Probing ion channel conformational dynamics using simultaneous single-molecule ultrafast spectroscopy and patch-clamp electric recording[J]. Applied Physics Letters, 2004, 84(10): 1792-1794.

[78] EGWOLF B, LUO Y, WALTERS D E, et al. Ion selectivity of alpha-Hemolysin with beta-Cyclodextrin adapter. II. Multi-ion effects studied with grand canonical monte carlo/brownian dynamics simulations[J]. Journal of Physical Chemistry B, 2010, 114(8): 2901-2909.

[79] FISCHER A, FRANCO A, OBERHOLZER T. Giant vesicles as microreactors for enzymatic mRNA synthesis[J]. Chembiochem, 2002, 3(5): 409-417.

[80] NOIREAUX V, LIBCHABER A. A vesicle bioreactor as a step toward an artificial cell assembly[J]. Proceedings of the National Academy of Sciences of the United States of America, 2004, 101(51): 17669-17674.

[81] PIETRINI A V, LUISI P L. Cell-free protein synthesis through solubilisate exchange in water/oil emulsion compartments[J]. Chembiochem, 2004, 5(8): 1055-1062.

[82] BENNETT I M, FARFANO H M V, BOGANI F, et al. Active transport of Ca^{2+} by an artificial photosynthetic membrane[J]. Nature, 2002, 420(6914): 398-401.

[83] BHOSALE S, SISSON A L, TALUKDAR P, et al. Photoproduction of proton gradients with pi-stacked fluorophore scaffolds in lipid bilayers[J]. Science, 2006, 313(5783): 84-86.

[84] LEPTIHN S, CASTELL O K, CRONIN B, et al. Constructing droplet interface bilayers from the contact of aqueous droplets in oil[J]. Nature Protocols, 2013, 8(6): 1048-1057.

[85] BAYLEY H, CRONIN B, HERON A, et al. Droplet interface bilayers[J]. Molecular Biosystems, 2008, 4(12): 1191-1208.

[86] WANG X J, MA S H, SU Y C, et al. High impedance droplet-solid interface lipid bilayer membranes[J]. Analytical Chemistry, 2015, 87(4): 2094-2099.

[87] BANGHAM A D, STANDISH M M, WATKINS J C. Diffusion of univalent ions across the lamellae of swollen phospholipids[J]. Journal of Molecular Biology, 1965, 13(1): 238-252.

[88] SCHWILLE P, DIEZ S. Synthetic biology of minimal systems[J]. Critical Reviews in Biochemistry and Molecular Biology, 2009, 44(4): 223-242.

[89] WALDE P, COSENTINO K, ENGEL H, et al. Giant vesicles: preparations and applications[J]. Chembiochem, 2010, 11(7): 848-865.

[90] LAURENCIN M, GEORGELIN T, MALEZIEUX B, et al. Interactions between giant unilamellar vesicles and charged core-shell magnetic nanoparticles[J]. Langmuir, 2010, 26(20): 16025-16030.

[91] BEAUNE G, MENAGER C, CABUIL V. Location of magnetic and fluorescent nanoparticles encapsulated inside giant liposomes[J]. Journal of Physical Chemistry B, 2008, 112(25): 7424-7429.

[92] RAWICZ W, OLBRICH K C, MCINTOSH T, et al. Effect of chain length and unsaturation on elasticity of lipid bilayers[J]. Biophysical Journal, 2000, 79(1): 328-339.

[93] OLBRICH K, RAWICZ W, NEEDHAM D, et al. Water permeability and mechanical strength of polyunsaturated lipid bilayers[J]. Biophysical Journal, 2000, 79(1): 321-327.

[94] SHIBATA Y, YAMASHITA Y, OZAKI K, et al. Expression and characterization of streptococcal rgp genes required for rhamnan synthesis in Escherichia coli[J]. Infection and Immunity, 2002, 70(6): 2891-2898.

[95] YAMASHITA Y, OKA M, TANAKA T, et al. A new method for the preparation of giant liposomes in high salt concentrations and growth of protein microcrystals in them[J]. Biochimica et Biophysica Acta-Biomembranes, 2002, 1561(2): 129-134.

[96] MONTES L R, ALONSO A, GONI F M, et al. Giant unilamellar vesicles electroformed from native membranes and organic lipid mixtures under physiological conditions[J]. Biophysical Journal, 2007, 93(10): 3548-3554.

[97] BAUMGART T, HAMMOND A T, SENGUPTA P, et al. Large-scale fluid/fluid phase separation of proteins and lipids in giant plasma membrane vesicles[J]. Proceedings of the National Academy of Sciences of the United States of America, 2007, 104(9): 3165-3170.

[98] HUB H H, ZIMMERMANN U, RINGSDORF H. Preparation of large unilamellar vesicles [J]. Febs Letter, 1982, 140(2): 254-256.

[99] RODRIGUEZ N, PINCET F, CRIBIER S. Giant vesicles formed by gentle hydration and electroformation: a comparison by fluorescence microscopy[J]. Colloids and Surfaces B-Biointerfaces, 2005, 42(2): 125-130.

[100] LIPOWSKY R. The Conformation of membranes[J]. Nature, 1991, 349(6309): 475-481.

[101] SUGIURA S, KUROIWA T, KAGOTA T, et al. Novel method for obtaining homogeneous giant vesicles from a monodisperse water-in-oil emulsion prepared with a microfluidic device[J]. Langmuir, 2008, 24(9): 4581-4588.

[102] PETERLIN P, ARRIGLER V. Electroformation in a flow chamber with solution exchange as a means of preparation of flaccid giant vesicles[J]. Colloids and Surfaces B-Biointerfaces, 2008, 64(1): 77-87.

[103] ANGELOVA M I, DIMITROV D S. Liposome electroformation[J]. Faraday Discussions, 1986, 81: 303-311.

[104] ANGELOVA MI, SOLEAU S, MELEARD P, et al. Trends in colloid and interface science VI: preparation of gaint vesicles by external AC electric-fields. Kineticts and applications [D]. England: Steinkopff-Verlag Herdelberg, 1992.

[105] ESTES D J, MAYER M. Electroformation of giant liposomes from spin-coated films of lipids[J]. Colloids and Surfaces B-Biointerfaces, 2005, 42(2): 115-123.

[106] YUKIHISA O, TAKUYA S. Electroformation of giant vesicles on a polymer mesh[J]. Membranes, 2011, 1(3): 184-194.

[107] YUKIHISA O, SHUUHEI O. Effect of counter electrode in electroformation of giant vesicles[J]. Membranes, 2011, 1(4): 345-353.

[108] BI H M, YANG B, WANG L, et al. Electroformation of giant unilamellar vesicles using interdigitated ITO electrodes[J]. Journal of Materials Chemistry A, 2013, 1(24): 7125-7130.

[109] GUO S, FABIAN O, CHANG Y L, et al. Electrogenerated chemiluminescence of conjugated polymer films from patterned electrodes[J]. Journal of the American Chemical Society, 2011, 133(31): 11994-12000.

[110] SMOUKOV S K, GRZYBOWSKI B A. Maskless microetching of transparent conductive oxides(ITO and ZnO) and semiconductors(GaAs) based on reaction-diffusion[J]. Chemistry of Materials, 2006, 18(20): 4722-4723.

[111] TAYLOR P, XU C, FLETCHER P D I, et al. A novel technique for preparation of monodisperse giant liposomes[J]. Chemical Communications, 2003 (14): 1732-1733.

[112] POLITANO T J, FROUDE V E, JING B X, et al. AC-electric field dependent electroformation of giant lipid vesicles[J]. Colloids and Surfaces B-Biointerfaces, 2010, 79(1): 75-82.

[113] ANGELOVA M, DIMITROV D S. A mechanism of liposome electroformation[J]. Progress in Colloid & Polymer Science, 1988, 76: 59-67.

[114] NEEDHAM D, DEWHIRST M W. The development and testing of a new temperature-sensitive drug delivery system for the treatment of solid tumors[J]. Advanced Drug Delivery Reviews, 2001, 53(3): 285-305.

[115] MILLS J K, EICHENBAUM G, NEEDHAM D. Effect of bilayer cholesterol and surface grafted poly(ethylene glycol) on pH-induced release of contents from liposomes by poly(2-ethylacrylic acid)[J]. Journal of Liposome Research, 1999, 9(2): 275-290.

[116] LASIC D D. Novel applications of liposomes[J]. Trends in Biotechnology, 1998, 16(7): 307-321.

[117] ALLEN T M, CULLIS P R. Drug delivery systems: entering the mainstream[J]. Science, 2004, 303(5665): 1818-1822.

[118] WOODLE M C. Sterically stabilized liposome therapeutics[J]. Advanced Drug Delivery Reviews, 1995, 16(2-3): 249-265.

[119] TORCHILIN V P. Recent advances with liposomes as pharmaceutical carriers[J]. Nature Reviews Drug Discovery, 2005, 4(2): 145-160.

[120] CHARROIS G J R, ALLEN T M. Rate of biodistribution of STEALTH((R)) liposomes to tumor and skin: influence of liposome diameter and implications for toxicity and therapeutic activity[J]. Biochimica et Biophysica Acta-Biomembranes, 2003, 1609(1): 102-108.

[121] AL J W T, AL J K T, BOMANS P H, et al. Functionalized-quantum-dot-liposome hybrids as multimodal nanoparticles for cancer[J]. Small, 2008, 4(9): 1406-1415.

[122] KLOEPFER J A, COHEN N, NADEAU J L. FRET between CdSe quantum dots in lipid vesicles and water- and lipid-soluble dyes[J]. Journal of Physical Chemistry B, 2004, 108(44): 17042-17049.

[123] LESIEUR S, GRABIELLE M C, MENAGER C, et al. Evidence of surfactant-induced formation of transient pores in lipid bilayers by using magnetic-fluid-loaded liposomes[J]. Journal of the American Chemical Society, 2003, 125(18): 5266-5267.

[124] YAGER P, SCHOEN P E. Formation of Tubules by a Polymerizable Surfactant[J]. Molecular Crystals & Liquid Crystals, 1984, 106: 3-4.

[125] CHAPPELL J S, YAGER P. Formation of mineral microstructures with a high aspect ratio from phospholipid-bilayer tubules[J]. Journal of Materials Science Letters, 1992, 11(10): 633-636.

[126] GEORGER J H, SINGH A, PRICE R R, et al. Helical and tubular microstructures formed by polymerizable phosphatidylcholines[J]. Journal of the American Chemical Society, 1987, 109(20): 6169-6175.

[127] BRAZHNIK K P, VREELAND W N, HUTCHISON J B, et al. Directed growth of pure phosphatidylcholine nanotubes in microfluidic channels[J]. Langmuir, 2005, 21(23): 10814-10817.

[128] SUGIHARA K, CHAMI M, DERENYI I, et al. Directed self-assembly of lipid nanotubes from inverted hexagonal structures[J]. ACS Nano, 2012, 6(8): 6626-6632.

[129] WEST J, MANZ A, DITTRICH P S. Lipid nanotubule fabrication by microfluidic tweezing[J]. Langmuir, 2008, 24(13): 6754-6758.

[130] LIN Y C, HUANG K S, CHIANG J T, et al. Manipulating self-assembled phospholipid microtubes using microfluidic technology[J]. Sensors and Actuators B-Chemical, 2006, 117(2): 464-471.

[131] ROSSIER O, CUVELIER D, BORGHI N, er al. Giant vesicles under flows: extrusion and retraction of tubes[J]. Langmuir, 2003, 19(3): 575-584.

[132] CASTILLO J A, NARCISO D M, HAYES M A. Bionanotubule formation from surface-attached liposomes using electric fields[J]. Langmuir, 2009, 25(1): 391-396.

[133] BI H M, FU D G, WANG L, et al. Lipid nanotube formation using space-regulated electric field above interdigitated electrodes[J]. ACS Nano, 2014, 8(4): 3961-3969.

[134] SCHNUR J M, PRICE R, SCHOEN P, et al. Lipid-based tubule microstructures[J]. Thin Solid Films, 1987, 152(1-2): 181-206.

[135] BANERJEE I A, YU L T, MATSUI H. Cu nanocrystal growth on peptide nanotubes by biomineralization: size control of Cu nanocrystals by tuning peptide conformation[J]. Proceedings of the National Academy of Sciences of the United States of America, 2003, 100(25): 14678-14682.

[136] BARAL S, SCHOEN P. Silica-deposited phospholipid tubules as a precursor to hollow submicron-diameter silica cylinders[J]. Chemistry of Materials, 1993, 5(2): 145-147.

[137] JI Q M, KAMIYA S, JUNG J H, et al. Self-assembly of glycolipids on silica nanotube templates yielding hybrid nanotubes with concentric organic and inorganic layers[J]. Journal of Materials Chemistry, 2005, 15(7): 743-748.

[138] JI Q M, IWAURA R, SHIMIZU T. Regulation of silica nanotube diameters: sol-gel tran-

scription using solvent-sensitive morphological change of peptidic lipid nanotubes as templates[J]. Chemistry of Materials, 2007, 19(6): 1329-1334.

[139] ZHOU Y, SHIMIZU T. Lipid nanotubes: A unique template to create diverse one-dimensional nanostructures[J]. Chemistry of Materials, 2008, 20(3): 625-633.

[140] ZHOU Y, KOGISO M, HE C, et al. Fluorescent nanotubes consisting of CdS-embedded bilayer membranes of a peptide lipid[J]. Advanced Materials, 2007, 19(8): 1055-1058.

[141] CREMER P S, GROVES J T, KUNG L A, et al. Writing and erasing barriers to lateral mobility into fluid phospholipid bilayers[J]. Langmuir, 1999, 15(11): 3893-3896.

[142] GROVES J T, BOXER S G, MCCONNELL H M. Electric field effects in multicomponent fluid lipid membranes[J]. Journal of Physical Chemistry B, 2000, 104(1): 119-124.

[143] GROVES J T, WULFING C, BOXER S G. Electrical manipulation of glycan phosphatidyl inositol tethered proteins in planar supported bilayers[J]. Biophysical Journal, 1996, 71(5): 2716-2723.

[144] GROVES J T, ULMAN N, BOXER S G. Micropatterning fluid lipid bilayers on solid supports[J]. Science, 1997, 275(5300): 651-653.

[145] STROUMPOULIS D, ZHANG H N, RUBALCAVA L, et al. Cell adhesion and growth to peptide-patterned supported lipid membranes[J]. Langmuir, 2007, 23(7): 3849-3856.

[146] GROVES J T, MAHAL L K, BERTOZZI C R. Control of cell adhesion and growth with micropatterned supported lipid membranes[J]. Langmuir, 2001, 17(17): 5129-5133.

[147] CREMER P S, YANG T L. Creating spatially addressed arrays of planar supported fluid phospholipid membranes[J]. Journal of the American Chemical Society, 1999, 121(35): 8130-8131.

[148] HAN X J, PRADEEP S N D, CRITCHLEY K, et al. Supported bilayer lipid membrane arrays on photopatterned self-assembled monolavers[J]. Chemistry-A European Journal, 2007, 13(28): 7957-7964.

[149] HAN X J, CRITCHLEY K, ZHANG L X, et al. A novel method to fabricate patterned bilayer lipid membranes[J]. Langmuir, 2007, 23(3): 1354-1358.

[150] HAN X J, ACHALKUMAR A S, BUSHBY R J, et al. A cholesterol-based tether for creating photopatterned lipid membrane arrays on both a silica and gold surface[J]. Chemistry-A European Journal, 2009, 15(26): 6363-6370.

[151] HAN X J, CHEETHAM M R, SHEIKH K, et al. Manipulation and charge determination of proteins in photopatterned solid supported bilayers[J]. Integrative Biology, 2009, 1(2): 205-211.

[152] HOWLAND M C, SAPURI-BUTTI A R, DIXIT S S, et al. Phospholipid morphologies on photochemically patterned silane monolayers[J]. Journal of the American Chemical Society, 2005, 127(18): 6752-6765.

[153] HOWLAND M C, SZMODIS A W, SANII B, et al. Characterization of physical properties of supported phospholipid membranes using imaging ellipsometry at optical wavelengths

[J]. Biophysical Journal, 2007, 92(4): 1306-1317.

[154] SHREVE A P, HOWLAND M C, SAPURI B A R, et al. Evidence for leaflet-dependent redistribution of charged molecules in fluid supported phospholipid bilayers[J]. Langmuir, 2008, 24(23): 13250-13253.

[155] OLIVER A E, NGASSAM V, DANG P, et al. Cell attachment behavior on solid and fluid substrates exhibiting spatial patterns of physical properties[J]. Langmuir, 2009, 25(12): 6992-6996.

[156] ZHANG Y, WANG L, WANG X J, et al. Forming lipid bilayer membrane arrays on micropatterned polyelectrolyte film surfaces[J]. Chemistry-A European Journal, 2013, 19(27): 9059-9063.

[157] KUMAR A, WHITESIDES G M. Features of gold having micrometer to centimeter dimensions can be formed through a combination of stamping with an elastomeric stamp and an alkanethiol ink followed by chemical etching[J]. Applied Physics Letters, 1993, 63(14): 2002-2004.

[158] WILBUR J L, KUMAR A, KIM E, et al. Microfabrication by microcontact printing of self-assembled monolayers[J]. Advanced Materials, 1994, 6(7-8): 600-604.

[159] JENKINS A T A, BODEN N, BUSHBY R J, et al. Microcontact printing of lipophilic self-assembled monolayers for the attachment of biomimetic lipid bilayers to surfaces[J]. Journal of the American Chemical Society, 1999, 121(22): 5274-5280.

[160] MRKSICH M, WHITESIDES G M. Patterning self-assembled monolayers using microcontact printing — a new technology for biosensors[J]. Trends in Biotechnology, 1995, 13(6): 228-235.

[161] OKAZAKI T, TATSU Y, MORIGAKI K. Phase separation of lipid microdomains controlled by polymerized lipid bilayer matrices[J]. Langmuir, 2010, 26(6): 4126-4129.

[162] MORIGAKI K, BAUMGART T, JONAS U, et al. Photopolymerization of diacetylene lipid bilayers and its application to the construction of micropatterned biomimetic membranes[J]. Langmuir, 2002, 18(10): 4082-4089.

[163] MORIGAKI K, BAUMGART T, OFFENHAUSSER A, et al. Patterning solid-supported lipid bilayer membranes by lithographic polymerization of a diacetylene lipid[J]. Angewandte Chemie-International Edition, 2001, 40(1): 172-174.

[164] SHI J J, CHEN J X, CREMER P S. Sub-100 nm patterning of supported bilayers by nanoshaving lithography[J]. Journal of the American Chemical Society, 2008, 130(9): 2718-2719.

[165] KUNG L A, KAM L, HOVIS J S, et al. Patterning hybrid surfaces of proteins and supported lipid bilayers[J]. Langmuir, 2000, 16(17): 6773-6776.

[166] YOSHINA I C, BOXER S G. Controlling two-dimensional tethered vesicle motion using an electric field: interplay of electrophoresis and electro-osmosis[J]. Langmuir, 2006, 22(5): 2384-2391.

[167] YOSHINA I C, MILLER G P, KRAFT M L, et al. General method for modification of

liposomes for encoded assembly on supported bilayers[J]. Journal of the American Chemical Society, 2005, 127(5): 1356-1357.
[168] YOSHINA I C, BOXER S G. Arrays of mobile tethered vesicles on supported lipid bilayers [J]. Journal of the American Chemical Society, 2003, 125(13): 3696-3697.
[169] YEE C K, AMWEG M L, PARIKH A N. Direct photochemical patterning and refunctionalization of supported phospholipid bilayers [J]. Journal of the American Chemical Society, 2004, 126(43): 13962-13972.
[170] YEE C K, AMWEG M L, PARIKH A N. Membrane photolithography: direct micropatterning and manipulation of fluid phospholipid membranes in the aqueous phase using deep-UV light[J]. Advanced Materials, 2004, 16(14): 1184-1189.
[171] YU C H, PARIKH A N, GROVES J T. Direct patterning of membrane-derivatized colloids using in-situ UV-ozone photolithography[J]. Advanced Materials, 2005, 17(12): 1477-1480.
[172] HOVIS J S, BOXER S G. Patterning barriers to lateral diffusion in supported lipid bilayer membranes by blotting and stamping[J]. Langmuir, 2000, 16(3): 894-897.
[173] HOVIS J S, BOXER S G. Patterning and composition arrays of supported lipid bilayers by microcontact printing[J]. Langmuir, 2001, 17(11): 3400-3405.
[174] MARTIN B D, GABER B P, PATTERSON C H, et al. Direct protein microarray fabrication using a hydrogel "stamper"[J]. Langmuir, 1998, 14(15): 3971-3975.
[175] MAYER M, YANG J, GITLIN I, et al. Micropatterned agarose gels for stamping arrays of proteins and gradients of proteins[J]. Proteomics, 2004, 4(8): 2366-2376.
[176] WEIBEL D B, LEE A, MAYER M, et al. Bacterial printing press that regenerates its ink: contact-printing bacteria using hydrogel stamps[J]. Langmuir, 2005, 21(14): 6436-6442.
[177] STEVENS M M, MAYER M, ANDERSON D G, et al. Direct patterning of mammalian cells onto porous tissue engineering substrates using agarose stamps[J]. Biomaterials, 2005, 26(36): 7636-7641.
[178] MAJD S, MAYER M. Hydrogel stamping of arrays of supported lipid bilayers with various lipid compositions for the screening of drug-membrane and protein-membrane interactions [J]. Angewandte Chemie-International Edition, 2005, 44(41): 6697-6700.
[179] TAYLOR J D, PHILLIPS K S, CHENG Q. Microfluidic fabrication of addressable tethered lipid bilayer arrays and optimization using SPR with silane-derivatized nanoglassy substrates [J]. Lab on A Chip, 2007, 7(7): 927-930.
[180] SHI J J, YANG T L, KATAOKA S, et al. GM(1) clustering inhibits cholera toxin binding in supported phospholipid membranes[J]. Journal of the American Chemical Society, 2007, 129(18): 5954-5961.
[181] DUTTA D, PULSIPHER A, YOUSAF M N. Selective tethering of ligands and proteins to a microfluidically patterned electroactive fluid lipid bilayer array[J]. Langmuir, 2010, 26(12): 9835-9841.

[182] JOUBERT J R, SMITH K A, JOHNSON E, et al. Stable, ligand-doped, poly(bis-SorbPC) lipid bilayer arrays for protein binding and detection[J]. ACS Applied Materials & Interfaces, 2009, 1(6): 1310-1315.

[183] SMITH K A, GALE B K, CONBOY J C. Micropatterned fluid lipid bilayer arrays created using a continuous flow microspotter[J]. Analytical Chemistry, 2008, 80(21): 7980-7987.

[184] SALAITA K, WANG Y H, MIRKIN C A. Applications of dip-pen nanolithography[J]. Nature Nanotechnology, 2007, 2(3): 145-155.

[185] PINER R D, ZHU J, XU F, et al. "Dip-pen" nanolithography[J]. Science, 1999, 283(5402): 661-663.

[186] LENHERT S, SUN P, WANG Y H, et al. Massively parallel dip-pen nanolithography of heterogeneous supported phospholipid multilayer patterns[J]. Small, 2007, 3(1): 71-75.

[187] TANAKA M, SACKMANN E. Polymer-supported membranes as models of the cell surface[J]. Nature, 2005, 437(7059): 656-663.

[188] BRAUN T, GHATKESAR M K, BACKMANN N, et al. Quantitative time-resolved measurement of membrane protein-ligand interactions using microcantilever array sensors[J]. Nature Nanotechnology, 2009, 4(3): 179-185.

[189] RADU V, FRIELINGSDORF S, EVANS S D, et al. Enhanced oxygen-tolerance of the full heterotrimeric membrane-bound [NiFe]-Hydrogenase of ralstonia eutropha[J]. Journal of the American Chemical Society, 2014, 136(24): 8512-8515.

[190] LIU C M, MONSON C F, YANG T L, et al. Protein separation by electrophoretic-electroosmotic focusing on supported lipid bilayers[J]. Analytical Chemistry, 2011, 83(20): 7876-7880.

[191] LENHERT S, MIRKIN C A, FUCHS H. In situ lipid dip-pen nanolithography under water[J]. Scanning, 2010, 32(1): 15-23.

[192] LENHERT S, BRINKMANN F, LAUE T, et al. Lipid multilayer gratings[J]. Nature Nanotechnology, 2010, 5(4): 275-279.

[193] HEATH G R, ROTH J, CONNELL S D, et al. Diffusion in low-dimensional lipid membranes[J]. Nano Letters, 2014, 14(10): 5984-5988.

[194] YAMAZAKI V, SIRENKO O, SCHAFER R J, et al. Cell membrane array fabrication and assay technology[J]. Bmc Biotechnology, 2005, 5(18):1-11.

[195] ORTH R N, KAMEOKA J, ZIPFEL W R, et al. Creating biological membranes on the micron scale: forming patterned lipid bilayers using a polymer lift-off technique[J]. Biophysical Journal, 2003, 85(5): 3066-3073.

[196] MORAN M J M, EDEL J B, MEYER G D, et al. Micrometer-sized supported lipid bilayer arrays for bacterial toxin binding studies through total internal reflection fluorescence microscopy[J]. Biophysical Journal, 2005, 89(1): 296-305.

[197] HAN X J, STUDER A, SEHR H, et al. Nanopore arrays for stable and functional free-

standing lipid bilayers[J]. Advanced Materials, 2007, 19(24): 4466-4470.

[198] KRESAK S, HIANIK T, NAUMANN R L C. Giga-seal solvent-free bilayer lipid membranes: from single nanopores to nanopore arrays[J]. Soft Matter, 2009, 5(20): 4021-4032.

[199] KOYNOV S, BRANDT M S, STUTZMANN M. Ordered Si nanoaperture arrays for the measurement of ion currents across lipid membranes[J]. Applied Physics Letters, 2009, 95(2): 023112(1)-023112(3).

[200] CHEN C S, MRKSICH M, HUANG S, et al. Geometric control of cell life and death[J]. Science, 1997, 276(5317): 1425-1428.

[201] SINGHVI R, KUMAR A, LOPEZ G P, et al. Engineering cell-shape and function[J]. Science, 1994, 264(5159): 696-698.

[202] MCCONNELL H M, WATTS T H, WEIS R M, et al. Supported planar membranes in studies of cell-cell recognition in the immune-system[J]. Biochimica et Biophysica Acta, 1986, 864(1): 95-106.

[203] WATTS T H, MCCONNELL H M. Biophysical aspects of antigen recognition by T-Cells [J]. Annual Review of Immunology, 1987(5):461-475.

[204] ORTH R N, WU M, HOLOWKA D A, et al. Mast cell activation on patterned lipid bilayers of subcellular dimensions[J]. Langmuir, 2003, 19(5): 1599-1605.

[205] PEREZ T D, NELSON W J, BOXER S G, et al. E-cadherin tethered to micropatterned supported lipid bilayers as a model for cell adhesion[J]. Langmuir, 2005, 21(25): 11963-11968.

[206] LIETO A M, CUSH R C, STARR T E, et al. Ligand-receptor kinetics measured by total internal reflection with fluorescence correlation spectroscopy[J]. Biophysical Journal, 2003, 85(5): 3294-3302.

[207] MERRITT E A, SARFATY S, VANDENAKKER F, et al. Crystal-structure of cholera-toxin B-pentamer bound to receptor G(M1) pentasaccharide[J]. Protein Science, 1994, 3(2): 166-175.

[208] HERREROS J, SCHIAVO G. Lipid microdomains are involved in neurospecific binding and internalisation of clostridial neurotoxins[J]. International Journal of Medical Microbiology, 2002, 291(6-7): 447-453.

[209] ANGSTROM J, TENEBERG S, KARLSSON K A. Delineation and comparison of ganglioside-binding epitopes for the toxins of Vibrio-Cholerae, Escherichia-Coli, and Clostridium-Tetani-Evidence for overlapping epitopes[J]. Proceedings of the National Academy of Sciences of the United States of America, 1994, 91(25): 11859-11863.

[210] GROVES J T, BOXER S G. Electric field-induced concentration gradients in planar supported bilayers[J]. Biophysical Journal, 1995, 69(5): 1972-1975.

[211] POO M, ROBINSON K R. Electrophoresis of concanavalin a receptors along embryonic muscle cell membrane[J]. Nature, 1977, 265(5595): 602-605.

[212] CHEETHAM M R, BRAMBLE J P, MCMILLAN D G G, et al. Concentrating membrane

proteins using asymmetric traps and AC electric fields[J]. Journal of the American Chemical Society, 2011, 133(17): 6521-6524.

[213] CHEETHAM M R, BRAMBLE J P, MCMILLAN D G G, et al. Manipulation and sorting of membrane proteins using patterned diffusion-aided ratchets with AC fields in supported lipid bilayers[J]. Soft Matter, 2012, 8(20): 5459-5465.

[214] BAO P, CHEETHAM M R, ROTH J S, et al. On-chip alternating current electrophoresis in supported lipid bilayer membranes[J]. Analytical Chemistry, 2012, 84(24): 10702-10707.

[215] WANG L, ROTH J S, HAN X J, et al. Photosynthetic proteins in supported lipid bilayers: towards a biokleptic approach for energy capture[J]. Small, 2015, 11(27): 3306-3318.

[216] LI J, HOLLINGSHEAD C. Formation of crystalline arrays of chlorophyll a/b[J]. Biophysical Journal, 1982, 37(1): 363-370.

[217] DUNN R C, HOLTOM G R, METS L, et al. Near-field fluorescence imaging and fluorescence lifetime measurement of light-harvesting complexes in intact photosynthetic membranes[J]. Journal of Physical Chemistry, 1994, 98(12): 3094-3098.

[218] NAGATA M, YOSHIMURA Y, INAGAKI J, et al. Construction and photocurrent of light-harvesting polypeptides/zinc bacteriochlorophyll a complex in lipid bilayers[J]. Chemistry Letters, 2003, 32(9): 852-853.

[219] STAMOULI A, FRENKEN J W M, OOSTERKAMP T H, et al. The electron conduction of photosynthetic protein complexes embedded in a membrane[J]. Febs Letters, 2004, 560(1-3): 109-114.

[220] MILHIET P E, GUBELLINI F, BERQUAND A, et al. High-resolution AFM of membrane proteins directly incorporated at high density in planar lipid bilayer[J]. Biophysical Journal, 2006, 91(9): 3268-3275.

[221] KALB E, TAMM L K. Incorporation of cytochrome B5 into supported phospholipid-bilayers by vesicle fusion to supported monolayers[J]. Thin Solid Films, 1992, 210(1-2): 763-765.

[222] CHOI E J, DIMITRIADIS E K. Cytochrome c adsorption to supported, anionic lipid bilayers studied via atomic force microscopy[J]. Biophysical Journal, 2004, 87(5): 3234-3241.

[223] NAUMANN R, JONCZYK A, KOPP R, et al. Incorporation of membrane-proteins in solid-supported lipid layers[J]. Angewandte Chemie-International Edition, 1995, 34(18): 2056-2058.

[224] NAUMANN R, BAUMGART T, GRABER P, et al. Proton transport through a peptide-tethered bilayer lipid membrane by the H^+-ATP synthase from chloroplasts measured by impedance spectroscopy[J]. Biosensors & Bioelectronics, 2002, 17(1-2): 25-34.

第2章　蛋白质修饰界面

将某些装置或功能材料与生物系统整合到一起形成具有综合功能的组件是一个对于生物、医疗和材料科学都非常有意义的研究领域。将蛋白质的分子识别和催化特性与物质界面的机械、电子学特性相结合,为物理学家、化学家、生物学家和材料学家了解和研发新的传感器或者其他装置提供了机会。

本章介绍近年来关于蛋白质功能化修饰界面的研究进展。科研人员根据功能要求对蛋白质与物质界面的结合方式进行了诸多改进,不但使蛋白质起到修饰物质界面、增加其生物功能的作用,同时,也使物质界面为蛋白质提供了一个支持和固定的平台,从而构建出生物传感器或功能化材料。

2.1　蛋白质修饰界面的方法

蛋白质修饰界面是指将蛋白质固定到物质界面一个特定的区域或空间内,在保持其自身生物活性不变的情况下赋予该物质界面以生物活性,而且这种修饰后的界面能够重复、连续使用。蛋白质修饰界面功能来源于蛋白质特殊的结构和功能,然而这种结构和功能却又是十分脆弱和敏感的。因此,如何在保持其原有自然构象和生物活性的同时将蛋白质固定到基底上,并且达到重复使用的效果成为当今的研究热点。此外,蛋白质固定技术也是诊断设备、生物传感器等诸多生物技术产品的研发基础。蛋白质和基底的相互作用包括可逆的吸附、稳定的共价键合等。蛋白质固定方法的选择主要由蛋白质和载体的性质决定。研究人员建立了一系列将蛋白质固定到基底表面从而使其功能化的方法,本节将对这些方法做以介绍。

2.1.1　膜固定法

用于固定蛋白质的膜主要是指磷脂双层膜或者磷脂与其他自组装单层膜组成的杂化膜。其中磷脂双层膜作为细胞膜的基本骨架和膜蛋白最天然的生理环境,既能够将细胞与外界环境分隔开,又可以通过膜上的蛋白质使细胞与外界环境进行能量交换与信号传递。应用磷脂分子在固体表面构建的人工模拟细胞膜结构具有良好的流动性[1,2],这不仅可以高度保持生物分子的活性,还能有效抑制其他生物分子的非特异性吸附[3,4],因此它有着巨大的优势。然而在以 egg PC 等中性磷脂组成的支撑磷脂双层膜体系中,膜的非极性结构使它对蛋白质的吸附具有抵制作用,导致在其内直接固定蛋白质具有很大的难度[4]。虽然通过加大蛋白质的浓度或者在磷脂组成中加入带负电的磷脂可以使少量的蛋白质吸附于膜上,但是这些蛋白质的吸附都是可逆的,甚至可以被缓冲液直接冲洗掉。

改善这种状况的方法之一是应用含有糖基的表面活性剂(如十二烷基-β-D-硫代麦芽糖苷或者十二烷基-β-D-麦芽糖苷等)来破坏支撑磷脂膜的稳定性,从而使水溶性蛋白质可以稳定地嵌入支撑膜中[5]。该方法在很小的蛋白质浓度条件下(如 0.9 pmol 的捕光复合物 2)也可以有效地固定蛋白质,并且能够保证蛋白质单一定向地排列在磷脂膜中。此外,科研人员基于囊泡融合法制备支撑磷脂双层膜的思想,预先在磷脂囊泡中加入一定比例的蛋白质,也成功地利用磷脂双层膜将蛋白质固定在基底上。1984 年,Connell 和 Brain[6]第一次通过磷脂囊泡融合的方法将 H-2K^{k}蛋白固定到了基底上,从而推动了应用磷脂膜固定蛋白质的研究的发展。然而,在最初的研究中,应用这种方法所固定的蛋白质在磷脂膜中却不具有流动性,这在一定程度上影响了蛋白质原有特性的发挥[7]。在后续研究中,科研人员通过应用 PEG 等对部分磷脂进行修饰,建立了保持蛋白质流动性的固定方法。图 2.1 为 Pace 等人将含有天然膜蛋白的囊泡与含有聚乙二醇化的磷脂(PEG-DOPC)的囊泡超声融合后,以这种融合了的囊泡制备出支撑磷脂双层膜,从而利用磷脂膜将蛋白质固定到了基底表面,并保持了蛋白质良好的流动性[8]。

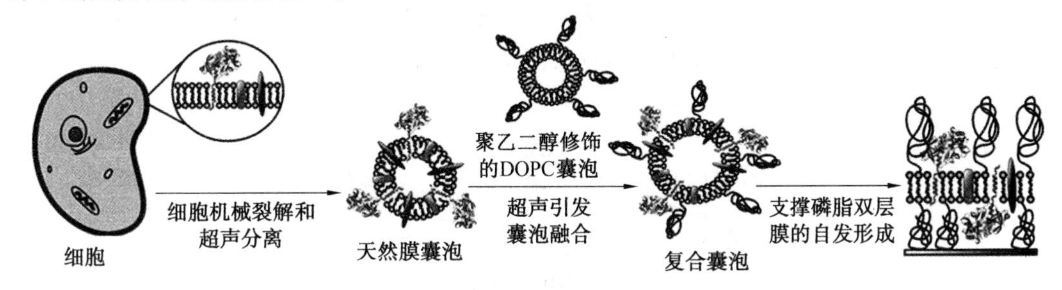

图 2.1　利用 PEG-DOPC 囊泡与含有 BACE1 的囊泡超声融合后所得到的杂化囊泡固定蛋白质示意图[8]

2.1.2　吸附法

吸附法是常用的固定蛋白质(包括酶)的方法[9],也是固定蛋白质方法中最简单的方法。在这种方法中,蛋白质通过较弱的作用力,例如氢键、静电作用、疏水作用或范德华力等与基底结合[10]。吸附法通常是用基底简单地蘸取蛋白质溶液,并让适量的溶液在基底上停留一段时间,使蛋白质有充分的时间吸附到基底上,或者让蛋白质的溶液在基底表面自然干燥,然后将未吸附的蛋白质冲掉[11,12]。吸附法的一个优点是在整个吸附过程中不需要加入特殊的溶剂,操作条件通常非常温和。因此,吸附法是一种经济、操作简单并且对酶的活性伤害较小的方法。然而此方法的一个缺点是基底上吸附的蛋白质呈现出无序的状态,从而影响蛋白质的活性。吸附状态下蛋白质构象改变的程度受基底的类型及其化学性质、基底表面的亲疏水性质以及吸附时的温度、pH 和溶剂的离子强度等因素影响[13]。吸附法的另一个缺点是吸附的蛋白质非常容易脱附[14,15],这会影响生物传感器的使用寿命。在一些特定应用中,吸附法固定蛋白质的确是有效的,但是通常来说它也会导致一定程度生物活性的缺失。

Regis 等人[16]通过加入荧光标记纤连蛋白来研究纤连蛋白吸附到静电纺丝制备的聚乙酸内酯(Polycaprolactone, PCL)支架上的情况,并且将实验数据与分子动力学(Molecular dynamics, MD)模拟所获得的能量间相互作用的分析结果结合起来,探究蛋白质吸附到组织工程材料上的过程。在此研究中,他们第一次分析和比较了实验与 MD 模拟的纤连蛋白吸附到功能化后的静电纺丝 PCL 支架上的结果。他们将静电纺丝纳米纤维 PCL 支架经过 NaOH（羟基化）或者质量分数为 46% 的己二胺（Hexamethylenediamine，HMD）溶液（氨基化）处理后与未处理（对照组）的支架进行比较，发现氨基化的 PCL 支架与对照组支架相比，能够吸附更多的纤连蛋白。同时 MD 模拟结果也揭示了不同的纤连蛋白在吸附到支架上之后的结构，其中精氨酸-甘氨酸-天冬氨酸序列在氨基化支架上表现出最佳的吸附性能。这表明功能化处理不仅影响吸附到支架上的蛋白质的量，也会影响蛋白质吸附到支架上的构象，而以上这些因素都会直接影响到后续的细胞黏附。Zhang 等人[17]将修饰了普鲁士蓝、碳酸钙纳米粒子和金纳米粒子的玻碳电极浸泡在癌胚抗原抗体中，从而制备了癌胚抗原免疫生物传感器。最后将经以上步骤修饰好的电极浸入到牛血清白蛋白（BSA）溶液，使 BSA 占据其余的活性位点防止非特异性吸附。Ren 等人[18]在具有苯甲基基团的溶胶凝胶表面修饰蛋白质，二者通过疏水作用稳定结合，并且可以很好地保持所吸附的蛋白质的生物活性。图 2.2 为在溶胶凝胶上吸附葡萄球菌 A 蛋白示意图。

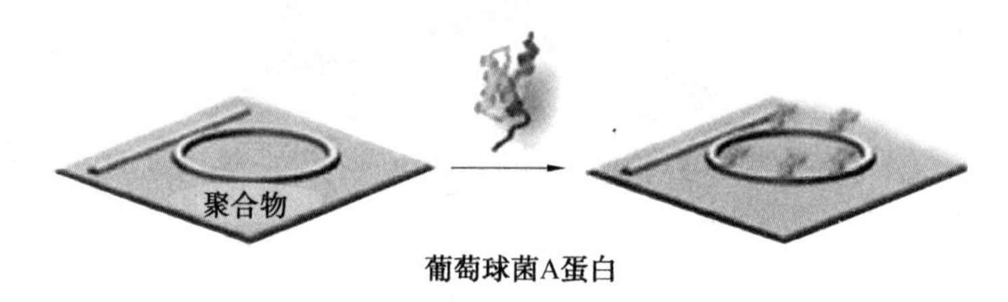

图 2.2　在溶胶凝胶上吸附葡萄球菌 A 蛋白示意图[18]

2.1.3　共价键合法

一种更为有效的构建蛋白质修饰界面的方法是共价键合法，它是通过共价键将蛋白质固定到界面上[9]。这种方法需要在基底表面和蛋白质的化学基团之间发生共价键合。该反应的条件应是生理条件下的水相缓冲溶液，以避免在偶联反应中蛋白质失活。大部分文献中报道的方法是利用氨基酸侧链的内源性官能团进行反应。由于氨基是非常好的亲核物质，而羧酸基团能够与亲核物质反应，因此这些化学基团经常被用于共价键反应中[19-21]。在某些情况下，由于蛋白质分子中赖氨酸的含量较大，通过这种方式固定的酶的活性会受到显著影响。这时可选用蛋白质表面上的其他反应基团如半胱氨酸进行共价反应，它可以通过与基底形成二硫键固定蛋白质。共价键合法能显著提高蛋白质修饰界面的稳定性[22]。

Fisher 等人[23]在沉积了 Au/Pd 纳米立方体的基底上通过硫醇选择性地固定了葡萄糖氧化酶（Glucose oxidase，GOx），并将其用于葡萄糖的检测。图 2.3 为 GOx 修饰电极表面及检测葡萄糖示意图，其中图 2.3（a）为 Au/Pd-碳纳米管基底，图 2.3（b）为巯基偶联剂与 Au/Pd 纳米管的共价结合后的状态，图 2.3（c）为葡萄糖氧化酶修饰界面，图 2.3（d）为 D-葡萄糖选择性地吸附到 GOx 的作用位点上的示意图。该传感器显示出了卓越的灵敏度，其检测限为 2.3 nmol/L。这个数据超越了类似的碳纳米管生物传感器的检测限，说明通过共价键合法所固定的 GOx 具有非常高的生物活性，并且酶和基底间的电子可以高效地转移，所以利用共价键合法将蛋白质修饰到电极表面是一种非常好的制备生物传感器的方法。

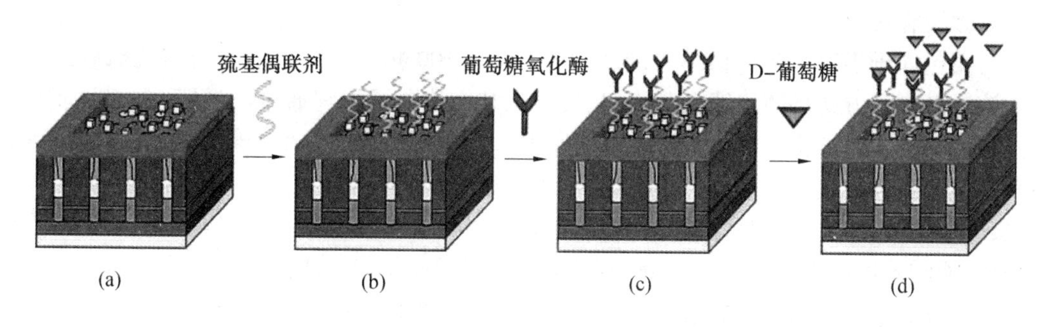

图2.3　GOx修饰电极表面及检测葡萄糖示意图[23]

2.1.4　包埋法

包埋法是将蛋白质截留在具有特定网状结构的半透性载体之中的一种固定方法[24]。包埋法一般不需要载体界面与酶蛋白的氨基酸残基进行结合反应,不涉及酶的修饰,基本不改变酶的活性中心及高级结构,所以适合于固定多种酶。包埋法主要分为凝胶包埋法和微胶囊包埋法。

1. 凝胶包埋法

凝胶包埋法是将酶包埋在交联的不溶性水凝胶空隙中的方法。聚丙烯酰胺凝胶包埋法是最先被采用的包埋技术。Bernfeld[26]于1963年用此法固定了胰蛋白酶、木瓜蛋白酶,后来又用此方法固定了过氧化氢酶[27]、胰凝乳蛋白酶[28]。近年,又有人使用天然材料如藻酸盐[29]和卡拉胶[30]进行酶的包埋。目前所用凝胶主要有聚丙烯酰胺、聚氯乙烯、聚乙烯醇、光敏树脂、聚碳酸酯、尼龙、醋酸纤维等合成高聚物及海藻酸、明胶、胶原等溶胶状高聚物[31],这种方法一般宜用于底物和产物均为小分子的酶,因为大分子底物和产物的传质阻力过大。Raj等人[32]应用溶胶凝胶将铂纳米粒子与氧化酶一起固定到了基底上,被包埋在3-D结构中的酶能够最大限度地保持原有的活性。他们首先将电极浸入到含有3-巯基丙基三甲氧基硅烷溶胶-酶生物复合材料中20 min,使溶胶凝胶包埋的酶能够吸附到电极上;之后在修饰了该生物复合材料的电极表面自组装铂纳米粒子。所制备的用于检测尿酸、胆固醇和葡萄糖的生物传感器,可以有效地提高检测的灵敏度与选择性等。Wang等人[33]应用溶胶凝胶将乙酰胆碱酯酶成功地包埋在滤纸上,从而制备了生物活性试纸。图2.4为经包埋了酶的溶胶凝胶处理的滤纸片示意图。经后续实验证明,上层溶胶凝胶能够有效防止酶的水解,而底层的溶胶凝胶可以防止阳离子聚合物对乙酰胆碱酯酶的抑制作用。

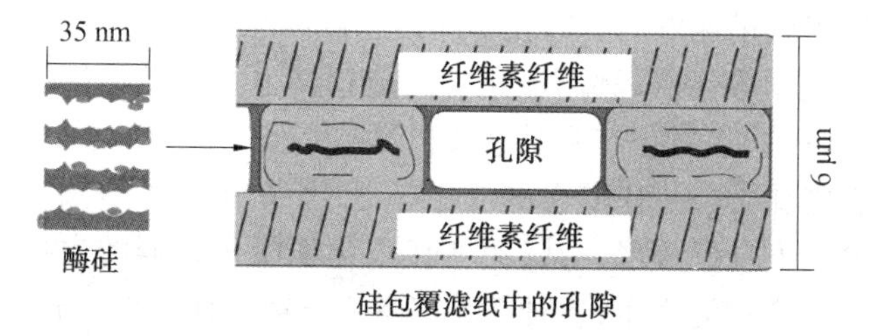

图2.4　经包埋了酶的溶胶凝胶处理的滤纸片示意图[33]

2. 微胶囊包埋法

将酶包埋于半透性聚合物膜内,形成直径为 1 ~ 100 μm 的微囊,这种方法为微胶囊包埋法。该法以物理方式将酶包埋在膜内,只要底物和产物分子能够通过半透膜,它们就能够以自由扩散的方式通过膜[34],进而与酶发生作用。一些人工合成的聚合物膜如 Nafion[35] 可将酶直接包埋到电极表面。这些膜不但能包埋生物分子,还可以抗干扰、抗毒化且膜比较致密,酶分子不易渗漏流失,是比较好的包埋固定化材料。金属醇盐等原料经水解得到三维网状结构,能牢固地固定酶等生物大分子,且能最大限度地保持其活性和特异性。

为了研究包括生物传感器表面在内的生物功能化界面,特别是制备小型设备,可控并且有序地固定蛋白质就变得尤为重要。尽管目前已经研发出了许多化学或生物化学工具,然而仍然需要通过更多的研究来完善当前技术,这些工作最终都会为生物传感器和其他设备在日常诊断和治疗中的应用提供理论基础和实践指导。

2.2 生物传感器

生物传感器因其灵敏度高和选择性好等特点,在临床诊断、环境、制药和安全监测等方面都具有重要的应用价值。虽然许多生物传感器还在研发和测试阶段,但一些手持式设备已经成功进入消费市场,广泛应用于检测领域或作为实验室日常设备。纳米技术和材料科学以及生物识别组件的发展都将进一步推动高效、可靠的生物传感器的研究发展。生物识别组件使用寿命短、稳定性差以及非特异性结合差等缺点是生物传感器最大的限制,经过科研人员的探索,目前已经有很多方法能够克服或者部分解决这些问题。其中应用蛋白质修饰电极表面,就是一种能够有效提高传感器特异性的方法。

2.2.1 电化学生物传感器

电化学生物传感器兼具电分析方法的高灵敏度及生物识别材料的高选择性,目前已广泛应用于临床诊断、食品安全和环境监测等领域。根据生物识别材料性质的不同,基于蛋白质修饰电极的电化学生物传感器可分为酶传感器、亲和型传感器、自供电传感器和智能逻辑传感器等。

1. 酶传感器

基于生物催化的传感器主要是将酶、细胞或组织切片作为识别元件,催化产生电活性物质并转化为可检测的信号。其中酶传感器是最早出现的生物传感器,首先由 Clark 和 Lyons 于 1962 年提出,此后得到迅速发展。电化学酶传感器具有制备简单、成本低、分析速度快以及易于再生和可重新利用等优点,然而电化学酶传感器也存在酶活性容易丧失以及灵敏度相对较低等问题,为解决这些问题需要对电极和测定体系进行合理设计。近年来,新型的纳米技术和材料科学在电化学酶传感器上的成功应用,进一步推动了电化学酶传感器的发展。

电化学酶传感器的发展已历经三代,第一代电化学酶传感器的主要工作原理是测量天然基质的消耗或酶反应产物的产生,各种氧化酶常用于第一代酶传感器的构建,这种传感器主要是测量电化学反应中阴极上 O_2 的减少或阳极上 H_2O_2 的生成,然而这两种测定方法都受到原理性的制约:测量氧耗量对氧的供应和测量条件十分敏感,在高底物浓度情况下,测量信号与底物浓度的线性相关性较差,测量分辨率低;而测量 H_2O_2 则要求施加较高的电压

(通常为 0.65 V),因而不可避免地导致测试样品中的一些其他电活性成分在表面发生电化学反应而产生信号噪音,从而强烈干扰测量的精确度,生物传感器的选择性显著降低。通常有两种方法来消除电活性物质对这类电化学生物传感器的干扰并提高其选择性:一是电极上引入一层选择性渗透膜,如聚邻苯二胺[36];二是在低电压区间催化电解还原生成的 H_2O_2,在此电压区间可消除易氧化基质的干扰。Comba 等人[37]将铁纳米颗粒和葡萄糖氧化酶共同嵌入到碳糊电极中,可以实现在-0.1 V 处对葡萄糖的检测。除氧化酶以外,脱氢酶、水解酶以及一些多酶体系也可以应用于第一代传感器的构建[38]。

为克服第一代电化学酶传感器的弊端,第二代电化学酶传感器使用媒介体来"运输"电子。媒介体可以自由穿梭于酶的活性中心与电极表面之间,作为电子受体(或电子供体)与酶的活性中心交换电子被还原(或氧化),然后扩散至电极表面被氧化(或还原),这样就可以在较低的电位下进行测试,且可以有效防止氧气或其他干扰物质的影响。媒介体包括天然媒介体如一些细胞色素、泛醌等,以及人工媒介体如铁氰化物、二茂铁、靛酚和亚甲基蓝等。选择媒介体时应考虑以下几个方面:

(1)所施加的电压不能超过氧的还原电位。

(2)媒介体的还原态不能与氧气发生反应。

(3)媒介体与酶之间的电子传递应当足够快。

(4)媒介体不应受 pH 的影响。

(5)媒介体尽量无毒。

媒介体可以直接加入到测试溶液中,但最佳的方法是将其固定在电极表面,因而媒介体在电极表面的稳定性成为影响传感器稳定性的重要因素。Liu 等人[39]采用亚甲基蓝为媒介体构建了高灵敏度的过氧化氢传感器。他们以石墨纳米空心胶囊(HGN)修饰玻碳电极,并在 HGN 上吸附亚甲基蓝和辣根过氧化物酶(HRP),最后在电极表面修饰一层 Nafion 膜。Nafion 膜的修饰提高了电极稳定性,亚甲基蓝分子与 HGN 之间的静电吸附和 π-π 作用使其在不同 pH 条件下均能够稳定吸附于 HGN 表面,而 HGN 保证了亚甲基蓝与 HRP 和电极表面的快速电子传递。Kwak 等人[40]将具有氧化还原活性的 Au_{25} 纳米簇与 1-癸基-3-甲基咪唑(DMIm)阳离子连接到一起,首次制备了同时具有离子与电子导电性的稳定 Au_{25} 离子液体,并将葡萄糖氧化酶包埋其中共同固定到玻碳电极上。图 2.5 为 GOx-DMIm-Au_{25} 复合物修饰电极。Au_{25} 离子液体同时起到了媒介体和电子导体的作用,电子在其中的传输是类似于扩散过程的电子跳跃过程。

第三代电化学酶传感器的研发注重实现酶的活性中心与电极表面的直接电子转移,而无须使用可溶性的媒介体,即所谓的"无试剂电化学生物传感器"。第三代生物传感器的主要优点是:

(1)具有大电流密度,故而灵敏度高,有利于提高电极的小型化。

(2)酶的有效激活可以显著减少各种干扰物引起的信号噪音,确保电化学生物传感器的选择性和测量精确度的提高。Chen 等人[41]在玻碳电极上修饰石墨烯-金纳米颗粒复合物并通过二甲基氨基丙基乙基碳酰胺(EDC)和 N-羟基丁二酰亚胺(NHS)将葡萄糖氧化酶共价固定到金纳米粒子上构建出葡萄糖传感器。石墨烯-金纳米颗粒复合物为葡萄糖氧化酶提供了良好的生物相容性环境并保证了酶与电极之间的电子传递。传感器的检测限为 8.9 μmol/L,灵敏度为 64 $\mu A \cdot mmol \cdot L^{-1}$,测定实际血液样品时相对标准偏差(RSD)仅为

3.2%，且该传感器具有十分优异的存储性能，4 ℃条件下储存 4 个月其电流响应稳定在最初值的 80%，有望应用于临床诊断。Holland 等人[42]对葡萄糖氧化酶进行了基因修饰，使酶的活性中心附近具有一个自由巯基，从而使马来酰亚胺修饰的金纳米粒子可以与酶的特定位置结合，减小金纳米粒子与催化活性位点的间距，促进酶与电极之间的直接电子传递。结果表明，其酶活性比与金纳米粒子直接结合的葡萄糖氧化酶具有更高的催化性能。这种变异酶在第三代电化学酶传感器以及生物燃料电池中都具有较大的应用前景。

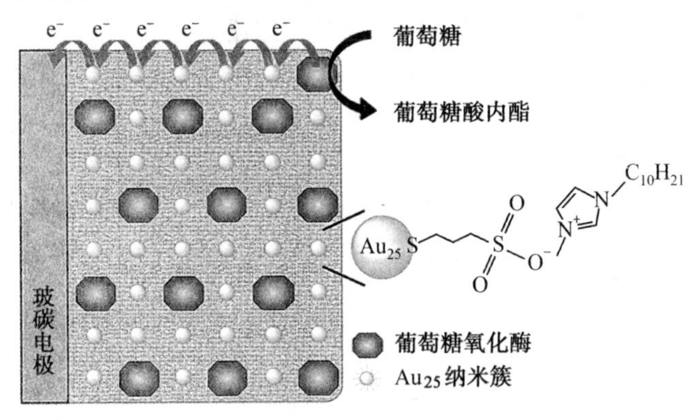

图 2.5　GOx-DMIm-Au_{25}复合物修饰电极[40]

2. 亲和型传感器

由于目前可用于传感器的酶的种类十分有限，很多分析物都无法通过酶电极进行检测，因此亲和型生物传感器成为一种有效的替代分析手段[43]。这类传感器主要包括免疫传感器、DNA 传感器、适配体传感器、生物素传感器以及受体传感器，本节主要介绍基于蛋白修饰电极的免疫传感器和受体传感器。

在 20 世纪 50 年代，免疫传感器首次被发现，它是基于抗体与抗原特异性反应的生物传感装置，具有很高的特异性和灵敏度。其中，电化学免疫传感器是通过特定免疫反应引起的电信号如电流、电位、阻抗或电导率等变化来对待测物进行分析，具有操作简单、检测快速、成本低廉等优势。根据测定信号的不同，电化学免疫传感器可分为电位型、电流型、电导型、电容型及阻抗型免疫传感器。

电位型免疫传感器是基于测量电位变化来进行免疫分析的生物传感器，集酶联免疫分析的高灵敏度和离子选择电极与气敏电极的高选择性于一体，可直接或者间接用于各种抗原、抗体的检测，具有可实时监测、响应时间较快等特点。根据不同的传感器原理发展了基于膜电位测量和基于离子电极电位测量的两种电化学免疫传感器。前一种基于膜电位测量的免疫传感器因其灵敏度低，基本未得到实际应用。Yuan 等人[44]提出了一种具有相对较高灵敏度的电位型传感器对乙肝表面抗原进行检测。他们首先在−1.5 V（相对于饱和甘汞电极的电位）下对铂电极处理 1 min 使其表面带负电，然后插入到乙肝表面抗体、胶体金和聚乙烯醇缩丁醛混合溶液中，在电极表面形成一层凝胶复合层，乙肝表面抗原与抗体的特异性反应改变了电极表面带电性质，从而产生电位响应。胶体金及凝胶的应用有效提高了传感器的灵敏度及存储稳定性，传感器的检测限为 2.3 ng/mL，4 ℃干态下可储存 6 个月。基于离子选择性电极免疫传感器的原理是先将抗体固定于电极表面的离子载体或离子选择透过性膜上，当样品中的抗原选择性地与固定抗体结合时，膜内离子传输性质发生改变而导致电极上电位的变化,从而测得抗原浓度。Koh 等人[45]构建了基于夹心免疫分析方法和氢离子选择性电极的电位型传感器对神经元一氧化氮合酶(nNOS)进行分析。他们首先将羧基化的聚氯乙烯(PVA-COOH)和氢离子载体三月桂胺共同修饰到电极上,采用 EDC 活化羧基后共价连接磷酸化神经元一氧化氮合酶抗体(anti-phospho-nNOS),电极与一氧化氮合酶发生免疫反应后,继续与脲酶修饰的免疫球蛋白抗体(anti-IgG)作用,脲酶可催化尿素产生 NH_3 使 pH 升高,从而导致电极电位下降。该传感器是首个直接对 nNOS 进行分析的全固态电位型免疫传感器,具有快速和稳定的电位响应,线性检测范围为 3.4 ~ 340.0 μg/mL,检测限为 0.2 μg/mL,可成功应用于对鼠脑组织及神经细胞的分析。

电流型免疫传感器是通过测定免疫反应前后电极表面电流变化来测定抗原浓度,根据抗原或抗体标记物的不同,可分为酶标记免疫传感器和非酶标记免疫传感器。非酶标记分析技术可降低传感器成本并简化分析操作过程,但传感器的灵敏度较低且线性检测范围较窄,纳米材料在电极上的修饰可有效改善这一问题。He 等人[46]以 $K_3Fe(CN)_6$ 氧化苯胺得到聚苯胺-$K_3Fe(CN)_6$ 纳米复合粒子并以该复合物修饰玻碳电极,随后静电吸附金胶纳米粒子并在该纳米粒子上固定抗体,用 BSA 封闭活性位点,以该传感器对癌胚抗原进行检测,取得了较好的检测效果。传感器的检测范围为 1.0 pg/mL ~ 500 ng/mL,检测限为 0.1 pg/mL。酶标记免疫传感器的工作原理主要有 3 种:竞争法、夹心法以及酶直接修饰电极法。竞争法主要是用酶标抗原与样品中的抗原竞争结合于电极上的抗体,也可以是电极上的抗原与溶液中的抗原竞争溶液中的酶标抗体,通过酶催化反应产生电流信号。夹心法是样品中的抗原与电极上的抗体结合后,再加入酶标抗体与抗原的第二活性位点结合,构成夹心汉堡结构,酶标抗体催化产生电流信号。相对于竞争法,夹心法具有更高的选择性和灵敏度,不过传感器的构建以及分析过程更为复杂,且需要抗原具有多个特异性结合位点,这也要求抗原具有更大的分子尺寸,不利于对小分子物质的分析,而竞争法则没有这种限制。

电导型免疫传感器是基于抗体-抗原特异性结合前后,引起溶液或薄膜电导变化的原理,以此来分析抗原浓度。Liu 等人[47]在以 2-氨基乙硫醇修饰的二维金叉指电极上自组装一层纳米金胶粒子,将黄曲霉毒素 B1(AFB1)抗体直接固定在金胶粒子上,HRP 封闭残余活性位点,构建了电导型免疫传感器。AFB1 与抗体发生免疫反应,影响酶底物或电子在电极和酶活性中心之间的传递过程,改变溶液的电导,从而对 AFB1 进行浓度检测。传感器的检测范围为 0.5 ~ 10 ng/mL,检测限为 0.1 ng/mL。不过电导型免疫传感器受被测样品离子强度和缓冲液的影响较大,并且难以克服非特异吸附,因此目前应用较少。

电容型免疫传感器建立在双电层理论之上,当电极表面存在吸附物质或是表面电荷分布发生改变时,电极/溶液的双电层结构也随之发生变化。当抗原-抗体发生免疫反应,会在电极表面形成复合物,将会引起电极表面的双电层介电常数的改变,导致电容发生改变(一般是增大电容)。这种传感器的灵敏度往往很高,如 RoyChaudhuri 等人[48]基于石墨烯修饰电极构建的电容型免疫传感器实现了对小分子毒素 AFB1 在 fg/mL 水平的检测,不过电容型免疫传感器的响应易受非特性吸附的影响,其重现性和稳定性还有待改善。

20 世纪 60 年代初,荷兰物理化学家 Sluyters 实现了交流阻抗谱方法在电化学研究上的应用,成为电化学阻抗谱(Electrochemical impedance spectroscopy,EIS)的创始人。电化学阻抗谱是一种研究导电材料以及界面性质的有效手段,已经被广泛应用于电化学传感器的开发。对于一个具有阻抗特性的传感器,其电容、电感和电阻特性的组合会产生一个特定的阻抗信号。如果传感器周围环境发生变化引起上述特性的任何变化,都会造成阻抗的改变,得到一系列新的阻抗特性,这就是基于电化学阻抗技术的传感器的工作原理。阻抗型免疫传感器的分析原理是基于抗原/抗体复合物的形成,使电极表面被复合物覆盖,从而降低了电活性探针分子同电极之间的电子转移速率,即增加了电子转移阻抗,通过测量免疫结合前后电子转移阻抗之差,就可以实现抗原/抗体高灵敏检测的目的。阻抗型免疫传感器具有简单、便捷和易于实现无标记分析等优势,且纳米材料的修饰进一步改善了其检测灵敏度。Lin 等人[49]通过对金电极进行多层修饰构建了一个可再生的阻抗型免疫传感器对 5 型腺病毒进行检测。他们首先在金电极上自组装 1,6-己二硫醇并通过其末端的巯基固定金纳米粒子,随后又在金纳米粒子上自组装 11-巯基十一烷酸,通过 EDC 和 NHS 试剂将 5 型腺病毒抗体与修饰电极的羧基相连。该传感器在每毫升溶液中最低可以检测出 30 个病毒,动态检测范围达到 5 个数量级。Zhang 等人[50]通过低能超声法在金叉指电极上固定修饰抗体的高分散纳米金刚石颗粒,用该传感器对大肠杆菌进行检测,在 106 cfu/mL 大肠杆菌浓度下,传荷阻抗可以降低 38.8%,比之前报道的基于媒介体的传感器具有更高灵敏度,并且该传感器可以实现在低电导率溶液中的检测。

免疫传感器优异的选择性使其在临床诊断及环境监测等领域备受青睐,但是它本身也存在一些限制因素,例如免疫反应一般要求抗原具有一定的空间结构,很多小分子物质无法通过该方法进行检测或检测灵敏度低。纳米材料和蛋白质工程[51]等新材料和新技术的发展将解决这一问题,拓展免疫传感器的应用范围。

受体包括胞内受体和膜受体,通常所说的受体是指膜受体,是细胞表面或亚细胞组分中的一种蛋白质大分子,可识别并特异地与具有生物活性的化学信号物质(配体)结合,并激活或启动一系列生物化学反应,最后使该信号物质具有特定的生物效应。目前已阐明一级结构的受体可分为 3 类:离子通道偶联受体、酶偶联受体和 G 蛋白偶联受体。与抗体和抗原的特异性免疫反应相比,受体与配体之间的亲和常数略差,且受体往往是识别一类具有相同化学结构的物质。Hou 等人[52]构建了一种基于鼠味觉受体 I7 的阻抗型传感器对溶液中的气味分子进行检测。他们首先在金电极上自组装巯基十六烷基酸(MHDA)和生物素磷脂酰乙醇胺,随后浸入到羊 IgG、亲和素和生物素标记的多克隆抗体(Biot-Ab)上,鼠味觉受体 I7 可通过 Biot-Ab 固定到电极上。利用该传感器对气味分子进行检测,当其浓度为 10^{-12} mol/L 时该传感器依然具有较明显的阻抗响应。但该传感器的特异性较差,这是由于气味分子及其溶剂二甲基亚砜在自组装膜上存在微弱的非特异性吸附。另外,该传感器只能存放 7 d,其稳定性还有待提高。

受体蛋白的活性易受到周围环境的影响,为了提高其稳定性,最好的方法就是将其嵌入到生物相容性膜层中,对此目前主要有两种手段:一种是采用非支撑磷脂双层膜(BLMs)作为基质,这种方法能够很好地模拟受体蛋白的存在环境,但一般稳定性较差;另外一种是采用固体支撑杂化磷脂双层膜(HBMs)作为基质,该膜稳定性较好,但与受体蛋白的真实存在环境差别较大。Favero 等人[53]综合考虑两种修饰膜层的优势,首先在覆有金层的聚碳酸酯滤膜上形成十八硫醇自组装膜,随后取 100 μL 磷脂溶液(胆固醇与卵磷脂的质量比为 1 : 3,溶剂正己烷与异丁醇体积比为 10 : 1)涂在自组装膜上,将膜夹在电解池中间,并置于含有谷氨酸受体(GluR)的 Tris 流动缓冲溶液,将 GluR 嵌入到复合膜层中,图 2.6 为嵌有 GluR 的杂化膜结构示意图。谷氨酸浓度的变化影响离子在 GluR 的传输,引起电导变化。该传感器检测限为 1 nmol/L,具有很好的稳定性,可以实现流体中的物质分析。

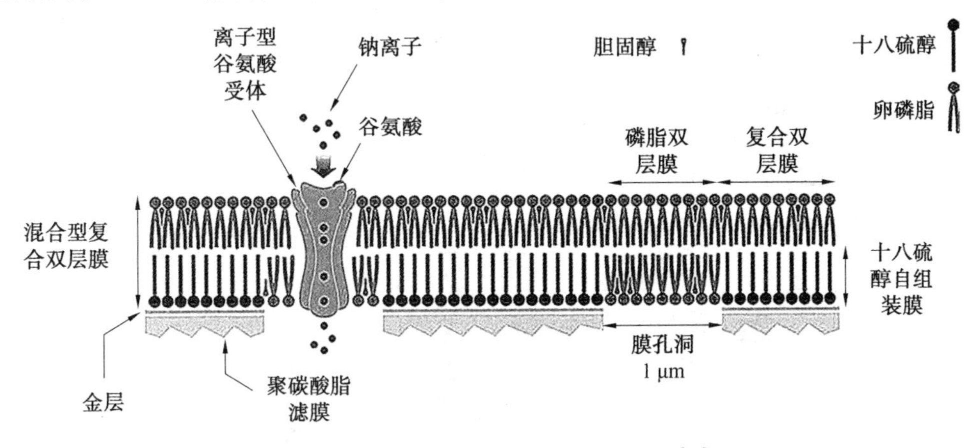

图 2.6　嵌有 GluR 的杂化膜结构示意图[53]

受体生物传感器的构建需要对受体或离子通道进行有效的分离与纯化。然而受体的含量一般都非常少,目前有效的分离纯化方法非常有限。受体离开天然脂膜环境后,往往完全或部分丧失其功能性。前面提到的 BLMs 和 HBMs 虽然可以尽量模拟受体所在的细胞膜环境,但在体外模型记录中,有些通道电流会随时间衰减,某些通道又容易导致细胞质渗漏等问题,使得离子通道受体不能在双层脂膜或分离的脂膜上保持较高活性。为解决上述难题,其中一个方法是以微生物细胞群、单细胞以及感觉器官和神经组织等作为细胞与组织传感器,使受体分子完整地保留在天然环境中行使其功能。如 Takeuchi 等人[54]利用非洲爪蟾卵母细胞构建了具有高灵敏度和选择性的气味传感器,可以同时检测出多种具有相近化学结构的物质;另外,人工合成受体的研究越来越受到关注,近年来也出现了多种人工受体传感器。

3. 自供电传感器和智能逻辑传感器

随着电化学生物传感器的发展,一些新概念也被应用于传感器的构建,典型的例子为基于生物燃料电池的自供电传感器和智能逻辑传感器。这种自供电传感器不需外接电源,装置简单,操作方便,可通过合理地设计电池两极结构和选择不同种类的酶实现多种生理活性物质和环境污染物的快速检测。另外,这种生物传感器可在 20 ~ 40 ℃的生理温度及近中性介质等温和条件下工作,并能以生物体内大量存在的物质作为燃料(如葡萄糖、抗坏血酸等),可作为植入式微型传感器件。自供电传感器的概念首先由 Willner 课题组在 2001 年提出[55]。他们构建的生物传感分析体系包括两个酶修饰金电极,分别作为阳极和阴极,传感器的结构如图 2.7 所示。阳极的构建流程是首先在金电极上通过巯基自组装修饰一层吡咯喹啉醌(PQQ),然后将葡萄糖氧化酶的活性中心黄素腺嘌呤二核苷酸(FAD)直接与媒介体 PQQ 相连(如图 2.7A 所示);阴极的构建流程则是通过戊二醛将细胞色素 c/细胞色素氧化酶(Cytc/COx)固定到巯乙胺自组装膜修饰电极上(如图 2.7C 所示)。在葡萄糖溶液中,阳极电催化氧化葡萄糖,阴极则催化氧气的还原,使阴阳极之间产生电位差。该生物燃料电池的开路电位对葡萄糖的浓度具有灵敏的响应和较好的选择性。如果在阳极上改为修饰其他酶如乳酸脱氢酶(如图 2.7B 所示),还可对乳酸等物质的浓度进行分析。

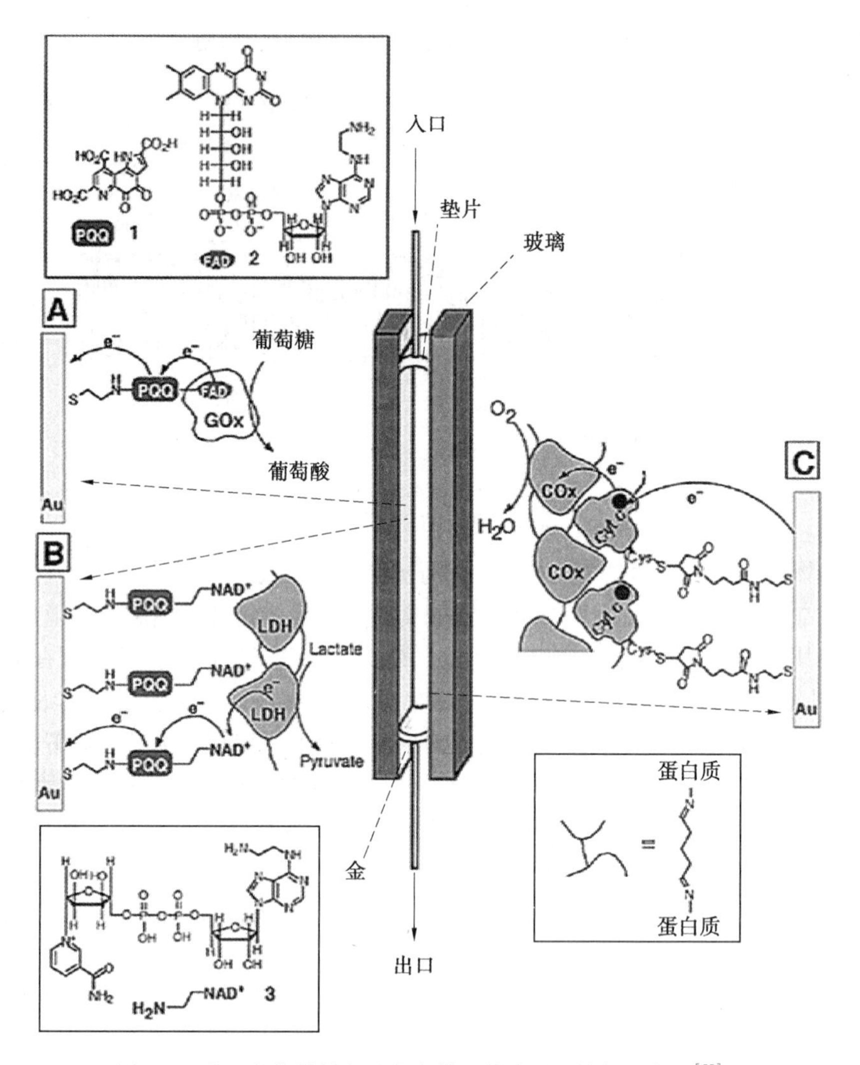

图 2.7　基于生物燃料电池的自供电传感器的结构示意图[55]

智能逻辑传感器是以蛋白质、DNA、酶以及整个活细胞为分子识别单元，通过生化反应方式进行信息输入，通过布尔逻辑运算对信息进行处理和加工，然后输出信息的装置。Zhou 等人[56]综合考虑智能逻辑生物传感器和生物燃料电池的优势，首次提出了一种自供电逻辑生物传感器[56]。电池两极均以氧化铟锡为基底电极，阳极通过自组装膜将葡萄糖氧化酶（GOD）和凝血酶适配子（TBA）修饰于电极表面；阴极则以同样的方式，将胆红素氧化酶（BOD）和溶解酵素适配子（LBA）修饰于电极表面。整个电池是以葡萄糖为燃料，以羧酸二茂铁（FMCA）为两极的电子媒介体，通过阳极 GOD 催化葡萄糖氧化和阴极 BOD 催化 O_2 还原产生电流。在凝血酶存在而溶解酵素不存在的体系中，即输入信号为 Input(1,0)时，阳极 TBA 可特异性结合凝血酶，形成蛋白复合物，封闭了电极表面，从而阻碍电极表面电子传递，使 GOD 催化葡萄糖氧化产生过电位，降低电池的开路电位；而凝血酶的存在并没有影响阴极的电化学反应，因而没有造成电池开路电位大幅度下降，即输出信号为 Output 1（开路电位>0.05 V为 Output 1，开路电位<0.05 V 为 Output 0）；同样当体系中存在目标物溶解酵素而不存在凝血酶时，即 Input(0,1)时，也不会引起电池开路电位的大幅度下降；只有当目标

物凝血酶和溶解酵素均存在于体系中时,即 Input(1,1)时,由于蛋白复合物封闭了两极造成电池开路电位的大幅度下降,即 Output 0。也就是当体系处于 Input(0,0),Input(1,0)和 Input (0,1)3 种状态下,Output 均为 1;只有体系处于 Input(1,1)时,Output 为 0。相对于传统传感器,这个体系的特征对应于"与非"逻辑门,可用于分析在单一体系中两种目标物是否同时存在,并可智能化检测复杂样品中各种物质间的关系。

目前,自供电传感器已被应用于葡萄糖、胆固醇[57]、重金属离子[58]、病毒[59]和癌症标志物[60]等的检测,在临床诊断及环境检测等中展现出良好的应用前景。不过,从当前的研究现状来看,自供电传感器的发展还受到酶的种类少以及作用条件苛刻等的限制,因此仍需进一步灵活、合理地构思自供电传感器的检测原理,应用人工酶以及具有高度选择性的核酸适体、DNA 酶等代替天然酶用于自供电传感器两极的构筑,以拓展其在生物医学及复杂环境中的应用。

2.2.2 光学生物传感器

光学生物传感器是一种利用光学器件作为转换元件的生物传感器。目前的光学生物传感器主要分为表面等离子体共振(SPR)生物传感器、椭圆偏振光学生物传感器、化学发光生物传感器和荧光生物传感器和光纤生物传感器等[61]。

SPR 生物传感器是通过表面等离子波的变化来反映生物识别成分与分析物之间的相互作用。通过检测这种变化,可以对待测物进行定量分析。SPR 生物传感器具有无须标记、高通量、可动态监测生物分子相互作用的全过程和样品无须预处理等优点。然而该方法特异性较差,尤其不太适合对相对分子质量小的物质进行分析,通常情况下 SPR 只能对相对分子质量大于 2 kDa 的物质产生灵敏响应[62]。目前可以通过非直接测试方法如竞争免疫法来改进这一不足[63]。Yakes 等人[64]基于 CM7 生物芯片首次构建了一种可对海产品毒素直接进行检测的 SPR 免疫传感器。该传感器具有高灵敏度,检测限为 0.09 ng/mL,并首次实现了对河豚毒素(TTX)与其抗体免疫反应动力学参数的测定。

椭圆偏振光学显微成像是一种灵敏的表面观测技术,它能够在亚纳米级别对固体基底表面上的生物单分子膜层进行观测。1995 年,Jin 等人首先提出了椭圆偏振光学生物传感器的概念[65]。生物分子间的特异性结合如抗原抗体间的免疫反应所形成的复合膜层能导致表面上的生物分子膜层厚度的增加。通过椭圆偏振光学生物传感器可以直接定量观测生物分子膜层厚度分布的变化,从而确定待测溶液中目标生物分子是否存在以及进一步进行定量分析。Wang 等人[66]通过 EDC 和 NHS 试剂将抗体固定到羧基化的硅片上,利用具有高空间分辨率的椭圆偏振光学显微成像技术同时对 3 种原肌球蛋白过敏源进行分析,检测灵敏度达到 1 mg/L,每个样品的分析时间约 30 min,与酶联免疫法相比,该方法可实现无标记分析并能缩短分析检测时间。椭圆偏振光学生物传感器具有高灵敏度、高通量和易于实现无标记和自动化分析的优点,并且可以对微弱或瞬态的生物学作用进行实时监测,已经成为生物分子检测和临床诊断的强有力手段,目前已实现了一定的商业化应用。

化学发光是指化学反应中原子或分子由激发态回到基态时产生的发光现象。化学发光分析就是根据化学反应产生的辐射光强度来确定物质含量的分析方法。化学发光生物传感器具有灵敏度高、分析速度快以及设备简单等优点,是一种可应用于临床诊断、环境监测及食品安全领域的新兴工具。其中,电化学发光生物传感器有望替代传统的酶联免疫法成为未来进行临床诊断的主流技术。电化学发光生物传感器是将电化学技术与化学发光技术联用的生物传感装置,电化学发光的原理是在电极上施加一定的电压使电极反应产物之间或电极反应产物与溶液中某组分之间进行化学反应而产生光辐射。相对于传统的化学发光法,该方法具有更好的选择性和更强的控制性。Wang 等人[67]基于富勒烯包覆的 Pd 纳米笼构建了一种夹心型电化学发光免疫传感器对Ⅱ型猪链球菌(SS2)进行检测。在本研究中 Pd 纳米笼是以 Ag 纳米立方体为模板通过置换反应制备得到的,随后与半胱氨酸修饰的富勒烯在搅拌条件下进行组装,获得直径为 200 nm 左右的富勒烯包覆的 Pd 纳米笼,然后在其表面通过吸附作用修饰抗体和葡萄糖氧化酶。免疫传感器组装步骤为:首先在玻碳电极上吸附苝四羧酸(PTCA- L-Cys),通过巯基与金之间作用将金纳米粒子固定到电极上,随后在金纳米粒子上吸附抗体并以牛血清白蛋白封闭活性位点。传感器与抗原反应后继续与第二抗体修饰的富勒烯包覆的 Pd 纳米笼作用,随后将电极插入含 $S_2O_8^{2-}$ 和右旋葡萄糖溶液中,从 0 到-2.0 V 进行电位扫描,伴随 O_2 由激发态向基态的转变产生光,通过对光强进行分析就可以测量 SS2 的浓度。葡萄糖催化底物可以通过生成 H_2O_2 为电化学发光过程提供 O_2,而半胱氨酸修饰的富勒烯失去电子后形成的具有强氧化性的中间物可参与到激发态 O_2 的生成,对信号进行放大,提高传感器的灵敏度。该传感器的检测范围为 0.1 pg/mL ~ 100 ng/mL,检测限为 33.3 fg/mL,并且可以对血清中的 SS2 进行检测。

Jiang 等人[68]基于 N-氨基丁基-N-乙基异鲁米诺(ABEI)和钯铱纳米立方体构建了一种类似的电致发光免疫传感器,利用夹心法对层粘连蛋白进行检测,传感器的构建流程和反应机理如图 2.8 所示。钯铱纳米立方体对过氧化氢具有比辣根过氧化氢酶更高的催化常数。将半胱氨酸和 ABEI 固定到钯铱纳米立方体上构建了具有信号增强作用的纳米复合物。石墨烯和钯纳米粒子对基底玻碳电极的修饰提高了第一抗体的固定量。传感器具有相当宽的检测范围(1 pg/mL ~ 120 ng/mL)和较低的检测限(0.27 pg/mL),已初步应用于人体血清中层粘连蛋白的检测。

荧光生物传感器是通过对生物识别反应中荧光物质的荧光强度变化的测定对分析物进行分析的装置。通常荧光生物传感器的生物识别及荧光测定都是在溶液体系(3D)中进行的,而 Tan 等人[69]提出了基于 2D 表面的传感分析技术。它可减少所需样品体积并提高检测灵敏度,只是必须克服非特异性吸附的影响。他们构建了一种夹心型免疫传感器对白介素-8(IL-8)蛋白进行检测,这种传感器有效避免了非特异性吸附影响,且在无酶标记的情况下可以与酶联免疫法达到相同的灵敏度。实验中他们首先将生物素标记的 IL-8 蛋白单克隆抗体固定到链霉亲和素修饰的盖玻片上并以 BSA 封闭非特异性结合位点,然后依次与 IL-8 蛋白、IL-8 蛋白多克隆抗体以及 Alexa Fluor 488 标记的兔 IgG 抗体作用。这种传感器的检测限为 1.1 pmol/L,采用共焦光学技术后,可有效降低光噪声,传感器的检测限降低至 4.0 fmol/L。采用该传感器对 40 份唾液样品(一半来自癌症患者,另外一半为非癌症患者,作为对照)中的 IL-8 蛋白进行检测,通过与酶联免疫法的检测结果进行对比表明该检测方法具有较好的选择性与准确性。Tawa 等人[70]结合光栅-SPR(GC-SPR)技术与荧光传感技术,将可溶性表皮生长因子抗体(anti-sEGFR)固定到光栅 ZnO 薄膜上制备出传感器,这种传感器对 sEGFR 具有很高的灵敏度,将单纯以 ZnO 薄膜为基底的生物传感器荧光强度提高了 300 倍,使其可以对浓度在 700 fmol/L ~ 10 nmol/L 的 sEGFR 进行检测。

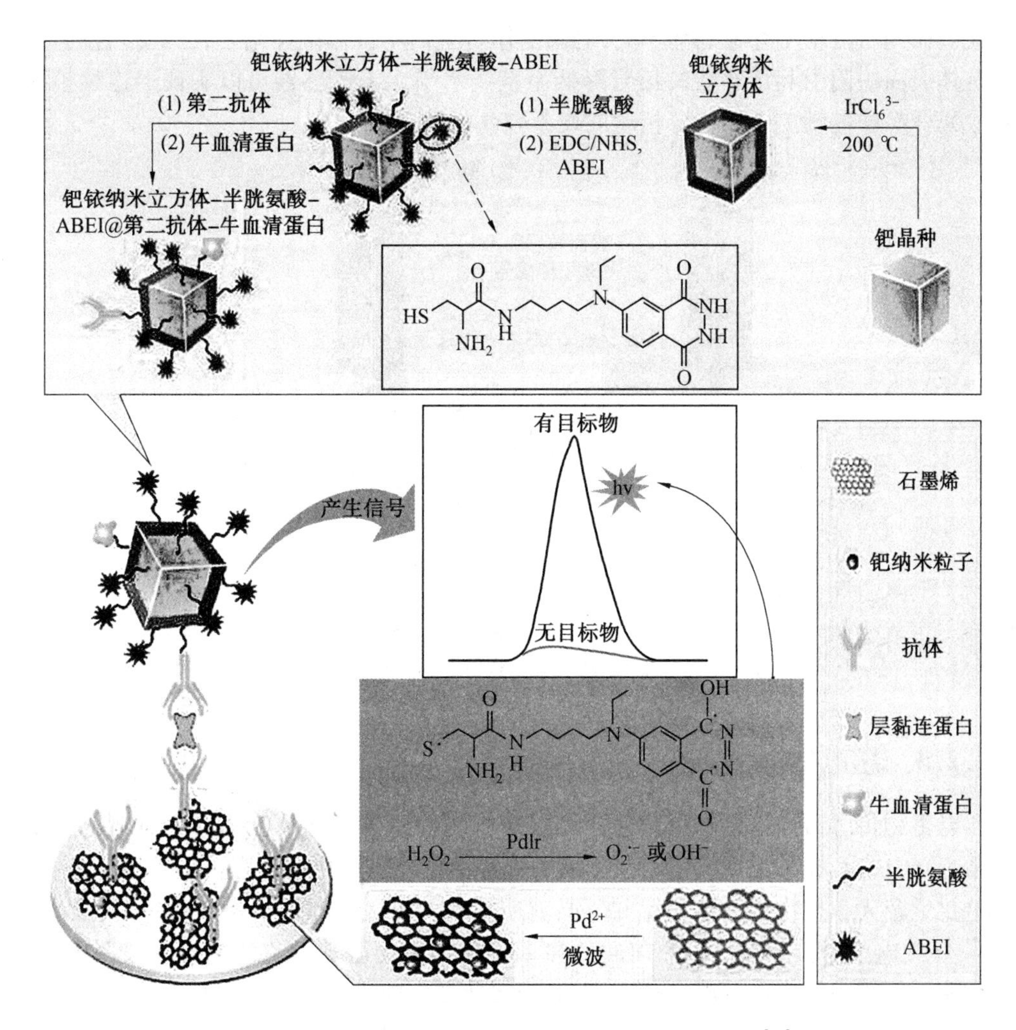

图 2.8　电致发光免疫传感器的构建流程和反应机理[68]

光纤生物传感器是由光源、光纤、生物敏感元件及信号检测系统等构成的生物传感装置。光纤主要起到传输光和作为生物敏感元件基底的作用。使用中生物敏感元件的生物识别反应会引起光学性质的改变,以此对待测物浓度进行分析。光纤生物传感器比电化学及其他类型的生物传感器更加灵敏安全,能免受电磁干扰的影响且更适宜进行在线监测。当然,光纤生物传感器也存在生物敏感元件稳定性差及易受自然光影响等问题。光纤与荧光或 SPR 联用是目前最常用的构建光学生物传感器的方法之一[71]。Jeong 等人[72]构建了一种基于光纤与 SPR 技术的无标记免疫传感器,可以对 γ-干扰素(IFN-γ)或前列腺特异抗原(PSA)进行实时监测。传感器构建具体步骤为:首先在传感器光纤端面上修饰 3-氨丙基二甲基乙氧基硅烷(APMES)自组装膜,随后通过物理吸附修饰金纳米粒子和固定抗体,最后以 BSA 封闭非特异性结合位点。该传感器具有很高的分辨率和灵敏度,对 IFN-γ 的检测限为 2 pg/mL,对 PSA 的检测限为 1 pg/mL。

Paek 等人[73]构建了一种光纤免疫传感器对钙离子进行检测,图 2.9 为钙离子光纤免疫传感器的工作原理示意图。当溶液中有钙离子存在时,钙离子与溶液中的钙离子结合蛋白结合,引起蛋白构型的改变。构型改变的钙离子结合蛋白可以与光纤上的抗体结合,引起信号变化。而当溶液中不存在钙离子时,钙离子结合蛋白不会与抗体结合,已经结合的蛋白也会从抗体表面脱附引起传感器的信号降低至基线水平。该传感器可以实现半连续检测,并且对牛奶样品中的钙离子进行分析时展现了较高的精确度。

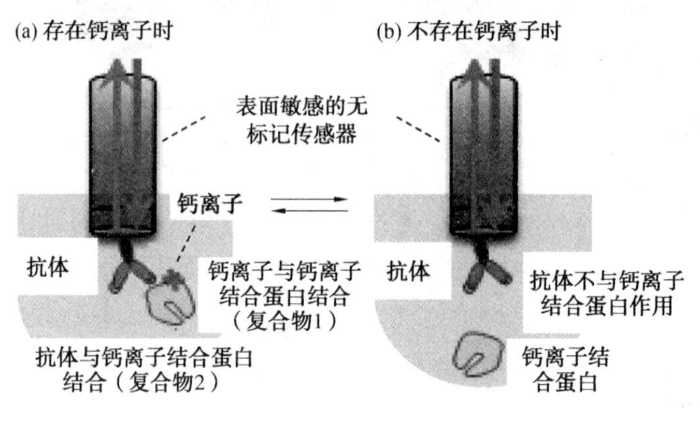

图 2.9　钙离子光纤免疫传感器的工作原理示意图[73]

2.2.3　压电生物传感器

压电生物传感器是以压电材料为换能器的生物传感器。该类传感器具有响应灵敏、特异性强、简便快速、样品无须标记以及方法易于自动化和集成化等优点。但是由于这类传感器与电化学及光学生物传感器相比并不具有明显优势,因此目前与之有关的研究工作相对较少[74]。压电生物传感器以监测声波的频率变化来检测微观的待测物质。根据压电晶体信号转换方式不同,压电生物传感器主要分为体波及表面波生物传感器两类。

体波(BW)是在压电生物传感器中应用最广泛的声波模式,采用体波模式的压电生物传感器通常又被称为石英晶体微天平(QCM)。Rahman 等人[75]构建了基于双酶催化沉积进行信号增强的夹心型 QCM 免疫传感器并对 hIgG 进行分析。他们通过 EDC/NHS 交联剂制备得到 GOx,HRP 以及 IgG 第二抗体修饰的磁珠,并以 BSA 封闭活性位点。传感器的组装步骤为:首先在金基底上直接吸附蛋白 A 并通过组装巯基乙醇来封闭裸露的金活性位点,随后通过蛋白 A 定向固定 IgG 单克隆抗体并以 BSA 进一步封闭活性位点,免疫反应后,继续与第二抗体及酶修饰的磁珠作用。在含底物 4-氯-1-萘酚(CN)和 β-葡萄糖的溶液中,GOx 催化氧化 β-葡萄糖生成 H_2O_2,导致 HRP 催化氧化 CN 生成不溶性沉淀物,从而使得信号增强,这样便可检测 hIgG 传感器的线性检测范围为 5.0 pg/mL ~ 20.0 ng/mL,检测限为 5.0 ± 0.18 pg/mL。

Deng 等人[76]以石墨烯-生物素-亲和素复合物修饰金基底并将生物素修饰的抗体固定到表面上,构建了一种夹心型 QCM 免疫传感器。传感器的构建流程和工作过程如图 2.10 所示。该传感器可有效减少非特异性吸附,且传感器的检测范围可达到 6 个数量级。传感器的构建和检测共需 5 h,在对复杂样品的分析中具有较大的潜能。

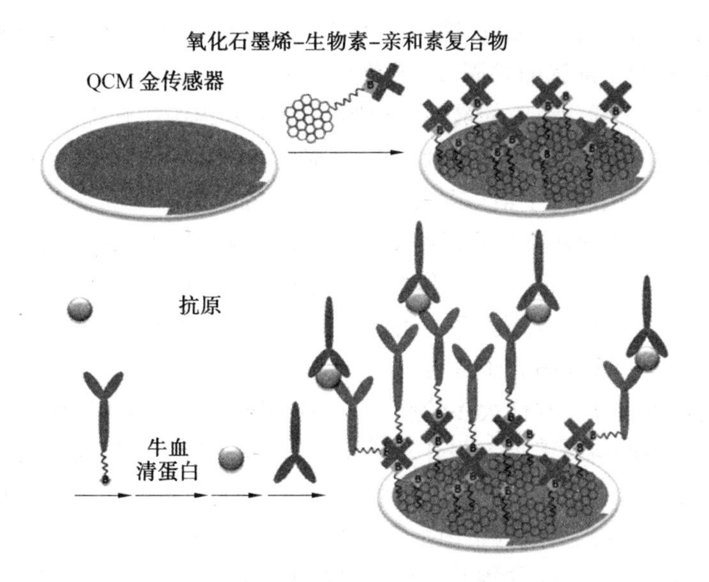

图2.10　基于氧化石墨烯-生物素-亲和素复合物修饰的QCM免疫传感器的构建流程和工作过程[76]

表面波(SAW)生物传感器的工作原理是当SAW基片的生物识别元件发生识别反应后,会对压电基片的物理参数产生影响,进而影响传播于其表面的SAW信号的速度、幅度及相位等参数。通过检测SAW信号这些参数的变化,即可实现对待测物的分析。Pietrantonio等人[77]应用介质辅助脉冲激光蒸发(Matrix-assisted pulsed laser evaporation,MAPLE)技术将野生牛气味结合蛋白(Wild type bovine odorant-binding proteins, wtbOBPs)沉积到SAW基板上构建了SAW受体传感器。通过傅里叶变换红外光谱(Fourier transform infrared spectroscopy, FTIR)和原子力显微镜(Atomic force microscopy, AFM)对蛋白质薄膜的化学和形貌的表征结果表明,wtbOBPs的结构在利用MAPLE技术进行薄膜沉积的过程中无较大变化,涂层的同质性、密度和粗糙度可通过激光脉冲的频率和次数进行调控。该传感器可以在N_2气氛下对不同浓度的辛烯醇以及香芹酮进行检测,结果表明MAPLE技术是一种较理想的应用于SAW生物传感器的薄膜沉积技术。

2.2.4　量热式生物传感器

量热式生物传感器是通过对生化反应中热量的释放或吸收进行测定,从而对待测物进行分析的生物传感装置。最初这种量热式换能装置主要应用于酶传感器的构建,近年来也被应用于免疫传感器、DNA传感器以及细胞传感器中。与其他分析方法相比较,量热分析方法具有其独特的优点:适用于大多数生物样品的分析;不受光、电化学物质等干扰因素的影响;外界对测量结果的影响很小;便于采用流动注射技术,操作简单。但是这种生物传感器的特异性相对较差,装置也相对较为复杂,这在一定程度上限制了它的发展[78]。

2.3　组织工程材料

组织工程材料是根据具体情况设计,并能植入到生物体不同组织内的生物材料。这种材料与组织活体细胞结合后行使相应组织的功能,主要包括人造骨、人造软骨、人造血管、人造神经、人造皮肤和人工器官,如肝、脾、肾、膀胱等。其中,组织工程支架材料为构建组织细胞提供三维支架,有利于细胞的黏附、增殖乃至分化,为细胞生长提供合适的外环境[79, 80]。组织工程支架材料是工程化组织的最基本构架,为细胞和组织生长提供适宜环境,并随着组织的构建而逐渐降解和消失。它们在冠心病、骨损伤等疾病的治疗中具有重要的应用价值,为保证患者生存,提高病人的生活质量做出了巨大贡献。组织工程支架材料是组织工程学研究的热点,具有广泛的应用前景和潜在的巨大经济效益,从而迅速成为高新技术产业的新生长点并得到极快的发展。组织工程支架材料已被许多发达国家列为21世纪最有发展前景的产业之一。目前研究中应用较多的组织工程支架基质材料有天然高分子聚合物材料、无机材料和人工合成可降解高分子材料。

人工合成材料的表面亲水性大多较差,不具备细胞可识别的特定位点,细胞吸附性差,这阻碍了其作为理想的组织工程细胞外基质替代材料。因此,如何通过表面修饰等方法使材料具有细胞识别信号的结构从而改善细胞亲和性,引入适量能促进细胞黏附和增殖的活性基团、生长因子或黏附因子成为组织工程支架材料研究领域的重点和热点。有研究指出,生物环境与人工合成材料之间的相互作用主要是由材料表面的特性来决定的。因此,为了提高材料的生物相容性,对现有材料进行必要的表面修饰是近几年来生物材料研究的一个热点。很多研究小组都利用复合的方法来达到上述目的,例如,将长烷基链[81]或者生物活性分子[82]接枝到材料表面形成复合材料。但是这些合成方法常常导致原材料表面物理特性的改变。因此,一些新的表面修饰方法(如等离子处理法等)吸引了广泛的关注和研究。

组织工程的目标之一就是制备出能引导细胞分化并产生具有一定组织功能再生的支架材料,支架材料生物功能化能够有效促进细胞的生物活动,是组织再生的关键。近年来,为使基材具有良好的生物活性和组织相容性,保证其临床使用的安全性,科研人员将蛋白质修饰到基底表面,设计具有特定生物和理化特性的组织工程化材料,为种子细胞提供黏附、增殖和分化的生物界面,构建具有仿“细胞外基质”、仿“生长信号”等特性的细胞学微环境,进而开发出具有临床应用前景的组织工程材料。

2.3.1 心脏支架

心脏支架(Stent)又称冠状动脉支架,是心脏介入手术中常用的医疗器械,具有疏通动脉血管的作用,在治疗冠心病过程中起着重要作用。冠心病是心脏病病人死亡的最主要原因,经皮冠状动脉腔内成形术(Percutaneous transluminal coronary angioplasty, PTCA)是治疗该类疾病的主要方法,传统的球囊扩张成形术术后容易导致血管壁弹性回缩,损伤部位形成血栓,平滑肌细胞增殖、迁移,并产生过量的细胞外基质,因此PTCA术后血管再狭窄发生率仍然高达30%~60%,严重影响了远期疗效[83]。采取冠状动脉支架术能降低血管的弹性回缩和负性重塑,使PTCA术后血管再狭窄发生率降低到10%~40%[84]。但由于支架的植入造成创伤,可导致血栓形成和炎症反应,同时吸引了大量的血小板和淋巴细胞聚集,这些细胞释放的生长因子和细胞因子诱导平滑肌细胞迁移和增殖,并且淋巴细胞分泌的细胞外基质会引发血管内膜增生[85],因此,防止血管再狭窄的办法是抑制内膜增生并促使支架表面尽快内皮化。科研人员在支架表面进行蛋白质修饰,通过蛋白质促进血管再内皮化,抑制血栓形成等,从而解决此类狭窄问题。其中有些蛋白质可以促进损伤血管内皮化,研究表明血管损伤后,植入血管内皮生长因子2基因(γhVEGF-2)涂层的支架治疗10 d后,试验组损伤的血管几乎完全内皮化显著高于对照组,并且 3 个月后试验组的动脉腔截面积也明显大于对照组,说明 γhVEGF-2 蛋白涂层的支架可较好地促进损伤血管内皮化[86]。此外,有些蛋白能够直接促进细胞增长,如 Swanson 等人[87]将血管内皮生长因子(Vascular endothelial growth factor, VEGF)吸附到支架上,经验证,这种涂层支架能够促进细胞增长,促进率达 11%。有些蛋白则是通过抗体与受体的特异性结合促进内皮化。Aoki 等人[88]在一项研究中,为患者植入了具有 CD34 涂层的支架,CD34 通过自动捕获血液中的内皮祖细胞(Endothelial progenitor cell, EPC),促进血管损伤早期的内皮化,有效地预防了内膜增生和血栓形成。另外一些蛋白则是能够抑制自凝血功能,例如在支架上修饰活性蛋白 C,其在球囊损伤的兔动脉模型中,完全没有血栓形成。同时,为了能够更好地在支架上修饰蛋白,Yang 等人[89]采用电化学腐蚀的方法,使支架表面产生微纳米多孔结构,经研究表明,其对抗体或辣根过氧化物酶分子的吸附量较光滑的支架表面有明显提高,并且其表面浸润度也大大增加,表现出了很好的亲水性(水接触角<50°)以及很好的生物相容性,提高了支架材料在体内应用的安全性[89]。

2.3.2　骨支架

骨组织工程材料在对骨缺损进行修复中起着非常重要的作用,因此成为当前的研究热点,并有望成为修复人体组织、器官缺损的最佳材料。其核心是建立由细胞和生物材料构成的三维空间复合体,该结构是细胞获取营养、气体交换、废物排泄和生长代谢的场所,是新的具有形态和功能的组织、器官的基础。通过科学家们几十年来的不懈努力,骨修复材料的研究取得了长足的进步。目前应用的骨修复材料主要有金属、生物陶瓷、高分子材料以及复合材料等,每一种材料及方法各有其特点。但它们的结构和性质与自然骨仍然存在一定差距,从而限制了其应用。这些支架材料在骨组织工程中不仅起支撑作用,保持原有组织的形态,而且还起到模板作用,为细胞提供赖以寄宿、生长、分化和增殖的场所,从而引导受损组织的再生和控制再生组织的结构。所以,模仿自然骨的组成,对人工骨的表面进行有利于细胞黏附、生长的修饰成为骨组织工程的一个重要研究内容。

人体骨骼,特别是骨关节表面具有丰富的蛋白质,这些蛋白质通过对细胞发出信号,起到促使细胞释放相应因子并且有利于细胞向支架黏附、生长等作用。为了将人工骨组织工程材料设计得更加符合仿生学性质,科学家们将目光集中到在这些材料表面进行蛋白质修饰的研究领域中。将支架与蛋白质生物分子结合,制成生物活性复合材料,可以提高其使用寿命,改善组织工程材料生物相容性,从而能够有效地保证骨骼的进一步修复。胶原蛋白作为骨的主要有机成分,不仅是成骨细胞附着的支架,而且对矿物沉积具有重要的诱导作用,因此胶原蛋白成为骨组织工程领域研究的热点。重组类人胶原蛋白Ⅱ(Recombinanthuman likeeollagen Ⅱ, RHLC Ⅱ)是一种由人胶原基因的 mRNA 反转录成 cDNA 后重组入大肠杆菌,经高密度发酵而成的蛋白,消除了动物源胶原蛋白病毒隐患的制约,并且具有成本低、能够产业化生产的特点,具有极高的应用价值和市场前景。支架材料的构建是 RHLC Ⅱ应用于骨组织工程的物质基础。从仿生学角度出发,采用相分离-冷冻干燥法制备的 RHLC Ⅱ仿生人工骨材料,具有良好的理化性能和生物相容性。

骨支架不仅要起到支撑的作用,同时也要能够促进细胞增殖和骨整合。蛋白质以其独特的生物相容性优势,成为可以用来修饰人工骨表面的热点材料之一。Woo 等人[90]通过在聚乳糖/羟基磷灰石(PLLA/HAP)复合材料支架上修饰了纤连蛋白、玻连蛋白等黏附蛋白,促进了细胞在支架表面的黏附率和存活能力,同时使其具有抗凋亡特性,从而有效地提高了骨支架的生物相容性。研究中比较了早期成骨细胞在PLLA/HAP复合材料支架上的培养情况,以PLLA支架为空白对照,从而认识了在PLLA/HAP支架上提高成骨细胞种子和分化的机理。研究结果表明,PLLA/HAP较单纯的PLLA聚合物支架能够提高细胞的生存能力。他们也评价了总血清蛋白以及纤连蛋白等在支架上的吸附能力。通过对基底进行修饰,促进了细胞与纤连蛋白、胶原蛋白等的黏附作用,精氨酸-甘氨酸-天冬氨酸(Arg-Gly-Asp)与富血小板血浆(Platelet rich plasma)被共同修饰于支架表面。研究结果表明,这种涂层支架可以有效提高成骨肌细胞的存活率,这预示其在骨支架领域具有非常好的应用价值[91]。Zhou等人将重组纤维联结蛋白/钙黏附蛋白(Recombinant fibronectin/cadherin chimera, rFN/CDH)修饰到骨支架材料上,从而成功构建了具有优良生物物理特性的生物界面和适宜骨种子细胞黏附、增殖和分化的微环境[92-94]。通过提高种子细胞在界面的黏附效率和生长信号的强度进而增强组织工程材料在体外骨修复的能力,从而有效解决传统组织工程材料黏附效率低和成骨信号弱的问题。此外,经蛋白质修饰的骨支架更加有益于骨的矿化。研究表明,在骨支架表面修饰牛血清白蛋白涂层可以有效促进晶体由磷酸八钙型结构变为碳酸磷石灰型结构,而后者更接近自然矿化骨的结构[95]。He等人在羟基磷灰石梯度涂层的人工股骨柄假体上修饰重组人工骨形态发生蛋白-2,结果表明该方法能够有效促进假体的骨整合能力,有望成为可供临床使用的新涂层假体[96]。

2.3.3　其他工程材料

心血管疾病是危害人类健康的常见疾病之一,比较严重的患者采用的治疗手段为血管移植。自体血管来源有限,因此,临床上需要大量的人工血管作为移植替代物。人工血管是许多严重狭窄或闭塞性血管的替代品,适用于全身各处的血管转流术。大、中口径人工血管应用于临床并已取得满意的效果。在以往的实验室以及临床应用中发现,由于普通材料与血液接触后会产生纤维蛋白和血小板沉积等现象,从而造成管腔狭窄、血管闭塞等问题。为了解决以上问题,科研人员在人工血管的原有基础材料上,修饰上了蛋白质。研究表明,将涂覆在聚四氟乙烯小口径人工血管上得到的复合血管表面只有极少血小板黏附[102],说明该做法有效地改善了人工血管的血液相容性,提高了其抗凝血特性。另有研究证实,将静电纺丝构建的胶原蛋白层通过戊二醛蒸汽交联修饰于聚氨酯(PU)人工血管内壁,胶原蛋白所组成的内层能够促进内皮细胞的黏附与增殖。血小板黏附实验和溶血实验证明,这种支架具有很好的血液相容性[101]。

丝素蛋白是由蚕茧抽丝脱胶而得到的一种天然蛋白质,近年来被广泛应用于生物医学领域[97,98]。研究证明,丝素蛋白在体内不引发凝血,并且能有效地支持细胞的黏附与生长[99]。因此,丝素蛋白具有作为支架表面修饰物以提高组织工程支架生物相容性的潜质。

2.4　本章小结

本章介绍了构建蛋白质修饰界面的方法,包括膜固定法、吸附法、共价键合法、包埋法等,以及这些经蛋白质修饰后具有功能性的界面在生物传感器、组织工程材料中的应用进展。近年来,为了提高生物传感器的灵敏度和稳定性、获得生物相容性更好的组织工程材料,应用蛋白质对基底表面进行修饰使其功能化变得越来越重要。尽管这方面的研究已经取得了良好的进展,但是还需进一步加强研究,使现有技术更加成熟。

参考文献

[1] WEBSTER C I, COOPER M A, PACKMAN L C, et al. Kinetic analysis of high-mobility-group proteins HMG-1 and HMG-I/Y binding to cholesterol-tagged DNA on a supported lipid monolayer [J]. Nucleic Acids Research, 2000, 28(7): 1618-1624.

[2] ZHANG Y, WANG L, WANG X, et al. Forming lipid bilayer membrane arrays on micropatterned polyelectrolyte film surfaces [J]. Chemistry-A European Journal, 2013, 19(27): 9059-9063.

[3] PHILLIPS K S, HAN J H, MARTINEZ M, et al. Nanoscale glassification of gold substrates for surface plasmon resonance analysis of protein toxins with supported lipid membranes [J]. Analytical Chemistry, 2006, 78(2): 596-603.

[4] CLASMASTAR K, LARSSON C, HOOK F, et al. Protein adsorption on supported phospholipid bilayers [J]. Journal of Colloid and Interface Science, 2002, 246(1): 40-47.

[5] MILHIET P E, GUBELLINI F, BERQUAND A, et al. High-resolution AFM of membrane proteins directly incorporated at high density in planar lipid bilayer [J]. Biophysical Journal, 2006, 91(9): 3268-3275.

[6] BRIAN A A, MCCONNELL H M. Allogeneic stimulation of cytotoxic T cells by supported planar membranes [J]. Proceedings of the National Academy of Sciences, 1984, 81(19): 6159-6163.

[7] SALAFSKY J, GROVES J T, BOXER S G. Architecture and function of membrane proteins in planar supported bilayers: a study with photosynthetic reaction centers [J]. Biochemistry, 1996, 35(47): 14773-14781.

[8] PACE H, SIMONSSON N M L, GUNNARSSON A, et al. Preserved transmembrane protein mobility in polymer-supported lipid bilayers derived from cell membranes [J]. Analytical Chemistry, 2015, 87(18): 9194-9203.

[9] STEEN R E, TA D T, CORTENS D, et al. Protein engineering for directed immobilization [J]. Bioconjugate Chemistry, 2013, 24(11): 1761-1777.

[10] RUSMINI F, ZHONG Z, FEIJEN J. Protein immobilization strategies for protein biochips [J]. Biomacromolecules, 2007, 8(6): 1775-1789.

[11] SPAHN C, MINTEER S D. Enzyme immobilization in biotechnology [J]. Recent Patents on Engineering, 2008, 2(3): 195-200.

[12] KIM D, KARNS K, TIA S Q, et al. Electrostatic protein immobilization using charged polyacrylamide gels and cationic detergent microfluidic Western blotting [J]. Analytical Chemistry, 2012, 84(5): 2533-2540.

[13] NAKANISHI K, SAKIYAMA T, KUMADA Y, et al. Recent advances in controlled immobilization of proteins onto the surface of the solid substrate and its possible application to

proteomics [J]. Current Proteomics, 2008, 5(3): 161-175.
[14] BRADY D, JORDAAN J. Advances in enzyme immobilisation [J]. Biotechnology Letters, 2009, 31(11): 1639-50.
[15] NOVICK S J, ROZZELL J D. Immobilization of enzymes by covalent attachment [M]. Springer: Microbial Enzymes and Biotransformations, 2005.
[16] REGIS S, YOUSSEFIAN S, JASSAL M, et al. Fibronectin adsorption on functionalized electrospun polycaprolactone scaffolds: experimental and molecular dynamics studies [J]. Journal of Biomedical Materials Research Part A, 2014, 102(6): 1697-1706.
[17] ZHANG T, YUAN R, CHAI Y, et al. Study on an immunosensor based on gold nanoparticles and a nano-calcium carbonate/Prussian blue modified glassy carbon electrode [J]. Microchimica Acta, 2009, 165(1-2): 53-58.
[18] REN J, WANG L, HAN X, et al. Organic silicone sol-gel polymer as a noncovalent carrier of receptor proteins for label-free optical biosensor application [J]. ACS Applied Materials & Interfaces, 2012, 5(2): 386-394.
[19] BOLIVAR J M, GALLEGO F L, GODOY C, et al. The presence of thiolated compounds allows the immobilization of enzymes on glyoxyl agarose at mild pH values: new strategies of stabilization by multipoint covalent attachment [J]. Enzyme Microb. Tech., 2009, 45(6-7): 477-483.
[20] WU P, SHUI W Q, CARLSON B L, et al. Site-specific chemical modification of recombinant proteins produced in mammalian cells by using the genetically encoded aldehyde tag [J]. P Natl. Acad. Sci. USA, 2009, 106(9): 3000-3005.
[21] FOLEY T L, BURKART M D. Site-specific protein modification: advances and applications [J]. Curr. Opin. Chem. Biol., 2007, 11(1): 12-19.
[22] HERNANDEZ K, FERNANDEZ L R. Control of protein immobilization: coupling immobilization and site-directed mutagenesis to improve biocatalyst or biosensor performance [J]. Enzyme Microb. Tech., 2011, 48(2): 107-122.
[23] CLAUSSEN J C, FRANKLIN A D, HAQUE A, et al. Electrochemical biosensor of nanocube-augmented carbon nanotube networks [J]. Acs. Nano., 2009, 3(1): 37-44.
[24] 陈守文. 酶工程 [M]. 北京:科学出版社, 2008.
[25] 王金丹,张光亚. 多酶共固定化的研究进展[J]. 生物工程学报, 2015, 31(4): 469-480.
[26] BERNFELD P, WAN J. Antigens and enzymes made insoluble by entrapping them into lattices of synthetic[J]. Science, 1963, 142(3593):678-679.
[27] BUCHHOLZ K, GODELMANN B. Macrokinetics and operational stability of immobilized glucose oxidase and catalase [J]. Biotechnology and Bioengineering, 1978, 20(8): 1201-1220.
[28] KUAN K N, LEE Y Y, MELIUS P. Ultraviolet-sensitive photographic process using enzymes[J]. Biotechnology and Bioengineering, 1980, 22(8):1725-1734.
[29] ORTEGA N, BUSTO M, PEREZ M M. Optimisation of β-glucosidase entrapment in algi-

nate and polyacrylamide gels [J]. Bioresource Technology, 1998, 64(2): 105-111.
[30] TOSA T, SATO T, MORI T, et al. Immobilization of enzymes and microbial cells using carrageenan as matrix [J]. Biotechnology and Bioengineering, 1979, 21(10): 1697-1709.
[31] 史海滨. 静电层层自组装技术构建新型生物传感器的研究 [D]. 天津:南开大学, 2006.
[32] JENA B K, RAJ C R. Enzyme integrated silicate-Pt nanoparticle architecture: a versatile biosensing platform [J]. Biosensors and Bioelectronics, 2011, 26(6): 2960-2966.
[33] WANG J, BOWIE D, ZHANG X, et al. Morphology and entrapped enzyme performance in inkjet-printed sol-gel coatings on paper [J]. Chemistry of Materials, 2014, 26(5): 1941-1947.
[34] WILSON W D. Analyzing biomolecular interactions [J]. Science, 2002, 295(5562): 2103.
[35] LIM S H, WEI J, LIN J, et al. A glucose biosensor based on electrodeposition of palladium nanoparticles and glucose oxidase onto Nafion-solubilized carbon nanotube electrode [J]. Biosensors and Bioelectronics, 2005, 20(11): 2341-2346.
[36] MCMAHON C P, ROCCHITTA G, SERRA P A, et al. Control of the oxygen dependence of an implantable polymer/enzyme composite biosensor for glutamate [J]. Analytical Chemistry, 2006, 78(7): 2352-2359.
[37] COMBA F N, RUBIANES M D, HERRASTI P, et al. Glucose biosensing at carbon paste electrodes containing iron nanoparticles [J]. Sensors and Actuators B: Chemical, 2010, 149(1): 306-309.
[38] DZYADEVYCH S, ARKHYPOVA V, SOLDATKIN A, et al. Amperometric enzyme biosensors: past, present and future [J]. Irbm, 2008, 29(2): 171-180.
[39] LIU W N, DING D, SONG Z L, et al. Hollow graphitic nanocapsules as efficient electrode materials for sensitive Hydrogen peroxide detection [J]. Biosensors and Bioelectronics, 2014, 52:438-444.
[40] KWAK K, KUMAR S S, PYO K, et al. Ionic liquid of a gold nanocluster: a versatile matrix for electrochemical biosensors [J]. ACS Nano., 2013, 8(1): 671-679.
[41] CHEN Y, LI Y, SUN D, et al. Fabrication of gold nanoparticles on bilayer graphene for glucose electrochemical biosensing [J]. Journal of Materials Chemistry, 2011, 21(21): 7604-7611.
[42] HOLLAND J T, LAU C, BROZIK S, et al. Engineering of glucose oxidase for direct electron transfer via site-specific gold nanoparticle conjugation [J]. Journal of the American Chemical Society, 2011, 133(48): 19262-19265.
[43] RONKAINEN N J, HALSALL H B, HEINEMAN W R. Electrochemical biosensors [J]. Chemical Society Reviews, 2010, 39(5): 1747-1763.
[44] YUAN R, TANG D, CHAI Y, et al. Ultrasensitive potentiometric immunosensor based on SA and OCA techniques for immobilization of HBsAb with colloidal Au and polyvinyl butyral as matrixes [J]. Langmuir, 2004, 20(17): 7240-7245.

[45] KOH W C A, CHOE E S, LEE D K, et al. Monitoring the activation of neuronal nitric oxide synthase in brain tissue and cells with a potentiometric immunosensor [J]. Biosensors and Bioelectronics, 2009, 25(1): 211-217.

[46] HE S, WANG Q, YU Y, et al. One-step synthesis of potassium ferricyanide-doped polyaniline nanoparticles for label-free immunosensor [J]. Biosensors and Bioelectronics, 2015, 68: 462-467.

[47] LIU Y, QIN Z, WU X, et al. Immune-biosensor for aflatoxin B1 based bio-electrocatalytic reaction on micro-comb electrode [J]. Biochemical Engineering Journal, 2006, 32(3): 211-217.

[48] BASU J, DATTA S, ROYCHAUDHURI C. A graphene field effect capacitive Immunosensor for sub-Femtomolar food toxin detection [J]. Biosensors and Bioelectronics, 2015, 68: 544-549.

[49] LIN D, TANG T, HARRISON D J, et al. A regenerating ultrasensitive electrochemical impedance immunosensor for the detection of adenovirus [J]. Biosensors and Bioelectronics, 2015, 68: 129-134.

[50] ZHANG W, PATEL K, SCHEXNIDER A, et al. Nanostructuring of biosensing electrodes with nanodiamonds for antibody immobilization[J]. ACS Nano, 2014, 8(2):1419-1428.

[51] KOBAYASHI N, OYAMA H. Antibody engineering toward high-sensitivity high-throughput immunosensing of small molecules [J]. Analyst, 2011, 136(4): 642-651.

[52] HOU Y, JAFFREZIC R N, MARTELET C, et al. A novel detection strategy for odorant molecules based on controlled bioengineering of rat olfactory receptor I7 [J]. Biosensors and Bioelectronics, 2007, 22(7): 1550-1555.

[53] FAVERO G, CAMPANELLA L, CAVALLO S, et al. Glutamate receptor incorporated in a mixed hybrid bilayer lipid membrane array, as a sensing element of a biosensor working under flowing conditions [J]. Journal of the American Chemical Society, 2005, 127(22): 8103-8111.

[54] MISAWA N, MITSUNO H, KANZAKI R, et al. Highly sensitive and selective odorant sensor using living cells expressing insect olfactory receptors [J]. Proceedings of the National Academy of Sciences, 2010, 107(35): 15340-15344.

[55] KATZ E, BUCKMANN A F, WILLNER I. Self-powered enzyme-based biosensors [J]. Journal of the American Chemical Society, 2001, 123(43): 10752-10753.

[56] ZHOU M, DU Y, CHEN C, et al. Aptamer-controlled biofuel cells in logic systems and used as self-powered and intelligent logic aptasensors [J]. Journal of the American Chemical Society, 2010, 132(7): 2172-2174.

[57] SEKRETARYOVA A N, BENI V, ERIKSSON M, et al. Cholesterol self-powered biosensor [J]. Analytical Chemistry, 2014, 86(19): 9540-9547.

[58] WEN D, DENG L, GUO S, et al. Self-powered sensor for trace Hg^{2+} detection [J]. Analytical Chemistry, 2011, 83(10): 3968-3972.

[59] WEI Y, WONG L P, TOH C S. Fuel cell virus sensor using virus capture within antibody-

coated nanochannels [J]. Analytical Chemistry, 2013, 85(3): 1350-1357.

[60] WANG Y, GE L, WANG P, et al. A three-dimensional origami-based immuno-biofuel cell for self-powered, low-cost, and sensitive point-of-care testing [J]. Chemical Communications, 2014, 50(16): 1947-1949.

[61] PERUMAL V, HASHIM U. Advances in biosensors: principle, architecture and applications [J]. Journal of Applied Biomedicine, 2014, 12(1): 1-15.

[62] PILIARIK M, VAISOCHEROV H, HOMOLA J. Surface plasmon resonance biosensing [M]. Springer: Biosensors and Biodetection, 2009: 65-88.

[63] SHARPE J C, MITCHELL J S, LIN L, et al. Gold nanohole array substrates as immunobiosensors [J]. Analytical Chemistry, 2008, 80(6): 2244-2249.

[64] YAKES B J, KANYUCK K M, DEGRASSE S L. First report of a direct surface plasmon resonance immunosensor for a small molecule seafood toxin [J]. Analytical Chemistry, 2014, 86(18): 9251-9255.

[65] JIN G, TENGVALL P, LUNDSTR M I, et al. A biosensor concept based on imaging ellipsometry for visualization of biomolecular interactions [J]. Analytical Biochemistry, 1995, 232(1): 69-72.

[66] WANG W, QI C, KANG T F, et al. Analysis of the interaction between tropomyosin allergens and antibodies using a biosensor based on imaging ellipsometry [J]. Analytical Chemistry, 2013, 85(9): 4446-4452.

[67] WANG H, BAI L, CHAI Y, et al. Synthesis of multi-fullerenes encapsulated palladium nanocage, and its application in electrochemiluminescence immunosensors for the detection of streptococcus suis serotype 2 [J]. Small, 2014, 10(9): 1857-1865.

[68] JIANG X, WANG H, WANG H, et al. Self-enhanced N-(aminobutyl)-N-(ethylisoluminol) derivative-based electrochemiluminescence immunosensor for sensitive laminin detection using PdIr cubes as a mimic peroxidase [J]. Nanoscale, 2016, 8:8017-8023.

[69] TAN W, SABET L, LI Y, et al. Optical protein sensor for detecting cancer markers in saliva [J]. Biosensors and Bioelectronics, 2008, 24(2): 266-721.

[70] TAWA K, UMETSU M, NAKAZAWA H, et al. Application of 300×enhanced fluorescence on a plasmonic chip modified with a bispecific antibody to a sensitive immunosensor [J]. ACS Applied Materials & Interfaces, 2013, 5(17): 8628-8632.

[71] CAYGILL R L, BLAIR G E, MILLNER P A. A review on viral biosensors to detect human pathogens [J]. Analytica Chimica Acta, 2010, 681(1): 8-15.

[72] JEONG H H, ERDENE N, PARK J H, et al. Real-time label-free immunoassay of interferon-gamma and prostate-specific antigen using a fiber-optic localized surface plasmon resonance sensor [J]. Biosensors and Bioelectronics, 2013, 39(1): 346-351.

[73] PAEK S H, PARK J N, KIM D H, et al. Semi-continuous, label-free immunosensing approach for Ca^{2+} based conformation change of a calcium-binding protein [J]. Analyst, 2014, 139(15): 3781-3789.

[74] VEERADASAN P, UDA H. Advances in biosensors: principle, architecture and applica-

tions [J]. Journal of Applied Biomedicine, 2014,12,1-15.

[75] AKTER R, RHEE C K, RAHMAN M A. A highly sensitive quartz crystal microbalance immunosensor based on magnetic bead-supported bienzymes catalyzed mass enhancement strategy [J]. Biosensors and Bioelectronics, 2015, 66: 539-546.

[76] DENG X, CHEN M, FU Q, et al. An highly-sensitive immunosorbent assay based on biotinylated graphene oxide and the quartz crystal microbalance [J]. ACS Applied Materials & Interfaces, 2016,8(3):1893-1902.

[77] PIETRANTONIO F, BENETTI M, DINCA V, et al. Tailoring odorant-binding protein coatings characteristics for surface acoustic wave biosensor development [J]. Applied Surface Science, 2014, 302: 250-255.

[78] YAKOVLEVA M, BHAND S, DANIELSSON B. The enzyme thermistor—a realistic biosensor concept. A critical review [J]. Analytica Chimica Acta, 2013, 766: 1-12.

[79] 李长文,郑启新,郭晓东,等. RGD 多肽修饰的改性 PLGA 仿生与架材料对骨髓间充质干细胞黏附、增殖及分化影响的研究[J]. 中国生物医学工程学报,2006,25(2):142-146.

[80] 刘健,侯天勇,李志强,等. 功能化自组装多肽水凝胶支架促进小鼠骨髓间充质干细胞的黏附、增殖及成骨[J]. 第三军医大学学报,2015,37(10):945-951.

[81] GRASEL T G, PIERCE J A, COOPER S L. Effects of alkyl grafting on surface properties and blood compatibility of polyurethane block copolymers [J]. Journal of Biomedical Materials Research, 1987, 21(7): 815-842.

[82] YEH Y S, IRIYAMA Y, MATSUZAWA Y, et al. Blood compatibility of surfaces modified by plasma polymerization [J]. Journal of Biomedical Materials Research, 1988, 22(9): 795-818.

[83] GARAS S M, HUBER P, SCOTT N A. Overview of therapies for prevention of restenosis after coronary interventions [J]. Pharmacology & Therapeutics, 2001, 92(2): 165-178.

[84] LOWE H C, OESTERLE S N, KHACHIGIAN L M. Coronary in-stent restenosis: current status and future strategies [J]. Journal of the American College of Cardiology, 2002, 39(2): 183-193.

[85] COSTA M A, SIMON D I. Molecular basis of restenosis and drug-eluting stents [J]. Circulation, 2005, 111(17): 2257-2273.

[86] VAN BELLE E, MAILLARD L, TIO F O, et al. Accelerated endothelialization by local delivery of recombinant human vascular endothelial growth factor reduces in-stent intimal formation [J]. Biochemical and Biophysical Research Communications, 1997, 235(2): 311-316.

[87] SWANSON N, HOGREFE K, JAVED Q, et al. In vitro evaluation of vascular endothelial growth factor (VEGF)-eluting stents [J]. International Journal of Cardiology, 2003, 92(2): 247-251.

[88] AOKI J, SERRUYS P W, BEUSEKOM H V, et al. Endothelial progenitor cell capture by stents coated with antibody against CD34[J]. Journal of the American College of Cardiolo-

gy, 2005,45(10):1574-1579.

[89] YU Z J, CHEN Y Q, YANG X D. Effective adsorption of functional biological macromolecules on stainless steel surface with micro/nanoporous texture[J]. Acta Physico-Chimica Sinica, 2013,29(7):1595-1602.

[90] WOO K M, SEO J, ZHANG R, et al. Suppression of apoptosis by enhanced protein adsorption on polymer/hydroxyapatite composite scaffolds [J]. Biomaterials, 2007, 28(16): 2622-2630.

[91] 郭洪刚,刘静,姚芳莲,等. PRP 及 RGD 联合修饰表面改性后仿生基质对 ADSCs 生物学行为的调控[J]. 中华显微外科杂志,2010,33(6):469-472.

[92] ZHANG Y, XIANG Q, DONG S, et al. Fabrication and characterization of a recombinant fibronectin/cadherin bio-inspired ceramic surface and its influence on adhesion and ossification in vitro [J]. Acta Biomaterialia, 2010, 6(3): 776-785.

[93] ZHANG Y, ZHOU Y, ZHU J, et al. Effect of a novel recombinant protein of fibronectinIII7-10/cadherin 11 EC1-2 on osteoblastic adhesion and differentiation [J]. Bioscience, Biotechnology, and Biochemistry, 2009, 73(9): 1999-2006.

[94] ZHANG Y, MING J, LI T, et al. Regulatory effects of hypoxia-inducible factor 1α on vascular reactivity and its mechanisms following hemorrhagic shock in rats [J]. Shock, 2008, 30(5): 557-562.

[95] LIU Y, HUNZIKER E, RANDALL N, et al. Proteins incorporated into biomimetically prepared calcium phosphate coatings modulate their mechanical strength and dissolution rate [J]. Biomaterials, 2003, 24(1): 65-70.

[96] HE A S, LIAO W M, LI F B, et al. Experimental studies on femoral stems with gradient hydroxyapatite coating loaded with rhBMP-2 [J]. Chinese Journal of Orthopedics, 2005, 25(7): 400.

[97] SANTIN M, MOTTA A, FREDDI G, et al. In vitro evaluation of the inflammatory potential of the silk fibroin [J]. Journal of Biomedical Materials Research, 1999, 46(3): 382-389.

[98] SOFIA S, MCCARTHY M B, GRONOWICZ G, et al. Functionalized silk-based biomaterials for bone formation [J]. Journal of Biomedical Materials Research, 2001, 54(1): 139-148.

[99] INOUYE K, KUROKAWA M, NISHIKAWA S, et al. Use of bombyxmori silk fibroin as a substratum for cultivation of animal cells [J]. Journal of Biochemical and Biophysical Methods, 1998, 37(3): 159-164.

[100] 李少彬,闫玉生,李辉,等. 等离子体磺酸化丝素蛋白膜聚四氟乙烯复合小口径人工血管体外的实验研究[J]. 南方医科大学学报,2010,30(9):2100-2103.

[101] 贾琳,陈莉娜,张海霞,等. 聚氨酯/胶原蛋白复合纳米纤维支架的性能[J]. 纺织学报,2016,37(8):1-6.

第3章　DNA分子修饰界面

1869年,瑞士科学家Friedrich Miescher首次从绷带的脓液中分离出“核素”(Nuclein,核酸和蛋白质的复合物),由此开始了核酸研究的第一步。核酸分为脱氧核糖核酸(DNA)和核糖核酸(RNA)两大类。核酸的组成中含有碱基(嘌呤或嘧啶)、戊糖(脱氧核糖或核糖)和磷酸。1953年,Waston和Crick发现了DNA的双螺旋结构,建立了分子生物学,同时也掀起了各学科研究DNA的热潮,直到现在这个热潮仍在高涨。谈到生命体内的基因物质DNA,必然要联想到被称为“跨世纪的曼哈顿工程”的人类基因组计划(Human genome project, HGP),直至2003年4月8日,中央数据库接收到最后一个比特的基因代码,13年漫漫探索路上的人类基因组计划画上句号,将这股热潮推到了一个新的高潮。DNA已成为有史以来研究人数、耗资最多的研究对象。

DNA的电化学研究的早期工作主要是研究DNA的基本电化学行为。20世纪80年代以来的研究范围扩大到DNA的结构和形态分析,DNA与其他小分子,尤其是能识别特定碱基序列的小分子或一些药物分子之间相互作用及其机理的研究、与生物大分子(尤其是蛋白分子)之间的相互作用及其在基因调控过程中的影响、DNA电化学传感器、芯片的研究等方面,通过杂交对特定DNA序列检测的电化学研究成为近年来研究热点之一。

DNA的基本结构单元是脱氧核苷酸,它是由磷酸、D-2-脱氧核糖和碱基(腺嘌呤Adenine、鸟嘌呤Guanine、胞嘧啶Cytosine、胸腺嘧啶Thymine)组成。DNA的一级结构是由核苷酸通过3′,5′-磷酸二酯键连接而成的没有支链的直线形或环形结构,二级结构是由2条脱氧核糖核酸链组成的双螺旋结构,其中磷酸和糖链在螺旋外侧,碱基在螺旋内侧,以氢键相结合呈互补结构。在二级结构的基础上,可进一步扭曲形成超螺旋的三级结构。由于DNA分子具有上述的独特结构,使其对化学和生物小分子具有特异性的选择识别性能,其作用的方式主要有氢键、范德华力、疏水作用等弱相互作用。因此,在电极表面固定DNA作为传感器的敏感器件,可以实现对特定化学物质和生物小分子的选择性识别检测。

3.1　DNA分子界面的构筑方法

DNA修饰电极的思想是由Palecek等人[1]提出的。早期主要是利用吸附法制得的DNA修饰汞电极,但因汞呈液态且毒性大,大大限制了其应用。目前在DNA生物传感器中,常用的固定基质有金属、玻璃、石墨以及在这些基底上修饰上的纳米粒子、纳米线阵列及导电聚合物薄膜等。天然或人工DNA分子如何有效、稳固地固定在电极表面是DNA作为传感器的敏感元件所面临的一个重要难题。目前常用的方法有:吸附法、共价键合法、自组装膜法、亲和法及聚合法等,如图3.1所示。

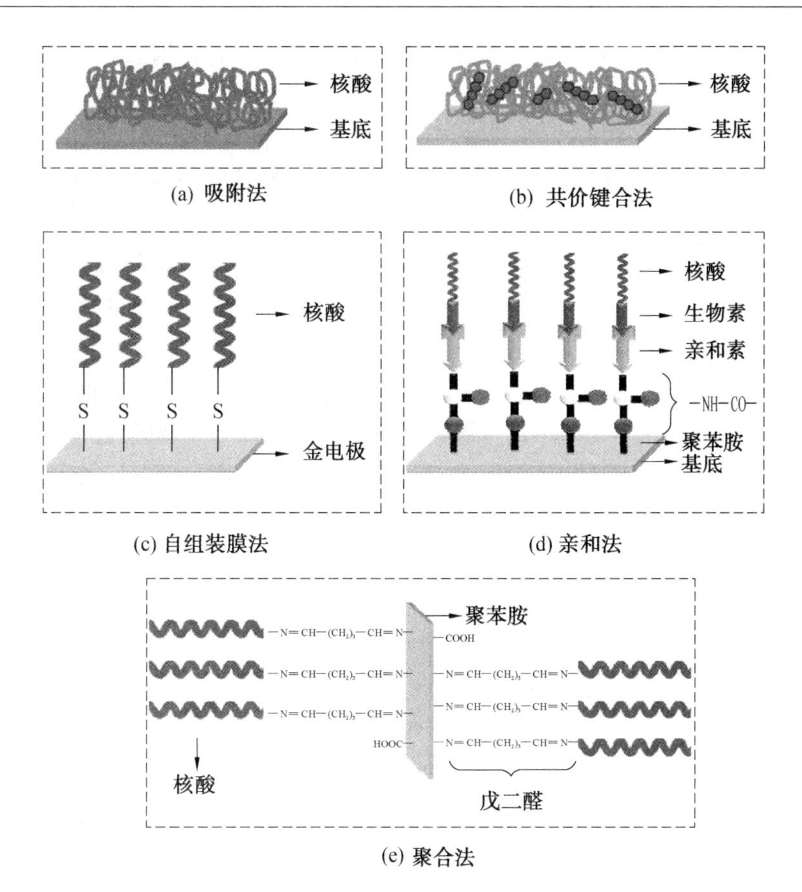

图3.1　电极表面固定DNA的不同方法

吸附法通常是利用非共价键作用直接将DNA吸附到电极表面(图3.1(a)),若探针是单链DNA片段,也可利用DNA片段中的磷酸根负离子与电极表面带正电荷的修饰层之间的静电作用来固定。直接吸附法是将固体基质直接浸入含有DNA的溶液中吸附一定时间或把少量DNA溶液均匀滴加在基质表面,DNA通过与固体基质表面之间的吸附作用而被固定在基质表面,然后用于下一步的杂交反应。此外,也可对电极施加一定的恒电位对溶液中的DNA进行富集。吸附法不需要对DNA分子进行化学修饰,操作简单,固定化速度快。Guo等人[2-4]采用吸附法将带正电荷的聚二甲基二烯丙基氯化铵(PDDA)和带负电的双链DNA固定到氧化铟锡电极表面。Zhang等人[5]借助ZrO_2与DNA分子5′末端磷酸基团之间强烈的亲和作用,施加0.8 V电压,在ZrO_2修饰电极表面固定了DNA探针。Ensafi等人[6]利用吸附法把双链DNA固定在经过处理的铅笔石墨电极上,并成功地检测到辣椒酱、番茄酱中的苏丹红。吸附法的不足之处在于这种表面结合作用力较弱,所以杂交过程中探针可能脱附,同时方向性不可控,DNA在电极表面呈平卧形态,没有空间取向,杂交过程中易发生DNA结构扭曲,使得目标DNA无法接近DNA探针而不能正常杂交。同时,杂交反应形成的双链可以解链恢复成探针和靶序列并继续吸附在电极表面。在生化小分子检测中,识别位点与目标分子的结合概率小,导致传感器选择性较差。

如图3.1(b)所示,共价键合法是DNA探针分子固定的一种较为理想的方法。共价键一般包括酰胺键、酯键、醚键等。其具体做法包括活化电极表面,引入各种所需活性基团如羧基、羟基、氨基等，或衍生核苷酸，使其带上合适的功能团，随后用双官能团试剂或偶联活化剂将 DNA 分子共价键合在电极表面。常用的双官能团试剂有戊二醛（GA）、对硝基苯氯甲酸酯（NPC）、马来酰亚胺（MA）、二异硫氰酸酯等[7]；偶联活化剂包括（1,3-二甲基氨基丙基）-3-乙基碳二亚胺盐（EDC）和 N-羟基琥珀酰亚胺（NHS）。Kerman 等人[8]使用乙基二甲基胺丙基碳化二亚胺（N-(3-dimethylamino) propyl-N′-ethylcarbodiimide hydrochloride, EDC）和 N-羟基硫代琥珀酰亚胺（N-hydroxysulfosuccinimide, NHS）将寡聚核苷酸探针固定在 3-巯基丙酸（MPA）自组装膜上，并对其固定机理进行了探讨，认为单链 DNA 上的氨基与 NHS 活化的巯基丙酸自组装膜形成肽键，从而将单链 DNA 固定，固定后的 DNA 平躺于表面，并可以进行杂交反应。表面活化步骤多采用氨基活化法处理基质表面。通过 2-巯基丙基三甲氧基硅烷（MPTMS）和 γ-环氧丙氧丙基三甲氧基硅烷（GPTMS）之间的水解、缩合，形成具有 Si—O—Si 结构，再利用 GPTMS 的环氧基团与探针 NH_2—DNA 之间的反应，可实现对探针单链 DNA 的共价固定[9]。目前，共价键合法已被广泛应用在电化学 DNA 生物传感器中。共价键合法可以提高 DNA 探针的牢固度及耐用性。DNA 分子一端固定后，另一端比较灵活，有利于进行杂交反应。然而，由于电极表面活性位点有限，表面合成又是异相反应，因而固定的 DNA 探针量并不高，响应信号较小，对于探针的密度控制和取向性仍需进一步研究。

自组装膜是指分子在电极表面自发地形成致密有序的单分子层，分子的另一端可以带上不同的活性功能团。通常将自组装膜分为硫醇自组装膜和硅烷自组装膜。对于巯基烷烃的自组装单分子膜，一般以金电极为基底。由于 Au-S 间的键能为 84 kJ/mol，结合能力很强，保证了这种吸附的选择性。硅烷自组装膜是指硅烷在羟基化基底（比如洁净的玻璃）自发形成的膜。DNA 可以在其一端进行烷基硫醇修饰并在电极表面组装（如图 3.1(c) 所示）。DNA 在金电极的自组装固定方法主要有以下 2 种：

(1) 修饰巯基的单链 DNA 探针可直接在金电极表面实现自组装，得到的单层 DNA 自组装膜排列有序、分布均匀。

(2) 在金电极表面预先制备出巯基化合物和氨基化合物，然后引入金纳米粒子（Au NPs），为探针 DNA 提供结合位点。

由于金纳米粒子比表面积大，可明显提高电极表面探针 DNA 的密度。Gooding 等人[10,11]证实修饰在 DNA 末端的烷基链越长，探针 DNA 的三维结构自由度越大，杂交效率越大，但是考虑到电化学传感器的成本以及电子转移率的效率，通常 DNA 末端修饰的烷基个数为 3～6 个。一般探针 DNA 的密度越大，传感器的灵敏度越高，但是随着探针密度的增大，对目标 DNA 的静电排斥也随之增大，从而降低了杂交效率，所以探针密度为 $5\times10^{12}/cm^2$ 为宜[12]。Hwamg 等人[13]将巯基乙醇和 5′端带有—SH 的单链 DNA 探针同时自组装到金电极表面，然后与生物素标记的互补的单链 DNA 进行杂交，该方法有较高的灵敏度和选择性，检测限为 1×10^{-16} mol/L。自组装膜法得到的修饰电极表面结构高度有序，稳定性好，在适当的密度下，对互补 DNA 有很高的杂交效率，但对巯基修饰的 DNA 化合物纯度要求较高，分离提纯操作较烦琐。特别注意的是，整个过程要严格控制在液相，以保证界面反应的顺利进行，尽量降低因表面干燥而使 DNA 在表面吸附的可能性。

生物素（Biotin）是生物体内分布广泛的一种羧化酶的辅酶，一端的羧基通过单一、温和的生化反应，能与酶、抗体、DNA 等通过化学键连接，但不影响它的闭合环脲基与亲和素结合,也不影响这类物质的生物活性。亲和素(Avidin)有4个相同的含128个氨基酸的亚基组成,亚基之间通过二硫键连接,它的每一个亚甲基含有一个可与生物素结合的位点(结合常数 $K_d = 10^{15}$ L/mol),能与生物素及其衍生物形成高度稳定的化合物。利用生物素和亲和素的特异结合作用,可将所研究的物质修饰到基底表面。一般是将亲和素共价偶联[14]或通过静电作用[15]修饰到基底上(图3.1(d)),随后将生物素连接的DNA通过生物素与亲和素之间的专一性亲和作用而固定到基底上。因为亲和素对许多材料都有强烈的吸附性能,包括裸金、自组装膜修饰的金表面[16]以及石英表面等,所以这种固定方法对电极材料具有很宽的选择性。Horakova-Brazdilova等人[17]在丝网印刷电极表面固定生物素标记的探针DNA,经生物素-亲和素特异性相互作用,将修饰有碱性磷酸酶的亲和素固定在电极表面,以1-萘酚为指示剂,构筑高选择性DNA电化学生物传感器。基于亲和素-生物素反应系统固定生物分子的方法容易操作,而且有温和、高效和特异性好的特点,在生物传感器领域中应用越来越广泛,但大量蛋白质的存在对传感器的灵敏度及选择性有影响。

近年来,一些导电聚合物膜常用于固定DNA(图3.1(e)),构建电化学DNA传感器[18-20]。据报道聚苯胺膜上的氨基基团带有正电荷,可以与DNA带有负电的磷酸基团静电结合从而达到固定DNA的目的[21]。同样聚苯胺膜上的氨基在一定条件下也可以同DNA探针上的磷酸键共价结合用于DNA的杂交。因此聚苯胺类物质在DNA的固定上有很好的稳定性和可靠性,以及良好的重现性[22-24]。由于该类传感器具有无须复杂的标记过程,检测快速、简便等优点,因此有望与便携式分析仪相连。目前,最常用的聚合物膜包括导电性聚合物(主要是聚吡咯、聚噻吩、聚苯胺)和壳聚糖。Qiu等人[25]将壳聚糖掺杂的碳纳米管滴涂在玻碳电极表面用于固定DNA探针,制得DNA/壳聚糖-碳纳管/GCE修饰电极。通过示差脉冲伏安法和紫外-可见光谱法研究双酚A的活化物对DNA的损伤。

目前还有一些其他的方法将DNA固定在电极表面,比如合成法,此法主要包括光化学合成和电化学合成两种方式。前者以Affymetrix公司开发出的光刻与光化学合成法相结合的光诱导原位合成法为代表。通过传统的光刻技术,利用光直接在基质上合成并固定所需核苷酸探针。这样可得到较高的固定效率,而且简化了从合成到固定的操作。但由于固定化程度高,探针与目的基因的杂交灵敏度受到一定影响,合成的探针亦难以纯化。此外也可利用组合法将两种或两种以上的固定方法结合起来用以固定探针,比如吸附法和共价键合法相结合、自组装膜法与吸附法相结合等。利用组合法在电极表面固定探针,结合了各固定方法的优点,制备的探针化学修饰电极有较好的稳定性,分子杂交效率或识别性能高,是当前较常见的探针固定方法之一。实验证明组合法制得的电极背景电流小,机械性能好,电极修饰层相对稳定,对探针的固定效果较好,杂交效率高。

3.2　DNA分子修饰界面在生物传感器方面的应用

大约两个世纪以前,意大利生理学家Galvani教授在Bologna大学进行了一系列实验,他用青蛙的肌肉证明了活机体组织与“电”的相互作用。这个“看似平常”的实验却悄悄播下了一颗新学科——生物电化学的种子,经过了长时期的孕育阶段,它开始变得越来越活跃,并发生了爆炸式发展。Galvani教授也因著名的青蛙实验而被称为生物电化学之父,开启了运用电化学的技术和理论来研究生物学现象的大门。

生物传感器由分子识别元件和信号转换器组成。分子识别元件即是感受器,它由生物活性物质如蛋白质、酶、抗体、抗原和细胞等物质构成,直接与待测物质接触,具有分子识别能力,有的还能放大反应信号。信号转换器可以是电化学或光学监测元件,可以将生物识别事件转换为可检测的信号。其中,DNA 生物传感器是目前生物传感器中报道较多的一种。如图 3.2 所示,DNA 生物传感器的基本组成包括一个病原体识别受体和一个换能器。病原体识别受体是合成的 DNA 片段,其碱基序列与被测 DNA 片段的碱基序列互补。换能器的功能是将 DNA 杂交信息转换为可测定信号。DNA 生物传感器的原理是首先在基体传感器(换能器)探头上固定含有十几到上千个核苷酸的单链 DNA,通过分子杂交,与另一条含有一段互补碱基序列的 DNA 识别。形成的双链 DNA 本身表现的物理信号(如光、电等信号)的改变是较弱的,因此在大多数情况下还必须在 DNA 分子中加入一定的杂交指示剂进行信号转换与放大,把杂交后的 DNA 含量通过换能器表达出来。根据检测时杂交信号转换方式的不同,换能器可分为电化学、光学等不同类型。

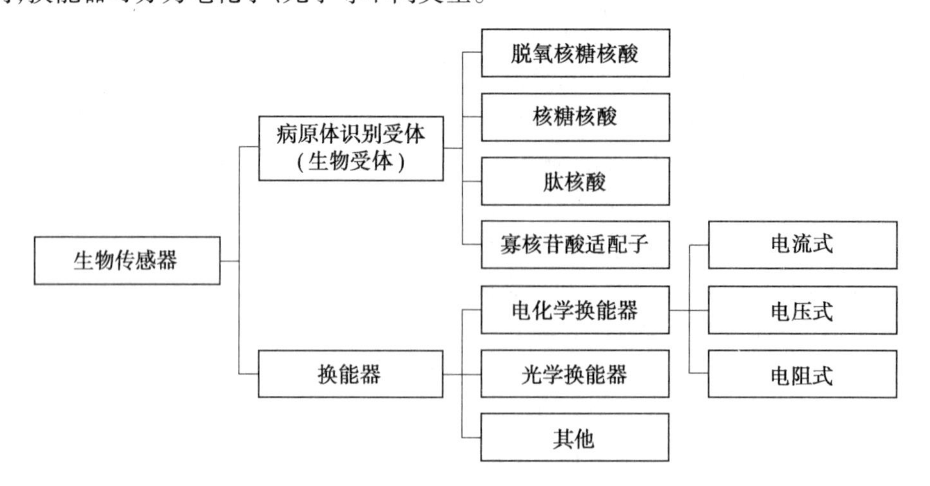

图 3.2　DNA 生物传感器的基本组成

荧光 DNA 生物传感器是将探针 DNA 进行荧光标记,当探针与目标物质作用时荧光信号发生变化,将识别信息转换为可检测的荧光信号,从而实现对目标物质的分析。近年来,荧光 DNA 生物传感器的研究内容主要集中在对特定 DNA 序列、蛋白质、药物、小分子、无机离子等目标分析物的存在和含量进行定性、定量分析。由于荧光分析法具有诸多优点,因而荧光 DNA 生物传感器的应用最为广泛。

电化学 DNA 生物传感器由于选择性好,种类多,测试费用低,同时具有测定简单、快速、灵敏的特点,受到人们的广泛关注。电化学 DNA 传感器是以 DNA 作为分子识别元件,以电极作为换能器,对产生的电信号进行检测的分析仪器。当被分析物与电极表面固定的 DNA 分子发生反应后,产生的物理或化学变化可以被相应的换能器转化成可以定量处理的电信号,由此得到被分析物的相关信息。DNA 探针是此类传感器的分子识别元件,它一般是几十个碱基序列的 ssDNA 片段或寡核苷酸片段,其碱基序列与待测 DNA 或 RNA 片段的碱基序列互补。换能器的功能是将 DNA 杂交信息转化为电压、电流或电导等可以测定的电化学信号,从而达到检测靶序列或特定基因的目的。因此,制备基因识别的电化学 DNA 生物传感器的关键是探针的选择和固定及杂交信号的转换。DNA 在电极表面固定是 DNA 修饰电极研究的基础。根据电化学识别元素的不同,可将电化学 DNA 生物传感器分为三类:第一类是用具有电化学活性的杂交指示剂作为识别元素。许多具有电化学活性的小分子物质能够与 DNA 分子发生可逆性相互作用,其中一些物质能够专一性地嵌入 dsDNA 分子双螺旋结构的碱基对之间,这一类物质被称为杂交指示剂。在杂交过程中,再将指示剂与电极表面的 dsDNA 形成复合物,通过测量其氧化-还原峰电位和峰电流测定和识别 DNA。第二类是以寡聚核苷酸上标记电化学活性的官能团作为识别元素,合成的带有电化学活性基团的寡聚核苷酸与电极表面的靶基因选择性地进行杂交反应,在电极表面形成带有电活性官能团的杂交分子,通过测定其电信号可以识别和测定 DNA。第三类是在 DNA 分子上标记酶作为识别元素。当标记了酶的 ssDNA 与电极表面的互补 ssDNA 发生杂交反应后,由于酶具有很强的催化作用,可以通过测定反应生成物的变化量间接测定 DNA 的含量[26]。

DNA 芯片又叫 DNA 阵列(DNA array),是一块带涂层的特殊玻璃晶片,具有高度集成化的特点,芯片上集成着数以万计的基因探针,构成储藏着大量生命信息的 DNA 芯片,可以在同一时间内分析大量的基因,并能够迅速、高效、准确地破译遗传密码。DNA 芯片在医学诊断、遗传学及药物开发等方面意义重大。

DNA 生物传感器是基于核酸分子杂交和 Watson-Crick 碱基配对原理而发展起来的一种用于核酸序列识别检测的新技术。与其他检测方法如凝胶电泳检测相比,它的出现大大缩短了目标物的检测时间,而且无污染、操作简单,既可定性,又可定量,为 DNA 序列检测和单碱基突变的识别提供了新型高效的检测手段,并在基因检测诊断[27-30]、药物机理分析[31,32]、DNA 损伤研究[33,34]及环境监测[35-37]等方面发挥了重要作用。

3.2.1　病源基因的检测

现代医学研究表明,除外伤及由异常基因直接引起的疾病(遗传病)外,几乎所有疾病的发生都是基因与环境共同作用的结果。基因是携带有遗传信息的 DNA 或 RNA 序列,DNA 结构的置换、缺失和增加都有可能导致遗传性状的改变和疾病的出现。镰刀型细胞贫血症是世界上最常见的单基因疾病之一,正常成人血红蛋白是由两条 α-肽链和两条 β-肽链相互结合成的四聚体,其中 β-肽链上第 6 位的谷氨酸被缬氨酸代替,形成了异常的血红蛋白(Hemoglobin S,HbS),导致了镰刀型贫血症的发生。苯丙酮尿症发病的根本原因是患者体内苯丙氨酸羟化酶基因发生突变而引起的苯丙氨酸羟化酶缺陷所致。亨廷顿舞蹈症患者由于基因突变或者第四对染色体内 DNA 基质之 CAG 三核苷酸重复序列过度扩张,造成脑部神经细胞持续退化,机体细胞错误地制造一种名为“亨廷顿蛋白质”的有害物质,这些异常蛋白质积聚成块,损坏部分脑细胞,特别是那些与肌肉控制有关的细胞,导致患者神经系统逐渐退化,神经冲动弥散,动作失调,出现不可控制的颤搐,并能发展成痴呆,甚至死亡。因此,通过检测与疾病有关的基因变异对病原基因的筛选、疾病的诊断和治疗具有重要意义。

基因检测是通过血液、其他体液或细胞对 DNA 进行检测的技术,除了可以诊断疾病外,也可以用于疾病风险的预测。目前应用最广泛的基因检测是新生儿遗传疾病的检测、遗传疾病的诊断和某些常见病的辅助诊断。目前有 1 000 多种遗传疾病可以通过基因检测技术做出诊断。预测性基因检测是在疾病发生前就发现疾病发生的风险,提早预防或采取有效的干预措施。已有 20 多种疾病可以用基因检测的方法进行预测。

人类免疫缺陷病毒(Human immunodeficiency virus,HIV)会导致免疫系统衰退,致使病人患上艾滋病(Acquired immunodeficiency syndrome,AIDS)。目前对 HIV 病毒的检测仍停留

在 HIV 抗体的检测,但是抗体通常是在接触感染后 3 ~8 周或出现早期症状的 5 ~10 d 才产生的。全球有 4 000 万感染者,但是由于缺少特异性识别这种传染病症的手段,只有不到 1 000个案例是在感染的第一个月发现的,所以急需一种基于 DNA 的直接检测 HIV 病毒序列的检测手段。Darbha 等人[38]采用超瑞利散射(Hyper-Rayleigh Scattering,HRS)技术检测 HIV gag 基因,能够识别 100 pmol/L 水平的 DNA 序列。Ye 等人[39]报道了一种新型传感器,将金属有机框架(Metal-organic framework,MOF)化合物应用在多通路同步荧光检测 DNA 中。他们以野生型乙肝病毒(HBV)的寡聚核苷酸片段和逆转录的 HIV 寡聚核苷酸的 RNA 片段为模型,在无靶标的情况下,通过 DNA 的碱基与 MOF 上的 π 电子共轭将染料标记的发夹型的寡聚核苷酸吸附到 MOF 上,分别得到了荧光标记的 HBV 探针和 HIV 探针。在 MOF 上,荧光是淬灭的,但是当靶标出现时,探针与靶标杂交形成双链 DNA,使得探针从 MOF 上释放,恢复荧光,从而可以检测 HBV 和 HIV,检测范围是 1 ~ 10 nmol/L,检测限分别为 0.87 nmol/L和 0.22 nmol/L。

癌症抑制基因 TP53 的突变导致大多数的癌症[40],许多研究也表明 TP53 的突变有预报性以及对临床治疗的响应性,因此,TP53 是重要的癌症早期诊断的标记物。Dolati 等人[41]搭建了一种新型的电化学平台,将修饰有巯基的 DNA 探针(26-mer)化学吸附在平行的多壁碳纳米管上的金纳米粒子上,通过 DNA 杂交,DNA 探针可以捕捉到目标 DNA,检测范围在 1.0×10^{-15} ~ 1.0×10^{-7} mol/L,检测限为 1.0×10^{-17} mol/L,具有很好的稳定性和再生性。2011 年,Ma 等人[42]设计合成的银纳米簇的荧光强度强烈地依赖于脱碱基位点周围的 DNA 序列,成功用于识别癌抑制细胞 TP53 的密码子 177 的突变。Qiu 等人[43]设计了一种新颖的检测 DNA 序列的方法,Cu 纳米粒了能够特异性地在双链 DNA 的大沟槽生长,它所产生的 Cu(Ⅱ)与抗坏血酸反应生成 Cu(Ⅰ),而 Cu(Ⅰ)能够催化弱荧光的 3-叠氮-7-羟基香豆素与炔丙醇发生叠氮-炔烃环加成反应,形成具有强烈荧光的 1, 2, 3-三唑化合物。该方法已成功用于检测人 TP53 基因碎片的单碱基错配和复杂介质(海拉癌细胞匀浆)的 DNA 序列。Tothill 等人[44]分别利用基于 DNA 的表面等离子体共振传感器系统和石英晶体微天平传感器系统检测一点突变的 TP53 基因,检测范围为 0.03 ~2 μmol/L,实现了快速、实时的检测。

Wang 等人[45]报道了一种基于辣根过氧化物酶(HRP)标记探针的高敏感的 DNA 传感器,能够有效地检测出与肠癌相关的 K-ras 基因。他们首先利用自组装法将带有巯基的 DNA 修饰到金电极表面,通过杂交将与 DNA 探针序列互补的目标 DNA 捕获,与目标 DNA 另一部分互补的 HRP 标记的寡聚核苷酸以三明治的方式进行杂交,最后利用 HRP 催化还原 H_2O_2 的电流响应来检测目标基因,检测范围是 1.17×10^{-11} ~ 1.17×10^{-7} mol/L,检测限是 5.85×10^{-12} mol/L,这种传感器具有操作简单、灵敏度高、成本低、响应迅速、易再生等优点,可以用来癌症的早期诊断。

Aeromonas hydrophila(嗜水产气单胞菌)是一种人类食源性的病原体,A. hydrophila 含有 aerolysin(气溶素)基因(áerA),因此利用 DNA 探针可以有效地检测这种基因。Ligaj 等人[46]研究了两种电化学传感器来检测 aerA,第一种化学传感器是在金电极表面自主装单层的巯基已烷和巯基 DNA 探针,样品的检测限为 0.5 μg/mL;第二种化学传感器是碳糊电极上修饰固定有 DNA 探针的多壁碳纳米管,样品的检测限为 0.3 μg/mL。

以 DNA 为模板的银纳米簇可用于识别碱基错配或检测另一目标 DNA。2010 年,Guo 等人[47]设计了嵌入 C 环的 DNA 探针与目标 DNA 链杂交形成产生银纳米簇的双链 DNA 模板。该银纳米簇的形成是高度序列依赖的,研究中特异性地识别了镰刀细胞贫血症的突变。该研究可以推广到更普遍的单核苷酸错配。

3.2.2　药物分析

小分子物质,特别是一些药物分子,与 DNA 作用会影响 DNA 的生理和物理化学性质,因此研究小分子物质与 DNA 的相互作用有助于人们了解 DNA 与蛋白质的相互作用方式,并且对一些致癌化合物的致癌机理、抗癌药物的药理和毒性,以及新型药物的设计合成方面都有重大的意义。DNA 电化学生物传感器除了可用于特定基因的检测外,还可用于一些能与 DNA 结合的药物检测[48]。药物小分子与 DNA 相互作用主要包括非共价结合、共价结合和剪切作用。其中非共价结合又包括外部静电结合(Electrostatic binding)、沟槽结合(Groove binding)和骨架嵌插结合(Intercalative binding)。除了以上作用方式外,药物小分子与 DNA 相互作用形式还有“半嵌插结合”(Half intercalation)、与特定的碱基对螺纹结合(Threading binding)、分子与核酸的长距组装(Long range assembly)及带有正电荷的分子对核酸的凝聚作用(Condensing effect)等。探讨药物与 DNA 的相互作用可以为新药的开发、用于靶向给药的药物分子结构设计及药理药效研究提供崭新的生物分析手段。

男性口服治疗药物 Viagra 是一种昔多芬柠檬酸盐。Rauf 等人[49]将鲑鱼精 DNA 修饰在玻碳电极表面,利用 DNA 中鸟嘌呤氧化峰面积或氧化峰电流的降低作为电活性指示信号,研究了 Viagra 与 DNA 的相互作用,推断昔多芬柠檬酸盐通过甲基哌嗪环以嵌插和小沟槽结合方式与 DNA 相互作用,并利用此原理构建了一种全新的 DNA 检测生物传感器。Wang 等人[50]报道了一种新型的基于石墨烯修饰金电极的 DNA 电化学传感器,用于检测道诺霉素,检测范围为 $1.0\times10^{-12} \sim 1.0\times10^{-7}$ mol/L,检测限为 1.26×10^{-13} mol/L。Lopes 等人[51]利用多层 dsDNA 电化学传感器检测抗脑癌药物替莫唑胺,并通过监测 8-氧桥鸟嘌呤/2,8-二羟基腺嘌呤的氧化峰确认了鸟嘌呤残留物与替莫唑胺代谢物的特异性作用,为替莫唑胺的细胞毒性机理提供了依据。Yang 等人[52]将双链 DNA 固定在玻碳电极表面,利用循环伏安法实现了对异丙嗪的测定。Mehdinia 等人[53]在金电极表面上固定双链 DNA,对紫杉醇与 DNA 的相互作用进行了探讨。

适配体是能够选择性地连接低相对分子量化合物或蛋白质特定区域的 DNA 或 RNA 序列[54],适配体的这种连接特征可以用来发展不同的传感器[55-57],是用 DNA 传感器分析蛋白质的基础。核酸适配体可利用其自身结构和空间构象的多样性,通过链内某些互补碱基间的配对、静电作用及氢键作用等自组装形成一些稳定的三维结构,如发夹、凸环和 G-四分体等,进而与靶标分子发生特异性结合。这些生化特性使其在生化分析中具有诸多优势:

(1)靶物质范围广。小到 ATP、氨基酸、核苷酸及金属离子等小分子物质,大到酶、生长因子和细胞黏附分子等生物大分子,甚至完整的病毒、细菌和细胞等都可作为适配体筛选的靶物质。

(2)亲和力强。

(3)特异性高。核酸配适体不仅能识别靶物质的一个甲基或羟基的细微变化、高度同源的蛋白以及多肽中个别氨基酸的变化，还能够区分旋光异构体。

(4)制备、修饰方便快速。可以在体外快速、灵活地合成所需要的各种核酸适配体序列，同时进行精确的位点修饰，如荧光标记、生物素标记等。

(5)核酸适配体可以通过分子生物学技术进行剪裁，提高其亲和能力，有利于发展灵活多变的灵敏检测方法。

(6)稳定性好，便于长期保存和运输，变性复性可逆，能反复使用。

(7)无毒性、无免疫原性及组织渗透性好。

凝血酶适配体在 20 世纪末就已经被发现[58]，它以 G-4 结构的形式特定地连接凝血酶[59]。在 2001 年，Hamaguchi 等人[60]以凝血酶为目标建立了利用适配体分子直接检测蛋白质的方法。Ho 和 Leclerc 等人[61]在 2004 年报道了借助阳离子聚合物-聚噻吩作为信号探针，利用凝血酶适配体免标记荧光检测凝血酶，如图 3.3 所示。2001 年，Stojanovic 等人[62]通过优化条件利用 5′-和 3′-双标记的 DNA 链高选择性地检测可卡因。此外，利用目标诱导链替换的方法也可对可卡因进行检测[63]，检测限为 2 nmol/L。如图 3.4 所示，发夹结构探针和单链 DNA 探针分别含有可卡因的识别序列，可卡因与两探针形成三元复合物，发夹探针构型发生改变，发夹结构开环与引物杂交。加入聚合酶和 dNTPs 后，引物扩展破坏三元复合物结构，发夹结构单链的折叠激发了基体的扩展，当发夹结构转变成完整的双链形式时，单链探针和可卡因被释放出来，继续与另一个发夹探针结合，从而触发循环放大。Sheng 等人[64]利用毒素特定的适配体和石墨烯检测了赭曲霉素，并发现聚乙烯吡咯烷酮保护的石墨烯阻止了目标物的非特异性吸附，可以使检测限降低 2 个数量级。Malashikhina 和 Pavlov[65]在 Cu^{2+}和抗坏血酸存在的条件下，利用 DNA 酶剪切 DNA 序列，设计了两种利用 DNA 序列快速检测抗坏血酸的方法。利用荧光素/淬灭剂改性的基体 DNA 可实现在 3 min 内完成对抗坏血酸的检测，检测限为 2.5 μmol/L。

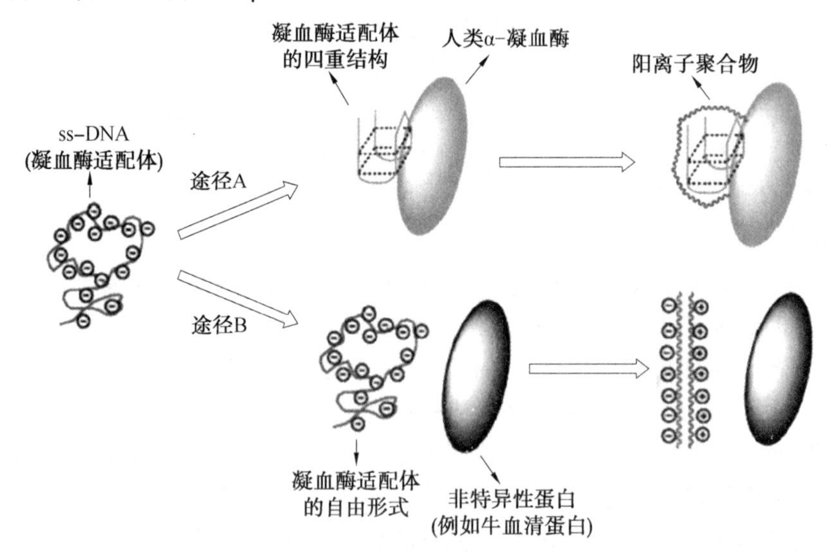

图 3.3　通过 ss-DNA 凝血酶适配体与阳离子聚合物特异性检测人类凝血酶原理图[58]

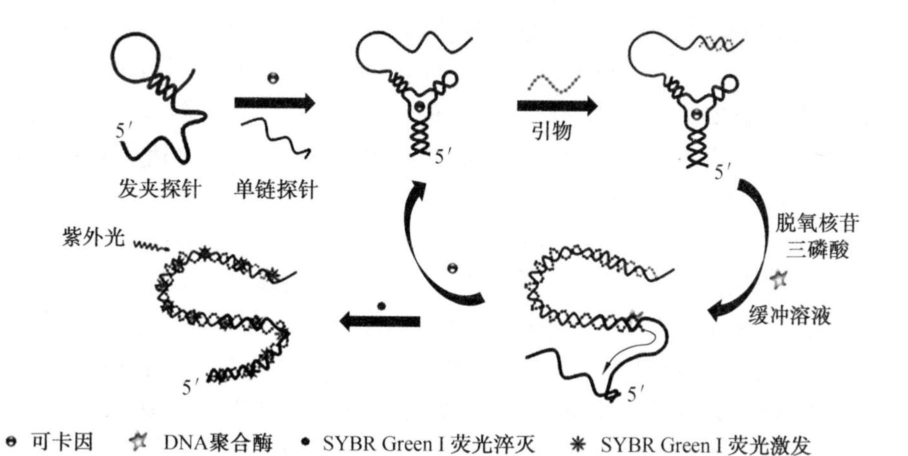

图 3.4　基于链替换放大方法测试可卡因的示意图[63]

3.2.3　DNA 损伤研究

DNA 结构的变化是 DNA 损伤的直观表现。据估计，单个细胞中的 DNA 每天会发生 $10^4 \sim 10^6$ 次损伤，未经修复的损伤 DNA 可导致基因突变甚至癌症的发生。DNA 的损伤类型主要包括 DNA 氧化（碱基氧化，碱基脱落，单、双链断裂）和碱基修饰（碱基甲基化，嘧啶二聚体）这两大类。环境和生物体内的刺激是引起 DNA 结构改变的两大主要因素。DNA 的自发性损伤是指在自然状态下，DNA 基因片段发生变异、突变导致 DNA 结构的损坏。一些有害的化学物质（烷基化试剂、甲基化试剂、氧化剂）与 DNA 发生化学作用，产生 DNA 加合物或氧化 DNA 碱基形成 8-羟基鸟嘌呤物质，这些物质被当成 DNA 损伤的标记物。人们可以通过检测标记物来评价和检测 DNA 损伤。当细胞受到有毒、有害的外源性化合物侵入后，这些化合物或其生物代谢物可以直接作用于 DNA，造成损伤，也可以在体内与其他物质反应后生成具有损伤能力的新物种，损伤 DNA。例如，环境中的芳香胺或多环芳烃类化合物（PAH）进入生物体后，会被代谢成具有高反应活性的中间体，这些中间体与 DNA 反应生成具有高致癌性的 DNA 加合物。除了有毒物质的影响，射线（X，α，β，紫外线等）和辐射也能引起 DNA 的损伤。现在已经有一些针对 DNA 损伤产物的检测方法，大致分为两类：一类是先对生物样品（如细胞）中的 DNA 进行提取和酶解，然后利用色谱-质谱或色谱-电化学联用技术确定损伤产物的种类和含量。这类方法的特异性非常好，而且灵敏度较高，可以从 10^7 个正常碱基中检测出一个受损碱基，但样品处理非常复杂、烦琐，而且依赖于昂贵的大型分析仪器。另一类属于传感器检测，利用特异性的化学或生物探针（如抗体）对 DNA 损伤产物进行识别和标记，然后根据标记分子产生的物理信号（光、电、热、磁力等）对损伤产物进行定量检测。该类方法不需要对提取的 DNA 进行酶解处理，可利用常规的实验室仪器如光谱仪、电化学仪器测定信号，具有操作简单、耗时少等优点。

可以用于检测 DNA 损伤产物的传感器方法有很多，包括荧光、表面等离子体共振、化学发光等光学方法，循环伏安、差分脉冲、阻抗等电化学方法以及石英晶体微天平等测重法。Hlavata 等人[66]利用印刷碳电极构建了 DNA 传感器，此传感器可以依据鸟嘌呤电化学信号的变化估算 DNA 的损伤程度。Long 等人[67]认为在铜离子存在的条件下，甘草素可以破坏

DNA 的双链结构使碱基裸露,DNA 传感器检测到了鸟嘌呤的氧化峰证实了在铜离子存在下甘草素对 DNA 的损伤作用。Oliveira 等人[68]利用电化学 DNA 传感器检测阿霉素对 DNA 的氧化损伤。他们先证实了阿霉素与 DNA 之间的作用是嵌插作用。阿霉素嵌插到 DNA 的双螺旋结构中后仍可以发生氧化还原反应,随后对 DNA 上的鸟嘌呤造成氧化损伤。Zu 等人[69]利用层层组装法构建了辣根过氧化物酶和 DNA 的生物传感器,该传感器可以用于检测具有强致癌作用的环氧化合物对 DNA 的损伤。Qiu 等人[70]利用辣根过氧化酶与双氧水体系可以模拟细胞色素 P450,他们把构建的(DNA/辣根过氧化物酶)$_n$/石墨烯膜修饰电极浸泡在含有过氧化氢水的丙烯酰胺溶液中,成功地检测到了丙烯酰胺及代谢产物对 DNA 的损伤作用。Kara 等人[71]发现血红素可以与 DNA 相互作用,构建了氯化血红素 DNA 生物传感器并用于 DNA 损伤及杂化作用的电化学检测。也有人利用电化学 DNA 生物传感器检测硝基芳香类物质还原过程中产生的硝基自由基对 DNA 的损伤[72,73]。Du 等人[74]利用层层组装法构建了碳纳米管/(聚赖氨酸/双链 DNA)$_n$ 修饰电极,并用该电极检测铬离子对 DNA 的氧化损伤。8-羟基脱氧鸟苷(8-oxodGuo)是一种主要的 DNA 氧化损伤产物,在临床诊断中常把病人尿液中 8-oxodGuo 的水平作为评价个体癌变风险或诊断自由基相关疾病的生物标记物。Zhang 等人[75]利用 8-oxodGuo 的共价标签精胺-生物素(Spermine-biotin,SB)构建了特异性定量检测 8-oxodGuo 的光电化学传感方法,并以此研究了甲酰胺基嘧啶 DNA 糖基化酶(Fpg)对 8-oxodGuo 的修复作用。

3.2.4　环境监测

电化学测量技术由于具有精确度和灵敏度高、特异性强、响应和检测迅速、仪器操作简单、携带方便等一系列的优点而成为检测环境中污染物的主要技术。环境优先污染物是对众多有毒污染物进行分级排队,从中筛选出潜在危害大、在环境中出现频率高的污染物。将这类污染物作为检测对象的检测被称为优先检测。这类污染物具有难以降解、在环境中有一定残留水平、出现频率高、具有生物积累性、属于“三致”(致突变、致畸、致癌)物质等特点[76-80]。水体中含有的许多无机、有机毒性污染物通过各种途径进入人体,由于其易于与 DNA 相互作用而损伤 DNA,导致基因突变,继而引发人体的各种病变乃至癌变,严重危害和威胁人类的生命健康[81-83]。环境中的污染物主要有两大来源:在自然过程中形成的和在人类的生产活动中产生的。

重金属的污染问题由来已久,是环境污染问题中必须面对的最重要问题之一。造成重金属污染的主要元素包括汞、铅、镉、硒、镍、砷、铬、铊、铋、钒、金、银等[84-89]。这些重金属主要来源于工业矿业废物、电池、化妆品和一些生物垃圾等。重金属在人体很难降解,而且重金属的富集过程也是一个相当漫长的过程,只有当重金属的浓度超过一定浓度时它们才会显示出对人体的伤害,因此不仅需要对污染的水源、工厂排放的废水中的重金属进行监测,对日常摄入人体的饮用水、食品中重金属的监测也是非常重要的。

DNA 双螺旋结构中,氢键作用的沃森-克里克碱基互补配对被金属-配体作用代替时,便形成了金属-碱基对。某些金属离子可与 DNA 双螺旋结构中一些天然存在的碱基或人造碱基配体发生配位作用。人们对金属离子和 DNA 之间的相互作用的研究早于 DNA 双螺旋的发现,Lee 等人[90]将金属离子和 DNA 形成的复合物称为 M-DNA,对于 M-DNA 的研究内容主要包括以下 4 部分:

(1)金属离子和天然碱基形成的非标准碱基对。

(2)沃森-克里克碱基对中的 H 原子与金属离子的交换。

(3)金属离子与 DNA 结合的可逆性[91,92]。

(4)金属离子通过与 DNA 形成动力学稳定的配合物,改变 DNA 的构型[93]。

基于金属离子与 DNA 之间的相互作用,可以利用 DNA 生物传感器监测环境中的重金属含量。Wang 等人[94]基于金纳米粒子(Au NPs)对 ssDNA 和 dsDNA 吸附能力的不同进行 Hg^{2+}的测定。在 0.1 mol/L 氯化钠溶液中,富含 T 碱基保护的 Au NPs 呈现酒红色。加入 Hg^{2+}后,Hg^{2+}与 DNA 结合形成 T-Hg^{2+}-T 调控的发卡结构,失去对 Au NPs 的保护作用,溶液变成蓝色,基于此实现了对 Hg^{2+}的可视化检测。Xue 等人[95]利用两种巯基修饰的富含 T 碱基的 DNA 探针(A,B),经自组装修饰到 Au NPs 表面。此时,即便存在除 T 碱基外均能与 A,B 互补的 C 序列,也不会发生碱基互补配对,使 Au NPs 变色。加入 Hg^{2+}后,Hg^{2+}与 DNA 结合形成 T-Hg^{2+}-T 结构,C 便可以与 A,B 配对,拉近了纳米粒子间的距离,溶液由红色变为蓝色。Han 等人[96]将 3′端修饰巯基和 5′端标记二茂铁的富含 T 碱基的 DNA 自组装在金电极表面,此时,Fe 距电极较远,电子转移困难,加入 Hg^{2+}后,Hg^{2+}与 DNA 结合形成 T-Hg^{2+}-T 调控的发卡结构,使得二茂铁靠近电极表面,产生较大的电化学信号,实现对 Hg^{2+}的检测,检测限为 0.1 μmol/L。Chan 等人[97]制备合成了 Pt(Ⅱ)配合物,该物质与 5′-T_{33}-3′的作用力较弱,此时 DNA 单链处于无规则线团状态。受配合物-溶剂作用的影响,激发态的 Pt(Ⅱ)配合物的磷光被淬灭。加入 Hg^{2+}后,Hg^{2+}与 DNA 结合形成 T-Hg^{2+}-T 调控的发卡结构,Pt(Ⅱ)配合物嵌插进双螺旋结构中,产生化学发光信号实现对 Hg^{2+}的检测,该方法对 Hg^{2+}的检测限为 71 nmol/L。

G-四链体是 DNA 的二级结构,由富含鸟嘌呤(G)序列的 DNA 通过胡斯坦(Hoogsteen)氢键连接而成。G-四链体的基本结构单位是 G-四分体,如图 3.5 所示,在每个四分体的中心有一个由 4 个带负电荷的羧基氧原子通过 Hoogsteen 氢键连接围成的"口袋",通过 G-四分体的堆积形成分子内或分子间的 G-四链体。

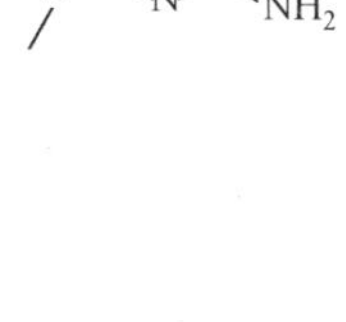

(a) 鸟嘌呤 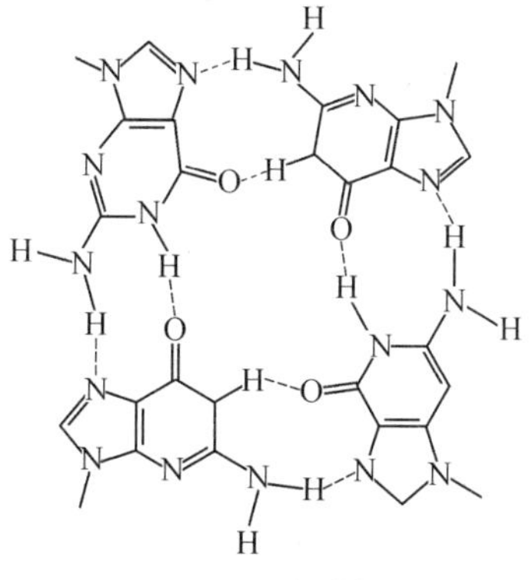　　(b) G-四分体

图 3.5　鸟嘌呤和 G-四分体的结构

与 DNA 双螺旋结构相比,G-四链体有两个显著的特点:①它的稳定性取决于口袋内所结合的阳离子种类[98],如一价碱金属阳离子 K^+或 Na^+能稳定 G-四链体。近来发现,Pb^{2+},Ba^{2+}和 Sr^{2+}对 G-四链体的稳定作用更强,这可能是由于二价金属离子与四分体中 8 个羰基

氧原子的离子-偶极作用更强。②G-四链体的热力学和动力学性质比较稳定[99]。DNA 和 RNA 均可折叠形成 G-四链体结构。根据 G-四链体结构的分子特性及螺旋取向,它可分为 3 种类型:一种为含有鸟嘌呤重复序列的 4 个 TTAGGG 单链所形成的分子间 G-四链体,另一种为富含 G 的单链重复亚单位自身折回,通过 G-G 碱基对形成发夹结构,然后两个来自不同染色体的发夹型结构相互结合形成 G-四链体,称为发夹型 G-四链体;第三种是具有 4 个或更长的鸟嘌呤重复序列自身折叠形成分子内 G-四链体结构。

基于金属离子可以诱导富含 G 碱基的 DNA 序列形成金属离子稳定的 G-四链体结构,进而产生构型变化,人们采用荧光、电化学、比色等检测方法实现了多种金属离子的检测。T30695DNA 序列可与 Pb^{2+} 形成 Pb^{2+} 稳定的分子内平行 G-四链体结构。Li 等人[100]将 T30695 分子与其互补链形成双螺旋结构,然后加入 Pb^{2+} 使双链解链形成 G-四链体。锌卟啉可嵌插在 G-四链体中,产生荧光,从而实现对 Pb^{2+} 的荧光信号检测。在该体系中加入螯合剂 1,4,7,10-四氮杂环十二烷-1,4,7,10-四乙酸(DOTA)后,DOTA 与 Pb^{2+} 形成螯合物,T30695 分子又与其互补链杂交回到初始状态。基于 G-四链体电化学检测金属离子时,可利用电流信号的变化或电化学交流阻抗的变化进行检测。Radi 等人[101]第一次利用 G-四链体制备了 K^+ 电化学传感器,检测限为 15 μmol/L。标记二茂铁的富含 G 碱基的 DNA 序列经 Au-S 相互作用,在金电极表面形成自组装单层。此时,DNA 处于伸展状态,电子转移困难,二茂铁电信号较小,加入 K^+ 后,DNA 折叠形成 G-四链体结构后,G-四链体使得二茂铁靠近金电极表面,产生较大的电化学信号。Lin 等人[102]将富含 G 碱基的发夹 DNA 固定在金电极表面,加入 Pb^{2+} 诱导发夹 DNA 形成 G-四链体结构,通过检测修饰电极阻抗值的变化,达到检测 Pb^{2+} 的目的,检测限为 0.5 nmol/L。基于 G-四链体构筑比色传感器,可利用 Au NPs 作为敏感基元,根据单链及 G-四链体对 Au NPs 结合能力不同,对加入电解质引发纳米粒子聚集的抵抗能力不同来实现;也可利用 G-四链体结合氯化血红霉素(Hemin)形成 HRP 模拟酶,在过氧化氢存在的条件下,催化氧化无色的 2,2′-连氮基-双-(3-乙基苯并二氢噻唑林-6-磺酸)(ABTS)生成蓝绿色物质来实现。G-四链体 PS2. M (18-nucleotide sequence, 5′-GTGGGTAGGGCGGGTTGG-3′)结合 Hemin 后形成 G-四链体 DNAzyme,在 K^+ 存在时,K^+ 稳定的 PS2. M 催化 ABTS 的氧化反应和鲁米诺的化学发光。加入 Pb^{2+} 后,K^+ 稳定的 PS2. M 转化为 Pb^{2+} 稳定的 PS2. M,该 G-四链体结构更加紧密,使得催化活性显著增强,颜色和化学发光信号增大[103]。

3.2.5 其他

DNA 生物传感器除了在基因检测诊断、药物机理分析、DNA 损伤研究及环境监测方面有一定的应用外,在其他领域也有很多应用。Wang 等人[104]将合成的寡核苷酸直接固定于丝网印刷电极表面,可用于检测大肠杆菌。Evtugyn 等人[105]将 DNA 与酶同时固定于石墨丝网印刷电极上,可实现对人体内红斑狼疮与支气管哮喘的 DNA 抗体检测。

3.3 肽核酸 PNA

肽核酸(Peptide nucleic acids, PNA)是具有类多肽骨架的 DNA 类似物,是丹麦有机化学家 Buchardt 和生物学家 Nielsen 于 20 世纪 80 年代开始潜心研究的一种新的核酸序列特异性试剂[106]。它是在第一代、第二代反义寡核苷酸的基础上,通过计算机设计构建并最终人工合成的第三代反义试剂,是一种全新的 DNA 类似物,该物质以中性的肽链酰胺 2-氨基乙基甘氨酸键取代了 DNA 中的戊糖磷酸二酯键,其余的结构与 DNA 相同。PNA 可以通过沃森-克里克碱基配对的形式识别并结合 DNA 或 RNA 序列,形成稳定的双螺旋结构。PNA 由于自身的特点可以对 DNA 复制、基因转录、翻译等进行有针对地调控,同时作为杂交探针大大提高了遗传学检测的效率和灵敏度。肽核酸特异性地识别和结合互补核酸序列的性质使其可以用于医药和生物学的研究。其独特的生化属性,使其成为探索基因奥秘的有力工具。

由于 PNA 不带负电荷,与 DNA 和 RNA 之间不存在静电斥力,因而结合的稳定性和特异性都大为提高;不同于 DNA 或 DNA、RNA 间的杂交,PNA 与 DNA 或 RNA 的杂交几乎不受杂交体系盐浓度影响,与 DNA 或 RNA 分子的杂交能力远优于 DNA/DNA 或 DNA/RNA 的杂交能力。PNA 同时具有很高的杂交稳定性和优良的特异序列识别能力,而且结合产物不仅可以不被核酸酶和蛋白酶水解,还可以与配基相连共转染进入细胞。这些都是其他寡核苷酸所不具备的优点。鉴于 PNA 具有上述诸多 DNA 分子所不具备的优点,近 10 年来,人们为其在许多高科技领域找到了用途。

肽核酸与 DNA/RNA 主要有以下 4 种结合方式:

(1)标准的多聚嘌呤 PNA 入侵双链 DNA。

(2)PNA 双重双链入侵,形成稳定的复合物,但只能发生在含有修饰碱基的 PNA 分子上。

(3)传统的三链结构,由富含胞嘧啶和多聚嘧啶 PNA 与互补的多聚嘌呤 DNA 靶标结合。

(4)稳定的三链体入侵复合物,导致右侧被取代的 DNA 单链形成 D 环结构。

根据 PNA 的代谢稳定性,主要将其用于抑制基因表达的反义药物研究领域。国外几家制药及生物技术公司(如 ISIS,PE 等)均投入大量精力从事这方面的开发和研究。根据 PNA 与 DNA 优良的杂交稳定性,PNA 又被广泛用于对 DNA 分子的识别和操纵。PNA 也可以广泛用于病原体、遗传病检测中的分子杂交、原位杂交、突变分析、抗癌、抗病毒反义核酸的研究和应用。尤其是应用 PNA 取代寡核苷酸制备基因芯片时,PNA 芯片显示出比普通基因芯片更高的稳定性,特异性也更好,可以说是基因芯片的升级产品。PNA 还可以用于定量的 PCR 实验,实时检测 PCR 的扩增反应;还可以将其做成 PNA 信标,用于实时监测细胞内的 RNA 表达。随着 PNA 基础研究的不断深入和新技术的不断出现,PNA 将显示出无比优越的性能和更为广阔的应用前景。

PNA 的应用可分为 4 个主要方面:作为反义药物进行反义基因治疗,作为分子生物学和功能基因组学的工具,作为诊断和治疗的探针以及作为生物传感器的探针。PNA 优越的配对特性和生物学稳定性意味着在治疗中用少量的 PNA 试剂就会取得显著效果。PNA 的三链体嵌入能力显示出了它作为抗原材料的潜力。作为第三代反义试剂,诸多实验数据显示出 PNA 良好的体内和体外反应效果。PNA 的配对性能可以在探测靶标序列中提供更明确、更灵敏和更准确的结果。几乎所有的商业化的 PNA 产品都是探测基因疾病和/或病毒或细菌感染的探针。PNA 探针即使在低浓度时也能够有效地应用于荧光素原位杂交(FISH)技术中,同时 PNA 探针在基于 PCR 钳制定位的单核苷酸多形性(Single nucleotide polymorphism, SNP)探测中也得到了成功的应用。PNA 可以在生物传感器技术中作为分子探针。以 PNA 为基础的分子探针可直接应用于双链 DNA 的检测,而不必像 DNA 探针那样必须先变性成单链后才能进行杂交，因此有望实现临床标本的无标记检测。事实上，PNA 芯片的出现已经展示出其在芯片技术中的应用价值。

PNA 芯片的合成方法包括点样法和原位合成法两种。采用点样法需要对合成的 PNA 分子进行大量的高效液相色谱（HPLC）纯化，且芯片的密度受制于点样设备的控制精度，很难用于合成高密度的 PNA 芯片。而采用原位法合成 PNA 芯片，则可以同时实现大量探针的合成，进而节省试剂、降低成本[107,108]。基于光导向的原位合成法是当今制备高密度芯片最为成功的方法之一[109-111]。

光导向原位合成 PNA 芯片的主要制备流程为循环若干次的光脱保护反应、偶联反应及盖帽反应。若采用光导向原位合成法制备 PNA 芯片，需要加入一个单体预活化处理的步骤，而现有的仪器系统不能满足 PNA 芯片合成的需求。韩国首尔大学的研究团队利用其自主研发的虚拟掩模阵列合成系统，成功通过光导向原位合成了具有 256 个位点的 PNA 阵列。该系统由紫外光源、微镜片阵列（Micromirror array，MMA）及微流体反应池组成。其核心部件为一个程序可控制的微镜片阵列，该阵列集成了 256 个大小为 210 μm 的反射镜片（如图 3.6 所示）。通过控制反射镜片的偏转角，使紫外光选择性地反射到芯片表面，当芯片表面特定位点暴露在紫外光下时，可实现空间定位的光脱保护反应，并通过流体系统将单体溶液输送到芯片表面进行偶联反应。循环上述过程，最终合成了位点数量与微镜片数量一致的 PNA 阵列[112-114]。Cerrina 等人[115]利用先进的数学光学处理（DLP）技术，成功合成了密度高达数十万以上的 PNA 芯片。

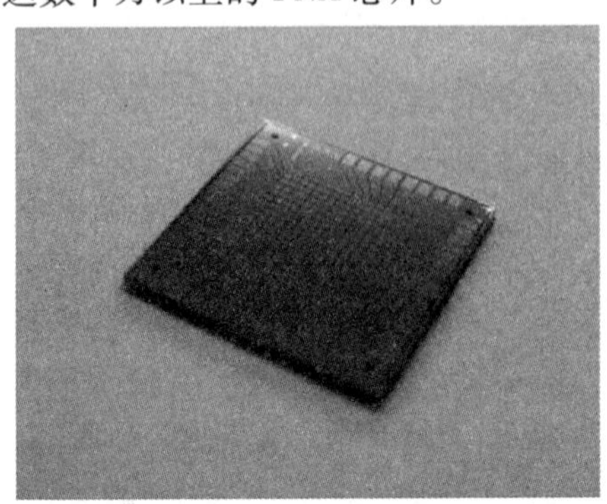

(a) 单晶硅MMA

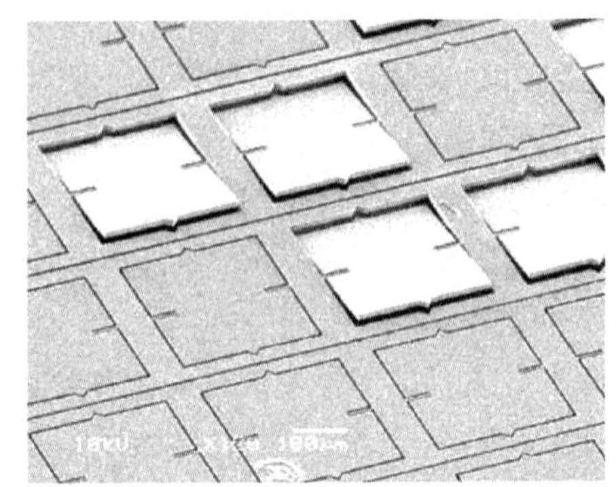

(b) 放大后的MMA

图 3.6　单晶硅 MMA（16×16 镜片）和放大后的 MMA（210 μm×210 μm）[113]

国际上从事 PNA 芯片制备研究比较活跃的国家有德国和韩国等。德国癌症研究所是世界上第一个从事 PNA 芯片研究的机构，通过原位点样合成法把大约 1 000 个 PNA 探针合成于 8×10 cm^2 的芯片上。韩国的帕纳锦社成立于 2001 年，着重于 PNA 聚合体的合成和制备以及 PNA 阵列在诊断学上的应用。Hoheisel 等人[116]已经把点样合成技术（SPOT synthesis）应用于 PNA 芯片制备。他们采用 Fmoc（9-Fluorenylmethyloxycarbonyl，9-芴甲氧羰基）化学，在多孔膜表面以及硅片、玻璃表面实现了低密度 PNA 阵列的合成。采用 Fmoc 或 Boc（tert-butyloxycarbonyl，叔丁氧羰基）保护的 PNA 化学，很难实现高密度 PNA 芯片的原位合成。正如前文所述，光脱保护法制备高密度 PNA 芯片是最为现实的一种方法。光脱保护法最先应用于多肽芯片的合成，并成功应用于 DNA 芯片的制备，是当今制备高密度芯片最为成功的方法之一。

3.4 本章小结

本章介绍了利用吸附法、共价键合法、自组装膜法、亲和法及聚合法等方法将DNA分子修饰在电极上，制备各种DNA生物传感器，以及其在基因检测诊断、药物机理分析、DNA损伤研究及环境监测等方面的应用。最后还简单介绍了PNA相对于DNA的优势及目前的应用现状。

参考文献

[1] PALECEK E, JELEN F, TEIJEIRO C, et al. Biopolymer-modified electrodes in the voltammetric determination of nucleic-acids and proteins at the submicrogram level [J]. Analytica Chimica Acta, 1993, 273(1-2): 175-186.

[2] WANG L R, QU N, GUO L H. Electrochemical displacement method for the investigation of the binding interaction of polycyclic organic compounds with DNA [J]. Analytical Chemistry, 2008, 80(10): 3910-3914.

[3] HUANG R F, WANG L R, GUO L H. Highly sensitive electrochemiluminescence displacement method for the study of DNA/small molecule binding interactions [J]. Analytica Chimica Acta, 2010, 676(1-2): 41-45.

[4] JIA S P, ZHU B Z, GUO L H. Detection and mechanistic investigation of halogenated benzoquinone induced DNA damage by photoelectrochemical DNA sensor [J]. Analytical and Bioanalytical Chemistry, 2010, 397(6): 2395-2400.

[5] ZHANG W, YANG T, JIANG C, et al. DNA hybridization and phosphinothricin acetyltransferase gene sequence detection based on zirconia/nanogold film modified electrode [J]. Applied Surface Science, 2008, 254(15): 4750-4756.

[6] ENSAFI A A, REZAEI B, AMINI M, et al. A novel sensitive DNA-biosensor for detection of a carcinogen, Sudan II, using electrochemically treated pencil graphite electrode by voltammetric methods [J]. Talanta, 2012, 88:244-251.

[7] 邓成华, 沈满华, 赵成学. 基因芯片制作中寡核苷酸共价固定方法研究进展 [J]. 有机化学, 2002, 22(12): 943-950.

[8] KERMAN K, OZKAN D, KARA P, et al. Voltammetric determination of DNA hybridization using methylene blue and self-assembled alkanethiol monolayer on gold electrodes [J]. Analytica Chimica Acta, 2002, 462(1): 39-47.

[9] LI F, CHEN W, ZHANG S S. Development of DNA electrochemical biosensor based on covalent immobilization of probe DNA by direct coupling of sol-gel and self-assembly technologies [J]. Biosensors & Bioelectronics, 2008, 24(4): 781-786.

[10] WONG E L S, CHOW E, GOODING J J. DNA recognition interfaces: the influence of interfacial design on the efficiency and kinetics of hybridization [J]. Langmuir, 2005, 21(15): 6957-6965.

[11] GOODING J J. Electrochemical DNA hyhridization biosensors [J]. Electroanalysis, 2002, 14(17): 1149-1156.

[12] WATTERSON J, PIUNNO P A E, KRULL U J. Practical physical aspects of interfacial nucleic acid oligomer hybridisation for biosensor design [J]. Analytica Chimica Acta, 2002, 469(1): 115-127.

[13] HWANG S, KIM E, KWAK J. Electrochemical detection of DNA hybridization using biometallization [J]. Analytical Chemistry, 2005, 77(2): 579-584.

[14] WATTS H J, YEUNG D, PARKES H. Real-time detection and quantification of dna hybridization by an optical biosensor [J]. Analytical Chemistry, 1995, 67(23): 4283-4289.

[15] CARUSO F, RODDA E, FURLONG D F, et al. Quartz crystal microbalance study of DNA immobilization and hybridization for nucleic acid sensor development [J]. Analytical Chemistry, 1997, 69(11): 2043-2049.

[16] PEREIRA S O, TRINDADE T, BARROS-TIMMONS A. Biotinylation of optically responsive gold/polyelectrolyte nanostructures[J]. Gold Bulletin, 2005, 48(1): 3-11.

[17] HORAKOVA-BRAZDILOVA P, FOJTOVA M, VYTRAS K, et al. Enzyme-linked electrochemical detection of PCR-amplified nucleotide sequences using disposable screen-printed sensors. applications in gene expression monitoring [J]. Sensors, 2008, 8(1): 193-210.

[18] QIN C, CHEN C, XIE Q J, et al. Amperometric enzyme electrodes of glucose and lactate based on poly (diallyldimethylammonium)-alginate-metal ion-enzyme biocomposites [J]. Analytica Chimica Acta, 2012, 720:49-56.

[19] HERNANDEZ L A, DEL V M A, ARMIJO F. Electrosynthesis and characterization of nanostructured polyquinone for use in detection and quantification of naturally occurting dsDNA[J]. Biosens Bioelectron, 2016, 79:280-287.

[20] FANG Y X, ZHANG D, QIN X, et al. A non-enzymatic hydrogen peroxide sensor based on poly(vinyl alcohol)-multiwalled carbon nanotubes-platinum nanoparticles hybrids modified glassy carbon electrode [J]. Electrochimica Acta, 2012, 70:266-271.

[21] ELAHI M Y, BATHAIE S Z, KAZEMI S H, et al. DNA immobilization on a polypyrrole nanofiber modified electrode and its interaction with salicylic acid/aspirin [J]. Analytical Biochemistry, 2011, 411(2): 176-184.

[22] YANO J, KOHNO T, KITANI A. Polyaniline-DNA microsphere formation by simple electropolymerization [J]. Journal of Solid State Electrochemistry, 2009, 13(9): 1441-1447.

[23] LI X, WAN M X, LI X N, et al. The role of DNA in PANI-DNA hybrid: template and dopant [J]. Polymer, 2009, 50(19): 4529-4534.

[24] YANG J, WANG X L, SHI H Q. An electrochemical DNA biosensor for highly sensitive detection of phosphinothricin acetyltransferase gene sequence based on polyaniline-(mesoporous nanozirconia)/poly-tyrosine film [J]. Sensors and Actuators B-Chemical, 2012, 162(1): 178-183.

[25] QIU Y Y, FAN H, LIU X, et al. Electrochemical detection of DNA damage induced by in situ generated bisphenol a radicals through electro-oxidation [J]. Microchimica Acta,

2010, 171(3-4): 363-369.

[26] 程力惠, 刘仲明. DNA 电化学传感器的研究进展及应用前景 [J]. 生命的化学, 2002, 22(6): 575-577.

[27] YE Y K, ZHAO J H, YAN F, et al. Electrochemical behavior and detection of hepatitis B virus DNA PCR production at gold electrode [J]. Biosensors & Bioelectronics, 2003, 18 (12): 1501-1508.

[28] MERIC B, KERMAN K, OZKAN D, et al. Electrochemical DNA biosensor for the detection of TT and hepatitis B virus from PCR amplified real samples by using methylene blue [J]. Talanta, 2002, 56(5): 837-846.

[29] ZHENG J, CHEN C, WANG X, et al. A sequence-specific DNA sensor for hepatitis B virus diagnostics based on the host-guest recognition[J]. Sensors and Actuators B: Chemical, 2014, 199: 168-174.

[30] HASHIMOTO K, ITO K, ISHIMORI Y. Microfabricated disposable DNA sensor for detection of hepatitis B virus DNA [J]. Sensors and Actuators B-Chemical, 1998, 46(3): 220-225.

[31] WANG J, RIVAS G, CAI X H, et al. Accumulation and trace measurements of phenothiazine drugs at DNA-modified electrodes [J]. Analytica Chimica Acta, 1996, 332(2-3): 139-144.

[32] BRABEC V. DNA sensor for the determination of antitumor platinum compounds [J]. Electrochimica Acta, 2000, 45(18): 2929-2932.

[33] PALECEK E, FOJTA M, TOMSCHIK M, et al. Electrochemical biosensors for DNA hybridization and DNA damage [J]. Biosensors & Bioelectronics, 1998, 13(6): 621-628.

[34] KUZIN Y, PORFIREVA A, STEPANOVA V, et al. Impedimetric detection of DNA damage with the sensor based on silver nanoparticles and neutral red[J]. Electroanal, 2015, 27 (12): 2800-2808.

[35] WANG J, RIVAS G, CAI X, et al. DNA electrochemical biosensors for environmental monitoring. a review [J]. Analytica Chimica Acta, 1997, 347(1-2): 1-8.

[36] MAZHABI R M, ARVAND M. Disposable electrochemical DNA biosensor for environmental monitoring of toxicant 2-aminoanthracene in the presence of chlorine in real samples[J]. Journal of chemical Sciences, 2014, 126(4): 1031-1037.

[37] SUN H, CHOY T S, ZHU D R, et al. Nano-silver-modified PQC/DNA biosensor for detecting *E. coli* in environmental water[J]. Biosens Bioelectron, 2009, 24(5): 1405-1410.

[38] DARBHA G K, RAI U S, SINGH A K, et al. Gold-nanorod-based sensing of sequence specific HIV-1 virus DNA by using hyper-Rayleigh scattering spectroscopy [J]. Chemistry-A European Journal, 2008, 14(13): 3896-3903.

[39] YE T, LIU Y F, LUO M, et al. Metal-organic framework-based molecular beacons for multiplexed DNA detection by synchronous fluorescence analysis [J]. Analyst, 2014, 139 (7): 1721-1725.

[40] OLIVIER M, EELES R, HOLLSTEIN M, et al. The IARC TP53 database: new Online mu-

tation analysis and recommendations to users [J]. Human Mutation, 2002, 19(6): 607-614.
[41] FAYAZFAR H, AFSHAR A, DOLATI M, et al. DNA impedance biosensor for detection of cancer, TP53 gene mutation, based on gold nanoparticles/aligned carbon nanotubes modified electrode [J]. Analytica Chimica Acta, 2014, 836:34-44.
[42] MA K, CUI Q H, LIU G Y, et al. DNA abasic site-directed formation of fluorescent silver nanoclusters for selective nucleobase recognition [J]. Nanotechnology, 2011, 22(30): 305502.
[43] QIU S Y, LI X H, XIONG W M, et al. A novel fluorescent sensor for mutational p53 DNA sequence detection based on click chemistry [J]. Biosensors & Bioelectronics, 2013, 41: 403-408.
[44] ALTINTAS Z, TOTHILL I E. DNA-based biosensor platforms for the detection of TP53 mutation [J]. Sensors and Actuators B-Chemical, 2012, 169:188-194.
[45] WANG Z J, YANG Y H, LENG K L, et al. A sequence-selective electrochemical DNA biosensor based on HRP-labeled probe for colorectal cancer DNA detection [J]. Analytical Letters, 2008, 41(1): 24-35.
[46] LIGAJ M, TICHONIUK M, GWIAZDOWSKA D, et al. Electrochemical DNA biosensor for the detection of pathogenic bacteria *Aeromonas hydrophila* [J]. Electrochimica Acta, 2014, 128:67-74.
[47] GUO W W, YUAN J P, DONG Q Z, et al. Highly sequence-dependent formation of fluorescent silver nanoclusters in hybridized dna duplexes for single nucleotide mutation identification [J]. Journal of the American Chemical Society, 2010, 132(3): 932-934.
[48] WANG Y X, NI Y N, KOKOT S. Voltammetric behavior of complexation of salbutamol with calf thymus DNA and its analytical application [J]. Analytical Biochemistry, 2011, 419(2): 76-80.
[49] RAUF S, NAWAZ H, AKHTAR K, et al. Studies on sildenafil citrate (viagra) interaction with DNA using electrochemical DNA biosensor [J]. Biosensors & Bioelectronics, 2007, 22(11): 2471-2477.
[50] ZHU L M, LUO L Q, WANG Z X. DNA electrochemical biosensor based on thionine-graphene nanocomposite [J]. Biosensors & Bioelectronics, 2012, 35(1): 507-511.
[51] LOPES I C, OLIVEIRA S C B, OLIVEIRA-BRETT A M. In situ electrochemical evaluation of anticancer drug temozolomide and its metabolites-DNA interaction [J]. Analytical and Bioanalytical Chemistry, 2013, 405(11): 3783-3790.
[52] YANG Z S, ZHAO J, ZHANG D P, et al. Electrochemical determination of trace promethazine hydrochloride by a pretreated glassy carbon electrode modified with DNA [J]. Analytical Sciences, 2007, 23(5): 569-572.
[53] MEHDINIA A, KAZEMI S H, BATHAIE S Z, et al. Electrochemical studies of DNA immobilization onto the azide-terminated monolayers and its interaction with taxol [J]. Analytical Biochemistry, 2008, 375(2): 331-338.

[54] LUZI E, MINUNNI M, TOMBELLI S, et al. New trends in affinity sensing: aptamers for ligand binding [J]. Trac-Trends in Analytical Chemistry, 2003, 22(11): 810-818.
[55] HEYDUK E, HEYDUK T. Nucleic acid-based fluorescence sensors for detecting proteins [J]. Analytical Chemistry, 2005, 77(4): 1147-1156.
[56] POTYRAILO R A, CONRAD R C, ELLINGTON A D, et al. Adapting selected nucleic acid ligands (aptamers) to biosensors [J]. Analytical Chemistry, 1998, 70(16): 3419-3425.
[57] KAWAKAMI J, IMANAKA H, YOKOTA Y, et al. In vitro selection of aptamers that act with Zn^{2+} [J]. Journal of Inorganic Biochemistry, 2000, 82(1-4): 197-206.
[58] BOCK L C, GRIFFIN L C, LATHAM J A, et al. Selection of single-stranded-DNA molecules that bind and inhibit human thrombin [J]. Nature, 1992, 355(6360): 564-566.
[59] WU Q Y, TSIANG M, SADLER J E. Localization of the single-stranded-DNA binding-site in the thrombin anion-binding exosite [J]. Journal of Biological Chemistry, 1992, 267(34): 24408-24412.
[60] HAMAGUCHI N, ELLINGTON A, STANTON M. Aptamer beacons for the direct detection of proteins [J]. Analytical Biochemistry, 2001, 294(2): 126-131.
[61] HO H A, LECLERC M. Optical sensors based on hybrid aptamer/conjugated polymer complexes [J]. Journal of the American Chemical Society, 2004, 126(5): 1384-1387.
[62] STOJANOVIC M N, DE PRADA P, LANDRY D W. Aptamer-based folding fluorescent sensor for cocaine [J]. Journal of the American Chemical Society, 2001, 123(21): 4928-4931.
[63] HE J L, WU Z S, ZHOU H, et al. Fluorescence aptameric sensor for strand displacement amplification detection of cocaine [J]. Analytical Chemistry, 2010, 82(4): 1358-1364.
[64] SHENG L F, REN J T, MIAO Y Q, et al. PVP-coated graphene oxide for selective determination of ochratoxin a via quenching fluorescence of free aptamer [J]. Biosensors & Bioelectronics, 2011, 26(8): 3494-3499.
[65] MALASHIKHINA N, PAVLOV V. DNA-decorated nanoparticles as nanosensors for rapid detection of ascorbic acid [J]. Biosensors & Bioelectronics, 2012, 33(1): 241-246.
[66] HLAVATA L, BENIKOVA K, VYSKOCIL V, et al. Evaluation of damage to DNA induced by UV-C radiation and chemical agents using electrochemical biosensor based on low molecular weight DNA and screen-printed carbon electrode [J]. Electrochimica Acta, 2012, 71: 134-139.
[67] LONG S, TIAN Y F, CAO Z, et al. Detection of double stranded DNA and its damage by liquiritigenin with copper (II) on multi-walled carbon nanotubes [J]. Sensors and Actuators B-Chemical, 2012, 166:223-230.
[68] OLIVEIRA-BRETT A M, VIVAN M, FERNANDES I R, et al. Electrochemical detection of in situ adriamycin oxidative damage to DNA [J]. Talanta, 2002, 56(5): 959-970.
[69] ZU Y, HU N F. Electrochemical detection of DNA damage induced by in situ generated styrene oxide through enzyme reactions [J]. Electrochemistry Communications, 2009, 11

(10): 2068-2070.

[70] QIU Y Y, QU X J, DONG J, et al. Electrochemical detection of DNA damage induced by acrylamide and its metabolite at the graphene-ionic liquid-Nafion modified pyrolytic graphite electrode [J]. Journal of Hazardous Materials, 2011, 190(1-3): 480-485.

[71] KARA P, OZKAN D, KERMAN K, et al. DNA sensing on glassy carbon electrodes by using hemin as the electrochemical hybridization label [J]. Analytical and Bioanalytical Chemistry, 2002, 373(8): 710-716.

[72] VYSKOCIL V, LABUDA J, BAREK J. Voltammetric detection of damage to DNA caused by nitro derivatives of fluorene using an electrochemical DNA biosensor [J]. Analytical and Bioanalytical Chemistry, 2010, 397(1): 233-241.

[73] ABREU F C, GOULART M O F, BRETT A M O. Detection of the damage caused to DNA by niclosamide using an electrochemical DNA-biosensor [J]. Biosensors & Bioelectronics, 2002, 17(11-12): 913-919.

[74] DU M, YANG T, JIAO K. Carbon nanotubes/(pLys/dsDNA)(n) layer-by-layer multilayer films for electrochemical studies of DNA damage [J]. Journal of Solid State Electrochemistry, 2010, 14(12): 2261-2266.

[75] ZHANG B T, GUO L H, GREENBERG M M. Quantification of 8-oxodGuo lesions in double-stranded DNA using a photoelectrochemical DNA sensor [J]. Analytical Chemistry, 2012, 84(14): 6048-6053.

[76] 孙星炎, 徐春. DNA 电化学传感器在 DNA 损伤研究中的应用 [J]. 高等学校化学学报, 1998, 19(9): 1393-1396.

[77] PONTINHA A D R, SPARAPANI S, NEIDLE S, et al. Triazole-acridine conjugates: redox mechanisms and in situ electrochemical evaluation of interaction with double-stranded DNA [J]. Bioelectrochemistry, 2013, 89:50-56.

[78] OLIVEIRA S C B, CORDUNEANU O, OLIVEIRA-BRETT A M. In situ evaluation of heavy metal-DNA interactions using an electrochemical DNA biosensor [J]. Bioelectrochemistry, 2008, 72(1): 53-58.

[79] WU L L, WANG Z, ZHAO S N, et al. A metal-organic framework/DNA hybrid system as a novel fluorescent biosensor for mercury(Ⅱ) ion detection[J]. Chemistry, 2016,22(2): 477-480.

[80] ZHANG J, TANG Y, TENG L. et al. Low-cost and highly efficient DNA biosenser for heavy metal ion using spectic DNA zyme-modified microplate and portable glucometer-based detection mode[J]. Biosens Bioelectron, 2015, 68:232-238.

[81] LONG F, ZHU A, SHI H, et al. Rapid on-site/in-situ detection of heavy metal ions in environmental water using a structure-switching DNA optical biosensor[J]. Scientific Reports, 2013, 3:2038.

[82] MARRAZZA G, CHIANELLA I, MASCINI M. Disposable DNA electrochemical biosensors for environmental monitoring [J]. Analytica Chimica Acta, 1999, 387(3): 297-307.

[83] CASTANEDA M T, MERKOCI A, PUMERA M, et al. Electrochemical genosensors for bio-

medical applications based on gold nanoparticles [J]. Biosensors & Bioelectronics, 2007, 22(9-10): 1961-1967.

[84] CHENG S P. Heavy metal pollution in China: origin, pattern and control [J]. Environmental Science and Pollution Research, 2003, 10(3): 192-198.

[85] NAKANISHI Y, SUMITA M, YUMITA K, et al. Heavy-metal pollution and its state in algae in Kakehashi river and Godani river at the foot of Ogoya mine, ishikawa prefecture [J]. Analytical Sciences, 2004, 20(1): 73-78.

[86] SHPARYK Y S, PARPAN V I. Heavy metal pollution and forest health in the Ukrainian Carpathians[J]. Environmental Pollution, 2004, 130(1): 55-63.

[87] GLASBY G P, SZEFER P, GELDON J, et al. Heavy-metal pollution of sediments from Szczecin Lagoon and the Gdansk Basin, Poland [J]. Science of the Total Environment, 2004, 330(1-3): 249-269.

[88] FRANCA S, VINAGRE C, CACADOR I, et al. Heavy metal concentrations in sediment, benthic invertebrates and fish in three salt marsh areas subjected to different pollution loads in the Tagus Estuary (Portugal)[J]. Marine Pollution Bulletin, 2005, 50(9): 998-1003.

[89] SORVARI J, RANTALA L M, RANTALA M J, et al. Heavy metal pollution disturbs immune response in wild ant populations [J]. Environmental Pollution, 2007, 145(1): 324-328.

[90] WETTIG S D, WOOD D O, LEE J S. Thermodynamic investigation of M-DNA: a novel metal ion-DNA complex [J]. Journal of Inorganic Biochemistry, 2003, 94(1-2): 94-99.

[91] EGLI M. DNA-cation interactions: quo vadis? [J]. Chemistry & Biology, 2002, 9(3): 277-286.

[92] HUD N V, POLAK M. DNA-cation interactions: the major and minor grooves are flexible ionophores [J]. Current Opinion in Structural Biology, 2001, 11(3): 293-301.

[93] SCHLIEPE J, BERGHOFF U, LIPPERT B, et al. Automated solid phase synthesis of platinated oligonucleotides via nucleoside phosphonates [J]. Angewandte Chemie-International Edition in English, 1996, 35(6): 646-648.

[94] WANG H, WANG Y X, JIN J Y, et al. Gold nanoparticle-based colorimetric and "turn-on" fluorescent probe for mercury (Ⅱ) ions in aqueous solution [J]. Analytical Chemistry, 2008, 80(23): 9021-9028.

[95] XUE X J, WANG F, LIU X G. One-step, room temperature, colorimetric detection of mercury (Hg^{2+}) using DNA/nanoparticle conjugates [J]. Journal of the American Chemical Society, 2008, 130(11): 3244-3245.

[96] HAN D, KIM Y R, OH J W, et al. A regenerative electrochemical sensor based on oligonucleotide for the selective determination of mercury(II) [J]. Analyst, 2009, 134(9): 1857-1862.

[97] CHAN D S H, LEE H M, CHE C M, et al. A selective oligonucleotide-based luminescent switch-on probe for the detection of nanomolar mercury(II) ion in aqueous solution [J]. Chemical Communications, 2009, 48: 7479-7481.

[98] HARDIN C C, PERRY A G, WHITE K. Thermodynamic and kinetic characterization of the dissociation and assembly of quadruplex nucleic acids [J]. Biopolymers, 2001, 56(3): 147-194.

[99] XUE Y, LIU J Q, ZHENG K W, et al. Kinetic and thermodynamic control of G-quadruplex folding[J]. Angewandte Chemie International Edition, 2011, 50(35):8046-8050.

[100] LI T, DONG S J, WANG E K. A lead (II)-driven DNA molecular device for turn-on fluorescence detection of lead (II) ion with high selectivity and sensitivity [J]. Journal of the American Chemical Society, 2010, 132(38): 13156-13157.

[101] RADI A E, O'SULLIVAN C K. Aptamer conformational switch as sensitive electrochemical biosensor for potassium ion recognition [J]. Chemical Communications, 2006, 32: 3432-3434.

[102] LIN Z Z, CHEN Y, LI X H, et al. Pb^{2+} induced DNA conformational switch from hairpin to G-quadruplex: electrochemical detection of Pb^{2+}[J]. Analyst, 2011, 136(11): 2367-2372.

[103] LI T, WANG E, DONG S. Potassium-lead-switched G-Quadruplexes: a new class of DNA logic gates [J]. J. Am. Chem. Soc., 2009, 131(42): 15082-15083.

[104] WANG J, RIVAS G, CAI X H. Screen-printed electrochemical hybridization biosensor for the detection of DNA sequences from the *E. coli* pathogen [J]. Electroanalysis, 1997, 9(5): 395-398.

[105] EVTUGYN G, MINGALEVA A, BUDNIKOV H, et al. Affinity biosensors based on disposable screen-printed electrodes modified with DNA [J]. Analytica Chimica Acta, 2003, 479(2): 125-134.

[106] NIELSEN P E, EGHOLM M, BERG R H, et al. Sequence-selective recognition of DNA by strand displacement with a thymine-substituted polyamide [J]. Science, 1991, 254(5037): 1497-1500.

[107] JACOB A, BRANDT O, W RTZ S, et al. Production of PNA-arrays for nucleic acid detection [J]. Peptide Nucleic Acids: Protocols and Applications, 2003, 261-279.

[108] WEILER J, GAUSEPOHL H, HAUSER N, et al. Hybridisation based DNA screening on peptide nucleic acid (PNA) oligomer arrays [J]. Nucleic Acids Research, 1997, 25(14): 2792-2799.

[109] LIPSHUTZ R J, FODOR S P A, GINGERAS T R, et al. High density synthetic oligonucleotide arrays [J]. Nature Genetics, 1999, 21:20-24.

[110] SINGH G S, GREEN R D, YUE Y J, et al. Maskless fabrication of light-directed oligonucleotide microarrays using a digital micromirror array [J]. Nature Biotechnology, 1999, 17(10): 974-978.

[111] CERRINA F, BLATTNER F, HUANG W, et al. Biological lithography: development of a maskless microarray synthesizer for DNA chips [J]. Microelectronic Engineering, 2002, 61:33-40.

[112] LIU Z C, SHIN D S, SHOKOUHIMEHR M, et al. Light-directed synthesis of peptide nu-

cleic acids (PNAs) chips [J]. Biosensors & Bioelectronics, 2007, 22(12): 2891-2897.

[113] SHIN D S, LEE K N, YOO B W, et al. Automated maskless photolithography system for peptide microarray synthesis on a chip [J]. Journal of Combinatorial Chemistry, 2010, 12(4): 463-471.

[114] WU K Q, YANG F P, WANG H Y, et al. Peptide nucleic acids (DNAs) patterning by an automated microarray synthesis system through photolithography [J]. Journal of Nanoscience and Nanotechnology, 2013, 13(3): 2061-2067.

[115] CERRINA F, SUSSMAN M R, BLATTNER F R, et al. Method and apparatus for synthesis of arrays of DNA probes: U. S. Patent 06375903[P]. 2002-04-23.

[116] MATYSIAK S, REUTHNER F, HOHEISEL J D. Automating parallel peptide synthesis for the production of PNA library arrays [J]. Biotechniques, 2001, 31(4): 896-904.

第 4 章　生物功能化纳米粒子界面

结合纳米粒子自身特殊的性质,利用生物分子将其表面功能化,可使其具有生物靶向识别、化学及生物传感、靶向分离及药物靶向传输等特殊的功能[1]。生物功能化纳米粒子的发展将为生物分子相互作用的机理研究、生物传感、生物活性物质的分离与提纯、临床医学诊断和靶向药物治疗提供新的材料。

生物分子与纳米粒子通过静电作用、共价键作用、特异性识别和生化反应等方式结合[2]。通常可用于修饰纳米粒子的生物分子有:氨基酸、蛋白质、酶、抗体、抗原、DNA、寡核苷酸、寡核苷酸适配体、磷脂、药物分子,以及其他具有生物活性的小分子。

4.1　生物功能化纳米粒子界面的修饰方式

纳米粒子的生物分子修饰一直是科学家们研究的重点,下面主要介绍几种重要的修饰方式。

1. 静电吸附

静电吸附是生物分子与纳米粒子结合的最简单方式,适用于相对分子质量较小的维生素 C 或相对分子质量较大的蛋白质和酶等[3,4]。阴离子配体(柠檬酸,丙烯酸,酒石酸等)保护的纳米粒子通过静电吸附可使带正电的蛋白质或者酶修饰在纳米粒子表面。也可以通过静电作用层层组装进行多层修饰,使带负电的蛋白质吸附到纳米粒子表面。

2. 共价键修饰

硫醇分子可在贵金属纳米粒子表面形成共价键,利用这个反应可以实现纳米粒子表面的生物功能化。当生物分子本身含有巯基或者将生物分子修饰上巯基后,便可直接将其修饰到贵金属纳米粒子表面,形成生物功能化界面。也可以利用交联剂将含有氨基的生物分子修饰到含有羧基的纳米粒子表面。

3. 特异性亲和作用

特异性亲和作用是将受体-配体对中的一方修饰到纳米粒子表面,然后通过受体-配体之间的特异性亲和作用将另一方修饰到纳米粒子表面。比如将抗体修饰到纳米粒子表面后,便可将相应抗原修饰到纳米粒子表面。通过亲和作用使纳米粒子表面特异性功能化修饰的方式主要有两类:一类是将特异性配体与一般配体混合修饰到纳米粒子表面;另一类是通过共价键或非共价键的作用将纳米粒子表面配体进一步连接上特异性的配体。比如在纳米粒子表面通过氨基和羧基的反应接枝抗体、多肽等。

4. 利用细菌修饰

作为一种生物工程技术,利用细菌等生物体进行纳米粒子的生物功能化比传统化学方法具有更好的选择性和精确性,属于一种绿色化学工艺。例如,磁小体是趋磁细菌体内含有的对磁场敏感的纳米级磁性晶体颗粒,能够沿着磁力线运动[5]。磁小体可通过生物体内的生物化学反应，在粒子表面包裹上生物膜。包膜后的粒子水溶性好，不产生细胞毒性。膜上存在的大量生物活性基团使其具有极好的生物功能，无须再进行表面修饰，化学纯度高于人工合成的磁性纳米粒子，因此可作为新一代纳米磁性材料，在生物化学、材料工程、临床医药等许多领域将有良好的应用前景。

4.2　纳米粒子表面的生物功能化及其应用

不同材料在纳米尺度上有其特殊的性质。纳米材料的表面修饰是其应用于生物科学领域的前提。本部分主要介绍各种纳米材料表面生物功能化的方法及其在生物科学领域的应用。

4.2.1　贵金属纳米粒子

贵金属元素包括钌、铑、钯、银、锇、铱、铂和金。本节重点对金(Au)、钯(Pd)、铂(Pt)、银(Ag)等纳米颗粒表面的生物化学修饰及其应用进行详细介绍。

1. 金和银纳米粒子的表面修饰及应用

胶体金纳米粒子是研究最多和应用最广的贵金属纳米粒子之一。使用胶体金作为着色剂可以追溯到公元前 4 世纪。关于胶体金纳米粒子最早的科学论述出现在 17 世纪，该论述通过对中世纪制备胶体金方法的改进，拓展了其在医药方面的用途。20 世纪 90 年代发展的先进合成方法和现代表征技术奠定了现代金纳米粒子的研究基础。

纳米粒子具有小尺寸效应、表面效应和量子尺寸效应，但金纳米粒子最引人关注的性质是局域表面等离子体共振(Localized surface plasmon resonance，LSPR)效应[6]。金纳米粒子具有高度活跃的外层电子，当光(电磁)波辐射到粒径远小于其波长的金纳米粒子上时，产生的表面等离子体波被限域在纳米粒子附近，当入射光频率与自由电子振荡频率相当时则产生共振，这就是局域表面等离子体振效应。如图 4.1 所示，可以将金纳米粒子看成是由带正电的核和带负电的自由电子组成，当金纳米粒子表面受到入射光(电磁波)的作用时，核向正电区域移动，而电子云向负电区域移动，导致局部区域电子分布不均匀。当电子云远离核时，电子与核之间的库仑引力会使电子向相反的方向移动，从而导致电子在入射光(电磁波)的作用下产生纵向震荡。当电子的振荡频率与电磁波的振荡频率相等时，就会产生局域表面等离子体共振效应，在紫外-可见吸收光谱中表现出特定的表面等离子体吸收峰[7]。

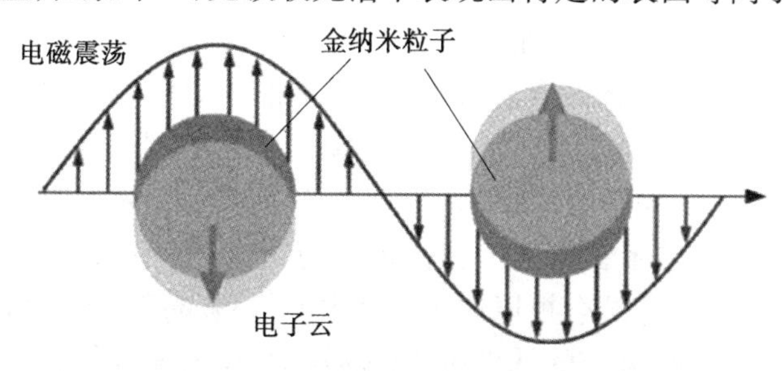

图 4.1　球形金纳米粒子的等离子体振荡示意图

球形金纳米粒子的局域表面等离子体共振效应只有微弱的尺寸依赖性，但是棒状金纳米粒子的局域表面等离子体共振效应对尺寸的依赖性更强，其特点是具有特定的吸收波段。

其他奇特的形状,如各种多面体、板状、和空心“纳米壳”的结构,也具有表面等离子体共振效应。纳米壳结构的局域表面等离子体共振效应的强弱取决于壳的厚度,某些催化效应也与金原子层厚度有关[8]。表面等离子体共振的局部电场增强特性也使得金纳米粒子具有表面拉曼增强效应(SERS)[9,10,11]。

金纳米粒子的光学性质使其在生物科学领域有着广泛的应用。例如,吸附于球状金纳米粒子表面的生物分子发生识别作用后,可引起纳米粒子不同程度的聚集,使得其表面等离子体共振光谱发生变化,进而用于生物检测。该应用始于 Elghanian 等人[12]的开创性工作。金纳米粒子表面修饰上单链 DNA 后,加入与之互补的 DNA 便可通过杂化反应使其聚集,实现了 DNA 分子的超灵敏检测[13]。除了比色法,利用金纳米粒子对被测物质的荧光猝灭现象也可非常灵敏地检测生物分子[14,15,16]。与金纳米粒子类似,银纳米粒子也具有局域表面等离子体子共振效应。此外,与 Au,Cu 和其他金属相比,银纳米粒子不但具有表面拉曼增强效应,而且还具有高效抗菌性能。

金纳米粒子通常由配位体稳定的金(Ⅲ)前驱体还原合成。最常用的制备方案为 Turkevich 方法[17]和 Frens 方法[18]及其改良的方法[19,20],这些方法通常使用柠檬酸钠作为还原剂。制备的金纳米粒子的尺寸在 10 到 100 nm 之间。使用对苯二酚作为还原剂可促进金纳米粒子的进一步生长,产生较大的纳米粒子(50 ~ 200 nm),但与单纯柠檬酸钠作为还原剂产生的纳米粒子相比,其单分散性变差[21]。在制备 1 ~ 6 nm 金纳米粒子时通常选择硼氢化钠作为还原剂。银纳米粒子通常通过还原银盐(如硝酸银)的方法合成。通常使用柠檬酸盐作为还原剂[22],也可以利用聚合物稳定剂(如聚乙烯吡咯烷酮)和乙二醇作为溶剂和还原剂通过溶剂热合成制得[23]。后者能很好地控制银纳米粒子大小和形状。和金纳米粒子相比,合成具有良好的光学性能的单分散银纳米粒子相对较难[24]。

对金、银纳米粒子进行表面修饰,可以使其具有更好的生物相容性和催化性能,拓宽其应用范围。各种有机硫化合物可以自发地在贵金属表面形成单层膜。这些化合物除了烷基硫醇,还有二烷基二硫化物、烷基磺酸盐、二烷基硫代氨基甲酸酯等。其中烷基硫醇和二烷基二硫化物占主导地位。上述两种有机硫化合物通过化学吸附到 Au 表面形成金-硫醇化合物[25,26]。硫醇可以用作小尺寸的纳米粒子合成时的稳定配体。硫醇或二硫化物衍生物的远端官能团可特异性地进行生物功能化修饰。氨基或羧基修饰的聚乙二醇也可以作为配体稳定纳米粒子。

Oh 等人[27]用聚酰胺-胺型树枝状高分子(PAMAM)修饰金纳米粒子后,又结合了 N-羟基琥珀酰亚胺(NHS)活化的生物素,最终获得生物素修饰的金纳米粒子。另一种更常用的修饰方法是用含硫烷基酸配体修饰金纳米粒子。Zhang 等人[28]用 EDC([1-乙基-3(3-二甲氨基丙基甲基)碳化二亚胺盐酸盐])活化法将阿霉素(DOX)修饰到巯丙基甘氨酸(Tiopronin)包覆的金纳米粒子上。同样地,Park 等人[29]用 EDC/ NHS 活化法将转铁蛋白(Tf)连接到 4-巯基苯甲酸修饰的金纳米粒子上。转铁蛋白的功能是运输细胞内的 Fe 元素,而将转铁蛋白与不同形式的纳米粒子结合可以促进细胞内 Fe 元素的吸收。然而,EDC 活化法具有一定局限性,比如含硫烷基酸修饰的纳米粒子在酸性、高盐浓度或其他复杂介质中的稳定性较差。针对以上缺陷,Zheng 等人[30]用三乙烯醇硫醇和硫普罗宁的混合单层一步法制备了金纳米粒子,来提高其稳定性。还有一些研究人员同时用羧基-PEG-烷基硫醇配体和 EDC/ NHS 活化法将免疫球蛋白 G(IgG)[31]、单链抗体可变区基因片段(scFv)和肽[32,33]等修饰到纳米粒子表面。Skewis 等人[34]在质量分数为 1% 的琼脂糖基质中将抗体修饰在银纳米粒子上，如图 4.2 所示。这种独特的方法有效地避免了修饰过程中粒子团聚现象的发生。商业购买的羧基-PEG-烷基硫醇修饰的银纳米粒子，不能通过离心进行纯化。但当纳米粒子被 EDC/ NHS 活化后可以在凝胶基质内修饰上抗体，有效地避免团聚。这种修饰后的纳米粒子可通过电泳洗脱回收，用于标记 A431 细胞膜，便于在暗场显微镜下观察细胞。

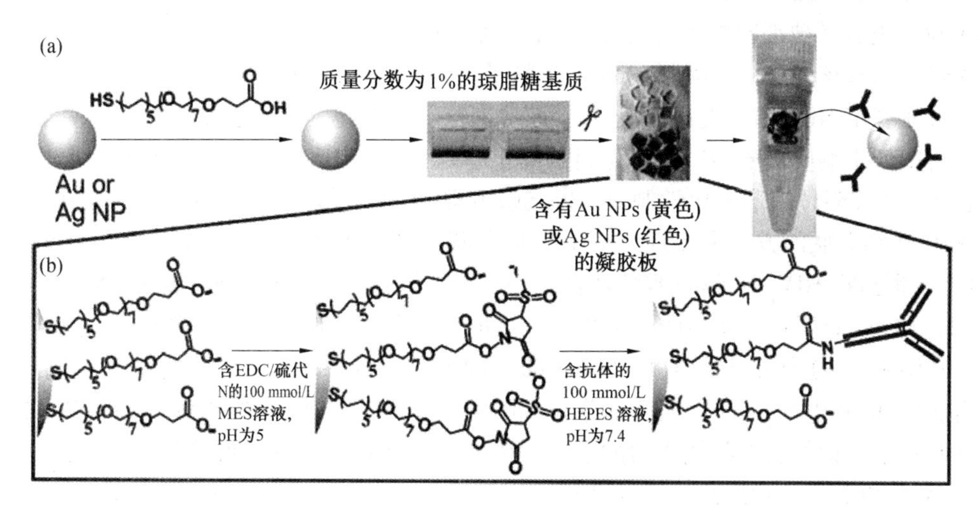

图 4.2　抗体修饰的 Au，Ag 纳米粒子的制备过程示意图[34]

除了以上所述的结合力较强的配体外，Au 和 Ag 纳米粒子还能被结合力较弱的配体保护，常用的方法是将硫醇改性的生物分子直接通过化学吸附修饰到无机纳米粒子表面。这种方法具有自发性、无须活化、稳定性好、适用广泛等优点。Thygesen 等人[35]利用巯基与金的反应将含有硫醇的聚糖修饰到金纳米粒子表面。Kumar 等人[36]用高碘酸盐氧化糖基化抗体的聚糖链，使抗体的非结合区域产生醛基，然后连上一个异双酰肼-PEG-二硫醇连接器，可将抗体修饰到金纳米粒子表面。Choi 等人[37]采用类似的方法，合成了 NHS-PEG-硫醇连接器，并将其与转铁蛋白结合，而后利用巯基与金的反应将转铁蛋白修饰到金纳米粒子表面。

2. 钯纳米粒子和铂纳米粒子的表面修饰及应用

Pt 系金属纳米材料因其具有高表面自由能、良好的催化性能而备受关注。然而 Pt 系金属纳米材料都为贵金属材料，储量低、成本高。因此，发展简便、高效和高产的方法来有效地调控铂系金属纳米材料的形貌具有重大的意义[38,39]。人们对 Pd 和 Pt 纳米粒子的高效合成方法以及形状控制的方法已经有了广泛研究[39,40,41]。一般来说，前驱体盐（例如，$PdCl_{42-}$，$PtCl_{42-}$）在合适的稳定剂（如 PVP 等）存在的条件下，使用还原剂（硼氢化钠）进行还原，即可制备出 Pd 和 Pt 纳米粒子。

在生物学方面，铂纳米粒子的电催化活性可用于实现非酶葡萄糖氧化[42]。生物修饰的 Pt 纳米粒子，通过化学发光反应可以实现检测信号的放大，这种放大机制与酶联免疫检测的原理类似。Pd 纳米粒子在生物学上的应用较少，可用于电化学发光反应体系中。与 Au 和 Ag 纳米粒子类似，Pt 和 Pd 纳米粒子表面的生物功能化也是通过吸附法、硫醇化学法等完成。吸附法已被用于免疫分析中 Pt 纳米粒子偶联物的制备。Song 等人[43]在两种不同抗体上修饰氧化还原探针二茂铁和硫堇，然后依次将标记抗体、辣根过氧化物酶（HRP）和牛血清蛋白（BSA）吸附到 Pt 空心纳米粒子上，得到的纳米粒子可以作为 HRP 载体并与 HRP 协同

催化还原 H_2O_2，从而实现电化学信号的放大。生物分子也可作为稳定剂用于 Pt 纳米粒子的制备并最终得到生物分子修饰的纳米粒子。用葡萄糖氧化酶[44]、BSA[45]等做稳定剂分子，可以得到尺寸在 2 ~ 8 nm 之间的不同形状的纳米粒子[46]。多巴胺与抗体也可用于 Pt 纳米粒子的制备，得到 Pt 纳米粒子-聚多巴胺-抗体复合材料[47]。另外，还可以通过吸附或利用戊二醛的交联作用在纳米粒子上固定更多抗体。蛋白质修饰的 Pt 纳米粒子比 PVP 稳定的 Pt 纳米粒子更容易被细胞摄入且具有更好的生物相容性。

含巯基的寡核苷酸可以吸附在 Pt 纳米粒子上，随后分别通过吸附和交联作用依次在纳米粒子表面固定 HRP 和二茂铁羧酸[48]。该纳米粒子在电化学与滚环扩增技术联用的夹心免疫分析中产生响应信号，其中 Pt 起到了催化增强作用。Grimme 等人[49]在纳米粒子上吸附光合体系 I(PS-I)用于光化学制氢。除巯基化学吸附，Pt 纳米粒子的生物功能化修饰也可以采用 Pt 结合肽的方式来实现。Kim 等人[50]设计了一种多肽，这种多肽含有一个 Pt 结合蛋白，该蛋白将 HIV-1-TAT(反式激活蛋白)与 Pt 纳米粒子结合起来，形成一种复合纳米粒子，如图 4.3(a)所示。文中研究了 0.1 ~ 50 μmol/L的复合纳米粒子对新杆状线虫寿命的影响。从图 4.3(b)中可以看出，1 ~ 50 μmol/L 的 TAT-PtBP-Pt 纳米粒子均使新杆状线虫的寿命有所增加，其中 5 μmol/L 时寿命最长。图 4.3(c)为不同浓度的 TAT-PtBP-Pt 纳米粒子嵌入脂褐素标记的新杆状线虫后的激光扫描共聚焦显微镜图像。脂褐素是一种内生的荧光标记物，可以破坏杆状线虫。图中①⑤，②⑥，③⑦，④⑧分别为 0 μmol/L，0.5 μmol/L，5 μmol/L，50 μmol/L 的 TAT-PtBP-Pt 纳米粒子嵌入新杆状线虫后线虫的白光和荧光显微镜图像。可以看出纳米粒子浓度为 0.5 μmol/L 时荧光减弱不是很明显，但当其浓度为 50 μmol/L时线虫体内基本没有脂褐素的蓝色荧光，这是由于 Pt 纳米粒子具有超氧化物歧化酶/过氧化氢酶的催化活性，可以抑制内生的氧化反应减少杆状线虫体内脂褐素的积累，从而延长新杆状线虫的寿命。尽管硫醇偶联修饰贵金属纳米粒子的方法已经取得了较大成功，但贵金属结合多肽序列的方法仍是一种很有前景的生物偶联手段。

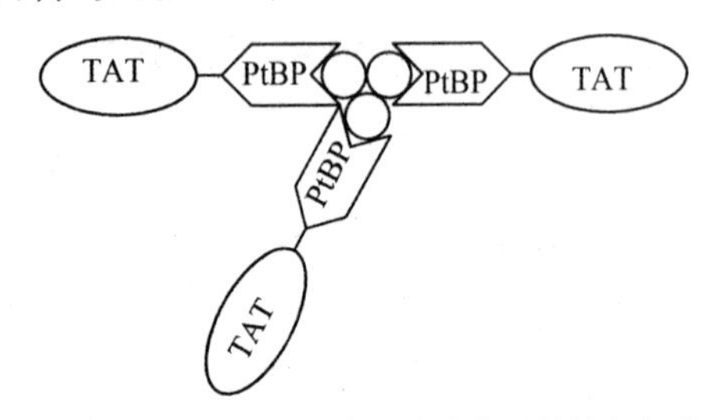

(a) HIV-1-TAT(48~60)与Pt纳米粒子的结合方式

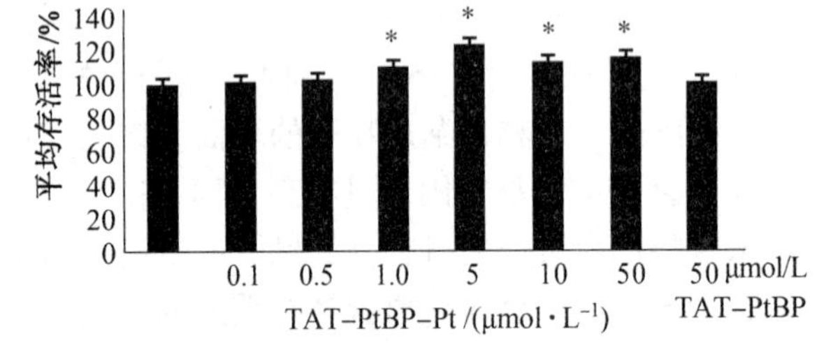

(b) 不同浓度的TAT-PtBP-Pt对新杆状线虫寿命的影响

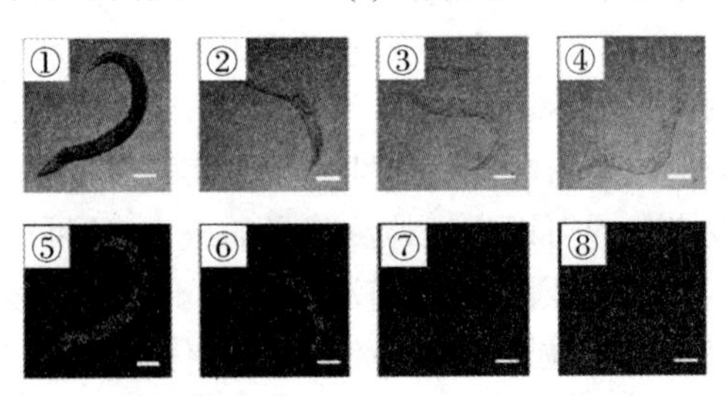

(c) 脂褐素标记的新杆状线虫对TAT-PtBP-Pt浓度响应的显微镜图像

图 4.3　不同浓度 TAT-PtBP-Pt 对新杆状线虫的影响[50]

4.2.2　贵金属纳米团簇

贵金属纳米团簇虽然是粒子但是粒径非常小(<2 nm)。贵金属纳米团簇由几个到几十个贵金属原子组成,具有独特的电子结构、优良的光学稳定性、较高的发光效率、良好的生物相容性,以及光致发光和电致发光等性质。这些性质源于它们的尺寸与费米波长相当,具有类似半导体的特征,可以产生特定的能级分离并在一定波长光的激发下产生荧光。与贵金属纳米粒子相似,贵金属纳米团簇可通过双功能硫醇配体稳定合成。例如,Tanaka 等人[51]通过配体交换的方法将 Pt 纳米团簇周围的 PAMAM 树枝状配体置换为巯基乙酸,然后用 EDC 将偶联蛋白 A 修饰到巯基乙酸稳定的 Pt 纳米团簇上,用于肿瘤细胞的检测。Muhammed 等人[52]通过刻蚀法将 $Au_{25}SG_{18}$(SG:谷胱甘肽硫醇盐 glutathione thiolate)裂解成核为 Au_{22},Au_{33},Au_{23}的纳米簇,并通过 EDC 将链霉亲和素修饰到 $Au_{25}SG_{18}$表面,进行肿瘤细胞的研究。以胰凝乳蛋白酶[53]与牛血清蛋白(BSA)[54]为稳定剂,用 $NaBH_4$ 作为还原剂可合成银纳米簇,并且用胰凝蛋白酶稳定的银纳米簇具有更好的催化活性。Guo 等人[55]用 BSA 做稳定剂,抗坏血酸做还原剂合成出了银纳米簇,并用于 Hg^{2+}的检测。

Sun 等人[56]用铁蛋白的两个亚铁氧化酶活性位点还原氯金酸,从而原位合成荧光金纳米团簇,可作为荧光探针研究铁蛋白受体介导的细胞内吞现象。贵金属纳米团簇在发射荧光过程中,产生的光子在很短的时间内衰减甚至消失的现象被称为猝灭(Quench)。能引起荧光猝灭的物质为猝灭剂(Quencher)。利用纳米簇的荧光猝灭原理设计的传感器能特异性地检测环境中的化学和生物试剂。这种光学变化给贵金属纳米团簇传感器的设计提供了新思路。半胱氨酸的缺乏会引起很多组织、器官的病变,因此对半胱氨酸的检测显得尤为重要。Shang 等人[57]发现半胱氨酸对 PMAA-Ag 纳米簇的荧光存在强烈的猝灭作用,这可能是由于半胱氨酸能与 Ag 形成 Ag—S 键从而使 Ag 纳米簇从 PMAA 中脱离出来并发生氧化所导致的。Huang 等人[58]设计了竞争性同源荧光猝灭法,即分别利用生物分子修饰的 Au 纳米簇和球形 Au 纳米粒子作为能量供体和受体分析检测蛋白质。他们选择一段寡核苷酸序列修饰 Au 纳米粒子,这段序列能和特定的蛋白(乳腺癌标记蛋白、血小板衍生生长因子等)结合,进而分析它们在细胞中的位置。Yu 等人[59]利用亲合素和抗硫酸乙酰肝素修饰的 ssDNA-Ag 纳米簇分别标记经生物素和硫酸乙酰肝素处理的成纤维细胞 NIH 3T3 表面。Ag 纳米簇具有碱基序列依赖的荧光性质,这一特点使其在典型的单核苷酸突变的检测中具有潜在的应用价值。Guo 等人[60]设计了一段 DNA 探针用以检测镰刀型细胞贫血症的突变基因,探针与未突变的序列配对后会表现出黄色荧光,而与发生了突变的序列配对则无荧光信号产生。

4.2.3　半导体量子点

半导体量子点(Quantum dots,QDs)通常是指 IIB ~ VIA 或 IIIA ~ VA 元素组成的二元化合物,包括硫化锌、硒化锌、硫化镉、硒化镉、碲化镉、磷化铟等纳米粒子。当半导体量子点的直径小于该半导体材料体相的激子波尔半径时,其电子能级由准连续变为不连续,晶体颗粒处于量子受限状态,带隙随晶粒尺寸变化,呈现量子尺寸效应,产生了独特的光学和电学性质[61,62]。与传统的有机染料分子相比,半导体量子点用于生物标记的优点有以下 5 个方面:

(1)量子点的发射光谱可以通过改变量子点的尺寸来控制,通过改变量子点的尺寸和它的化学组成可以使其发射光谱覆盖整个可见光区；

(2)量子点具有很好的光稳定性；

(3)量子点具有宽的激发光谱和窄的发射光谱，使用同一激发光源就可以实现对不同粒径的量子点进行同步检测，因而可用于多色标记，极大地拓展了荧光标记的应用；

(4)量子点相对于有机染料具有较宽的斯托克斯位移，这样可以避免发射光谱与激发光谱的重叠，有利于荧光光谱信号的检测；

(5)量子点的荧光寿命长[63,64]。

自从1998年量子点被成功用作荧光生物探针以来，量子点用于生物成像标记和生物示踪的显著优势逐渐显现，引起了大家对其在生物领域应用的广泛关注[65]，在过去近20年的时间里，针对量子点开展了许多的生物应用研究，包括将其用于体外和体内的荧光探针、生物传感器、治疗诊断平台的光动力治疗剂或敏化剂。IIB ~ VIA的CdSe和CdTe核或核/壳量子点是最常用的量子点，其他材料如IIIA ~ VA族的InP或InAs/ZnCdS也较常用。

半导体纳米材料的制备方法很多，大体分为物理法和化学法两类。物理法主要指粉碎法，其基本思路就是将大化小，即将块状物质粉碎而获得超微粉。化学法又称为构筑法，由原子、分子通过成核和长大两个阶段来制备半导体纳米材料。化学法通常包括气相沉积法、水热合成法、溶胶-凝胶法和微乳液法等。由于物理法常常需要大型的仪器设备和高真空等比较苛刻的条件，而且制备出来的纳米晶颗粒粒径宽、不易控制，因此，人们在制备半导体纳米材料时更多地倾向于化学法，如溶剂热合成法等。高温有机金属合成法获得的量子点不溶于水，而水溶液合成法得到的量子点极易被氧化而发生沉淀和聚集，因此，在将量子点应用于生物医学研究前，需对应用上述两种合成方法所获得的量子点进行表面修饰。此外，为了使量子点具有靶向性，同时减少非特异性聚集，量子点表面通常还会通过静电吸附或共价偶联等方法修饰抗体、肽段和寡核苷酸等靶分子等。

用于生物分子修饰量子点的方法很多，常用的有以下两个：

(1)QDs稳定剂和靶生物分子的官能团之间的共价连接；

(2)带电量子点和带相反电荷的生物分子之间的静电相互作用。

具体应用时要注意这些方法的特点。例如，EDC/ NHS在化学修饰中的应用广泛，但是产品中可能会残余一些蛋白质。下面我们将通过实例具体介绍这两种修饰QDs的方法。

1. QDs稳定剂和靶生物分子的官能团之间的共价连接

(1)蛋白质修饰的QDs。

共价连接一般是多步修饰量子点的第一步，通常是通过生物偶联技术将双官能团连接到QDs上。EDC/NHS作为一种较为普遍的生物偶联剂，可以使QDs稳定剂外端的羧基和蛋白质中的氨基发生缩合反应。利用NHS/EDC偶联剂，羊鼠蛋白IgG可以成功地修饰到发射波长范围在535 ~ 630 nm的量子点表面，并用于乳腺癌细胞的检测。同样，亲和素也可利用此法连接到量子点上，这种量子点可用来检测生物素标记的肿瘤标志物[66]。和常见的荧光染料相比，量子点不容易被光漂白，因此在生物成像方面应用广泛[67]。在荧光成像过程中，外部光源经常导致强背景荧光，且由于荧光物质在人体组织深处，不易被有效激发，为了克服对外部光源的依赖，Rao等人[68]利用EDC将一种突变优化的海洋腔肠荧光素酶(Luc8)修饰到量子点上，发展了生物发光共振能量转移(BRET)的自发光QD-Luc8新方法。一系列不同发射波长的CdSe/ZnS和CdTe/ZnS量子点被含有羧基的两亲性聚合物保护后，通过

NHS/EDC 反应可以偶联到荧光素酶(Luc8)的侧链氨基上。

(2)多肽修饰的 QDs。

多肽是由氨基酸组成的聚合物生物大分子,多肽具有独特的自组装性能和序列特异性识别性能,这使它们在生物系统中成为重要的结构和信号分子。量子点与多肽在化学和生物学上的交叉是一个有前途的研究领域。许多多肽修饰的 QDs 在成像和生物传感器领域有重要应用。这些应用得益于可以将多个靶向分子修饰到 QD 表面,而保持它的直径仍然很小。这点与蛋白质修饰的量子点不同,蛋白质体积较大,所以 QD 表面靶向分子相对少。细胞穿透肽修饰的 QDs 更容易进入细胞内部。几种不同的细胞穿透肽可帮助量子点进入细胞内部。Cai 等人[69]利用 RGD(精氨酸-甘氨酸-天冬氨酸)多肽标记的量子点实现整合蛋白 αvβ3-阳性的肿瘤血管的定位成像。

(3)核酸修饰的 QDs。

Zhou 等人[70]开发了一种共价结合的 QD-DNA 生物共轭物,用于特异性地定量检测互补 DNA。共价偶联能够控制供体-受体之间的距离,这对设计基于 FRET(荧光共振能量转移)的检测是非常有利的。在 CdSe/ZnS QDs(发射波长为 558 nm)表面修饰上尾端为羟基和羧基的 PEG 硫醇,而后利用 NHS/EDC 共价偶联上一个 5′-C_6-胺修饰的 DNA 靶标(DNA-T)。当 QDs-DNA-T 与荧光(Alexa-594)标记的互补 DNA 杂交后,导致 QDs 荧光淬灭,同时 Alexa-594 的荧光发射增强,如图 4.4 中 A 过程所示。无标记的互补 DNA 的特异性检测,也可以利用 QD-DNA-T 生物量子点,通过加入互补 DNA 和溴化乙啶来实现,如图 4.4 中 B 过程所示。

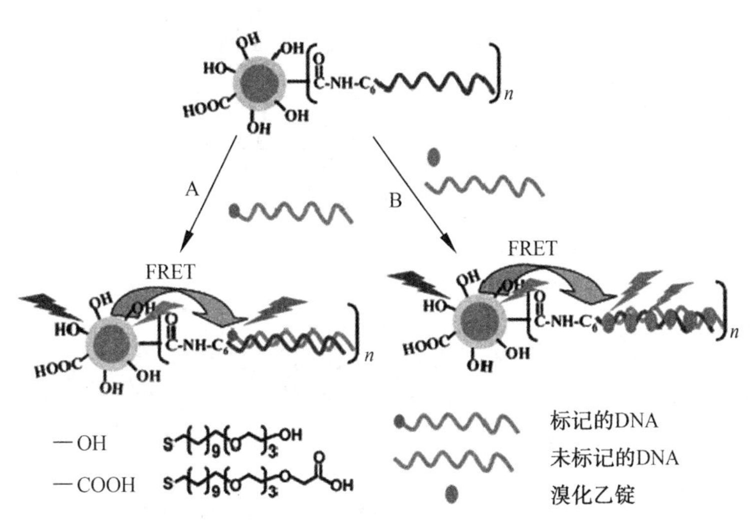

图 4.4　QD-DNA 探针的杂化原理和 DNA 的无标记检测示意图[70]

Wu 等人制备了紧密型、共价结合的 QD-DNA 生物共轭物,通过提高 FRET 信号强度的方法对特定 DNA 进行检测[71]。FRET 增强效果是通过使用更短的保护剂来键合 DNA 片段实现的,这种方法缩短了 QD 供体和受体的距离(染料标记的互补 DNA,染料为 Texas Red、罗丹明)。他们利用 2-巯基乙醇和二氢硫辛酸制备了亲水的羟基和羧基修饰的 CdSe/ZnS 量子点(发射波长分别为 536 nm 和 589 nm)。羟基硫醇的引入可控制与 DNA 分子反应的羧基(—COOH)的数量,进而防止 DNA 杂化时面临的空间位阻。改进的 QD-DNA 共轭物可以在 10 min 内检测亚纳摩级别的染色互补 DNA 序列。

siRNA 也可用于修饰量子点。Singh 等人[72]分别利用稳定的和不稳定的键合方式制备了 QD-siRNA。前者依靠二硫键连接 siRNA，而后者利用 NHS-PEOn-马来酰亚胺(NHS-PEOn-maleimide)连接 siRNA。作者指出，二硫键连接的 QD-siRNA 在 8 h 后开始失效，而此时利用后者构建的结构仍然保持着较高的效率。Jung 等人[73]将稳定和不稳定的 QD-siRNA 共轭物分别用于细胞传递和追踪，如图 4.5 所示。在该实例中目标物是在人体脑恶性胶质瘤 U87 表达的 EGFR 变体Ⅲ。量子点表面是用尾端连有一个氨基的聚乙二醇二氢硫辛酸(DHLA-PEG-amine)修饰的。文中合成了两个连接器用于连接 siRNA 和尾端带有氨基的 QD。连接器 1(Linker 1,L1)为 3-(2-吡啶基)-巯基丙酸五氟苯酚酯，用于量子点进入细胞时 siRNA 的释放。连接器 2(Linker 2,L2)是 3-马来酰亚氨基丙酸五氟苯酚酯，用于评估细胞吸收和细胞中 siRNA 的定位。结果表明，不稳定的 siRNA 结构在破坏目标物时，效率更高。

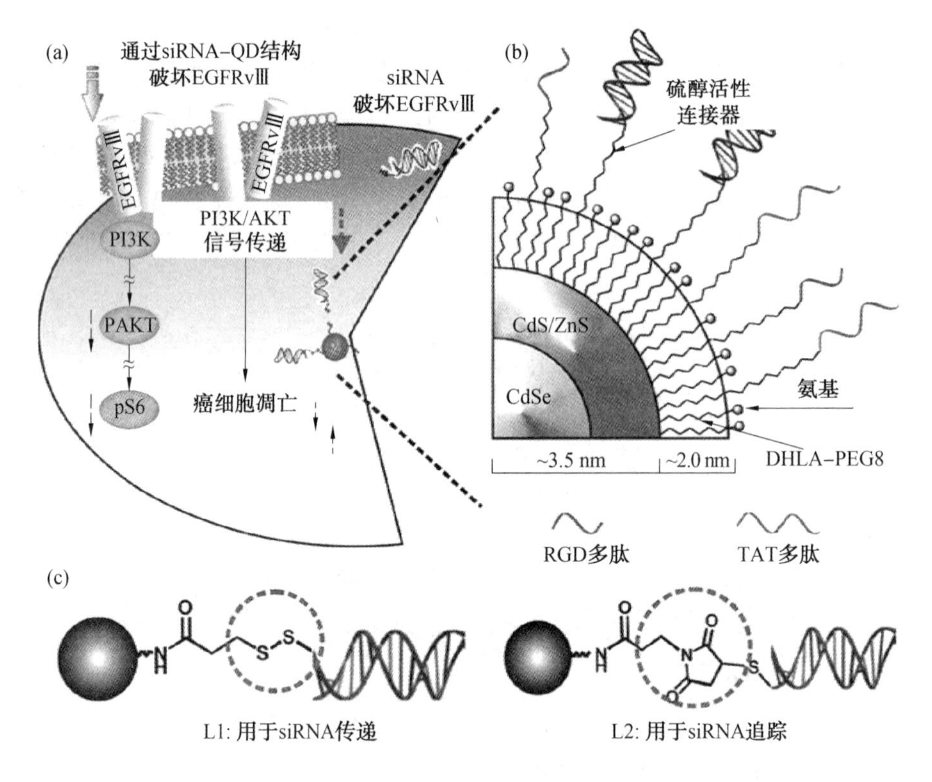

图 4.5　量子点作为载体传递 siRNA 的过程示意图[73]

(4)糖类修饰的 QDs。

作为碳源和细胞膜糖蛋白的原料，糖类也可以用于量子点的修饰。将糖类修饰到量子点表面的方式一般是将其硫醇化。例如，Yu 等人合成了硫醇-β-D-乳糖，用于修饰 CdSe/ZnS 量子点并用其标记白细胞[74]。Mukhopadhyay 等人利用制备的甘露糖基二硫化物修饰 CdS 量子点来进行细菌检测[75]。糖修饰量子点的方式有两种：一种是对糖分子进行修饰再结合量子点；另一种是对量子点表面进行修饰再结合糖类。量子点表面可进行苯硼酸修饰，它们可以与葡萄糖或唾液酸结合。苯硼酸可通过 EDC 化学修饰到巯基琥珀酸保护的 CdTe/

ZnTe/ZnS QDs 上。苯硼酸修饰的量子点在糖的存在下会组装成有序结构，并可用于葡萄糖的检测[76]。苯硼酸修饰的量子点也可以与细胞表面的唾液酸残基结合[77]。Ohyanagi 等人[78]将唾液酸残基直接连接到磷脂胆碱单层膜保护的量子点上，并将其用于活体成像。

许多药物、染料和其他生物活性制剂也可被共价修饰到量子点表面上。例如，硫普罗宁(N-(2-巯基丙酰基)甘氨酸)，作为一种非天然氨基酸，是临床使用的治疗类风湿关节炎的药物，可以修饰到硫化锌纳米晶体上[79]。

2. 量子点和生物分子之间的静电作用

Mattoussi 等人[80]率先通过静电作用组装制备出 QD-蛋白生物复合物。他们通过静电作用将带正电的含有亮氨酸拉链区域的麦芽糖结合蛋白(MBP-zb)修饰到带负电的 CdSe/ZnS 量子点上，发现在 MBP-zb 与量子点的结合达到饱和的同时，QD 的荧光发射增强。Medintz 等人[81]利用蛋白质修饰 QD 后其荧光发生变化这一现象，研制了麦芽糖传感器。

Rao 等人[82]证明羧基聚合物修饰的量子点能与 His_6 标记的荧光素酶组装，形成的组装体可以用于制备 BRET(生物发光共振能量转移)蛋白酶传感器。量子点中加入过量的二价 Ni 能够显著增加 His_6-荧光素酶的结合和 BRET，表明 QD 表面的羧基可以螯合二价镍。Boeneman 等人[83]认为合适的荧光蛋白质和 His_6/QD 能够在细胞内结合。为证明这一点，他们构筑了 mCherry(红色荧光蛋白)-His_6融合蛋白并在 COS-1 细胞中表达，然后通过显微注射将暴露在少量二价镍中的 565 nm 的羧基化的量子点注入其中，如图 4.6 所示。从处于中心位置的量子点到表面组装的红色荧光蛋白 mCherry 之间发生的生物发光共振能量转移证实了荧光蛋白与量子点的结合。

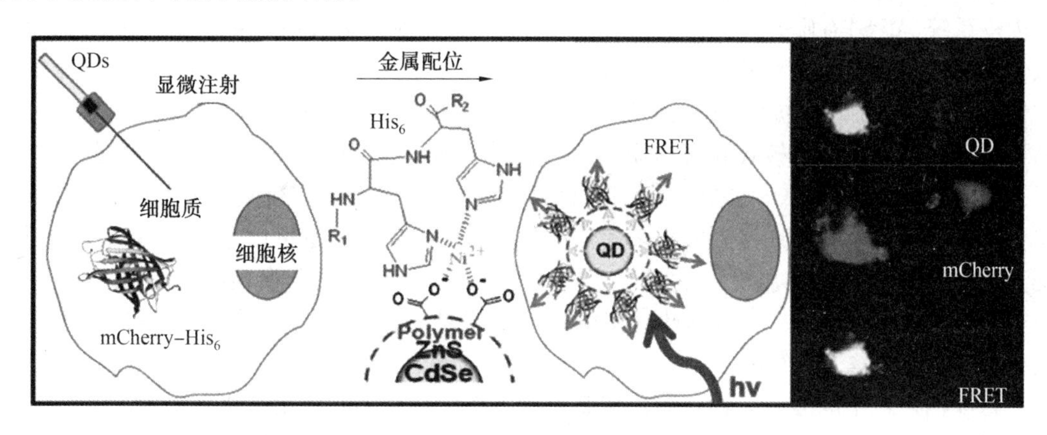

图4.6　细胞内的金属与量子点配位过程示意图[83]

4.2.4　磁性纳米粒子

磁性纳米粒子(MNPs)是一类奇妙的纳米材料，它具有特殊的物理性能，即磁学性能，这使它具有独特的应用前景并引起了研究者们的广泛关注。目前对磁性材料的研究已颇为深入。磁性材料能对外部磁场或外界磁信号迅速做出磁响应，通过控制外部磁刺激信号，可使磁性材料应用于磁性分离纯化、高灵敏度传感器、手性物质筛选、蛋白质纯化、细胞/细菌分离、药物靶向传递、磁响应性控制释放药物、磁共振成像、免疫分析、RNA 和 DNA 纯化、基因克隆、催化和磁性分离纯化等方面[84,85,86,87]。

铁氧体磁性纳米粒子一般包括 Fe_3O_4纳米粒子和 γ-Fe_2O_3 纳米粒子。其中，Fe_3O_4 的良好性能使其成为制备磁性复合微球的首选磁性材料之一，因此，本章中主要介绍 Fe_3O_4 纳米粒子的制备方法及应用。Fe_3O_4 磁性纳米粒子的制备方法可分为物理法、生物法和化学法三大类。

（1）物理法主要包括机械粉碎法、蒸发凝聚法、离子溅射法等。物理法便于操作，但是所制得的粒子尺寸分布范围较宽（纳米到微米），而且制备过程耗时较长。

（2）生物法是将生物体内铁蛋白（Ferritin）的球形多肽壳内腔中含有的六方针铁矿（$5Fe_2O_3 \cdot 9H_2O$）用酸溶解后，得到去铁铁蛋白，然后在其腔内用亚铁盐溶液沉淀氧化制备出大小约为 6 nm 的蛋白包裹的 Fe_3O_4 纳米粒子。该法制备的磁性纳米粒子具有较好的尺寸单分散性和形貌规整性，尤其是具有很好的生物相容性。但是生物法制备的磁性纳米粒子的种类和尺寸都有限，而且很难大量制备。

（3）与物理法和生物法相比，化学法合成的磁性纳米粒子在粒子种类、尺寸与形态控制和合成量上更有优势，具有更广阔的应用前景。目前磁性纳米粒子的化学制备方法可分为均相制备法和非均相制备法，其中均相制备法包括共沉淀法和高温分解法，非均相制备法有微乳液（Micro-emulsion）法、溶胶-凝胶（Sol-gel）法、超声化学法（Sonochemistry）、激光分解法（Laserpyrolysis）和电化学沉积法等。

磁性纳米粒子由于磁性的影响很容易发生团聚，从而导致粒子粒径增大、分散稳定性变差，无法达到生物医学应用的要求。此外，由于纳米材料经静脉注射后，会与血浆中的蛋白发生相互作用，使多种成分吸附于纳米材料的表面，导致其易于被吞噬细胞识别，进而被网状内皮系统（MPS）吞噬并迅速从血液循环中清除，这不利于其发挥功能。而表面修饰后的磁性纳米粒子会增强药物的包封，提高粒子的生物相容性和水溶性，改善纳米粒子的分散稳定性，可大大提高纳米粒子的血液循环时间。生物功能化的磁性粒子通常存在一个“核/壳”结构，各种生物分子，如核酸和蛋白质通过各种作用连接到磁“核”上[88,89]。生物分子与粒子表面的结合能力取决于纳米粒子表面的功能基团。当表面含有羧基或氨基时，EDC 可以将蛋白质、酶、抗生素等连接到粒子表面[90,91,92,93]。酶和蛋白质也可以通过静电相互作用连接到纳米粒子表面。磷脂分子包裹的磁性纳米粒子可以从混合蛋白质中分离目标蛋白质[94]；通过抗体修饰的具有特异性吸附的磁性纳米粒子，可在外部磁场作用下用来进行生物分子和细胞分离[95,96,97,98]。

磁性纳米粒子的表面生物功能化主要通过直接组装法和间接组装法来实现。

1. 直接组装法

直接组装法是指通过物理吸附、化学成键等方法将生物大分子（氨基酸、多肽、蛋白质、酶等）直接连接到纳米粒子载体上。主要可分为以下几类：

（1）吸附法。该法主要是靠生物分子与纳米粒子间的静电作用力实现相应的组装。生物大分子大都是两性分子，因而与纳米粒子均匀混合后，通过调节溶液的 pH 可使生物大分子与纳米粒子表面携带的电荷相反，借助静电引力将生物大分子吸附在纳米粒子的表面。

（2）原位组装法。该法是将生物大分子与金属离子预先混合制成前驱体，金属离子均匀稳定地分散在生物高分子中，然后加入反应试剂，生成相应的纳米粒子，同时使生物大分子组装到生成的粒子表面上。这种方法中的磁性粒子不是预先制备的，而是在反应中直接生成，因而磁性粒子-生物大分子的组装体在溶液中分散较均匀，不容易团聚。

(3)共价连接法。首先得到表面预修饰的磁性纳米粒子,再使其表面功能团与其他生物分子发生偶联,从而得到以不同生物分子为壳,磁性材料为核的复合纳米粒子。引入活性功能基团如羧基—COOH、氨基—NH_2、巯基—SH、羟基—OH 等,而后利用这些基团与生物高分子(氨基酸、多肽、蛋白质、酶等)中的相应基团共价结合,实现生物高分子在纳米粒子载体上的组装。当磁性纳米粒子表面含有氨基时,可将生物分子中的羧基活化,与粒子表面的氨基形成肽键,从而将生物高分子组装到磁性纳米粒子上;当在磁性纳米粒子表面引入羧基时,可与生物高分子中的氨基形成肽键, 或与羟基反应脱水形成羧酸酯从而将生物分子组装到粒子表面;当纳米粒子表面含有自由巯基时,可通过其与生物高分子中的巯基反应,形成二硫键将生物高分子修饰到磁性纳米粒子上。

2. 间接组装法

间接组装法是指先将磁性纳米粒子表面进行化学修饰或形成核壳结构,然后再进一步结合生物分子。纳米粒子表面的化学修饰有以下几方面:

(1)硅烷修饰。与金等贵金属纳米粒子易于与巯基反应类似,磁性纳米粒子表面易于直接和有机硅烷试剂反应,使其表面形成硅氧键[99]。例如,将 3-氨基丙基(或者 3-巯基丙基)三甲氧基硅烷直接自组装到磁性纳米粒子表面,可形成具有氨基或者巯基的纳米粒子表面,该表面可以进一步结合生物分子[100,101,102],如酶[103]、多糖[104]、抗体[105]、多肽[106,107]和蛋白质[108]等。(2-氰基乙基)三甲氧基硅烷也可作为一种双功能硅烷试剂,在纳米粒子表面引入腈基[109]。

磁性纳米粒子也可以通过三乙氧基硅烷在其表面沉积上一层硅氧层[110]。尽管沉积过程需要较长的时间和较苛刻的条件,但沉积的硅氧层可以使磁性纳米粒子更加稳定并且更加容易进一步硅烷化。硅烷化的条件控制很重要,通常需要新鲜的试剂和无水环境。

(2)二氧化硅修饰。Yang 等人[111]利用硼酸辅助法制备了介孔 SiO_2 包覆的磁性氧化物,并将其用于载药研究。此外,核壳结构二氧化硅/磁性纳米粒子能够很好地实现蛋白质或 DNA 的分离,研究人员用硅烷偶联剂对核壳结构的 SiO_2/Fe_3O_4 复合粒子进行表面处理后,考察了复合磁性粒子对蛋白质的吸附情况,结果表明复合粒子对蛋白质的吸附主要是依靠其与磁性复合粒子之间的配位作用,因此吸附比较牢固[112],这在蛋白质的分离和酶的固定化上有很大的应用潜力。Hou 等人[113]研究了用经典的 Stöber 法——正硅酸乙酯水解法制备的 SiO_2/Fe_3O_4 磁性纳米粒子以及 Fe_3O_4 磁性纳米粒子对 DNA 的分离情况,结果表明 SiO_2 包覆过的磁性纳米粒子对 DNA 的分离效果明显好于单纯的 Fe_3O_4,并且分离出来的 DNA 能够满足后续的应用要求。

具有良好生物相容性的 SiO_2 包覆的磁性纳米粒子,在外磁场作用下有很好的磁响应性,且包覆 SiO_2 后,磁性纳米粒子具有良好的生物相容性,可以在其表面负载药物,通过外磁场的定位将药物输运到病灶部位实现靶向给药[114]。利用磁流体治疗肿瘤的机理是将磁流体注射到肿瘤组织,然后在外部交变磁场下产生热量来杀死肿瘤组织。Wang 等人[115]证明了表面包覆有 SiO_2 的磁性纳米粒子更易于吸附在卵巢癌细胞表面而不易于吸附在巨噬细胞和纤维原细胞表面,可用于治疗卵巢癌。

(3)金修饰。由于金纳米粒子易于修饰,因此很多科学家致力于制备 Fe_3O_4@ Au 核壳结构。Xu 等人[116]在有机溶剂中制备出 Fe_3O_4 纳米粒子后,用弱还原剂油胺将氯金酸还原包覆在 Fe_3O_4 表面,形成 Fe_3O_4@ Au 核壳结构。Ren 等人[117]使用水热法制备表面被柠檬酸钠覆盖的粒径较大的 Fe_3O_4 纳米粒子,然后直接使用硼氢化钠常温还原氯金酸,将金纳米粒子覆盖到 Fe_3O_4 表面。Dong 等人[118]则是利用两性聚合物,将疏水的纳米粒子置于核内,利用表面亲水基团生成金纳米粒子晶种并生长成金壳,形成 Fe_3O_4@ Au 纳米复合材料。利用外部金壳进行羧基硫醇修饰,可通过标准方法 EDC/NHS 偶联上抗体[119],或者 NTA-Ni(Ⅱ)复合体用于捕获 His_n-标记抗体[120],图 4.7 为反应原理图。

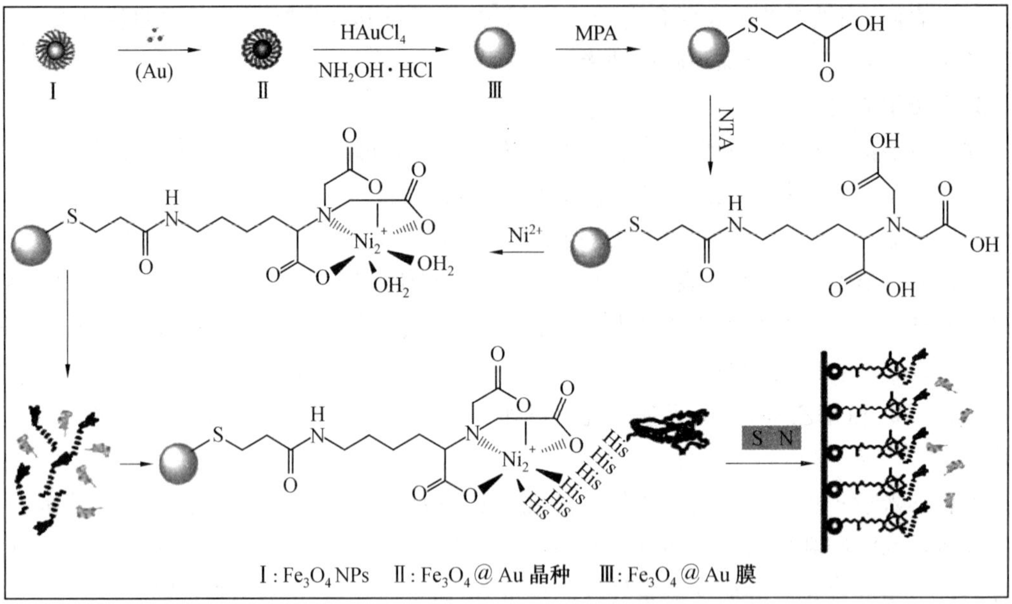

图 4.7　生物功能化 Fe_3O_4/Au-NTA-Ni(Ⅱ)纳米粒子原理图和其富集及分离蛋白质原理图[120]

(4)高分子修饰。磁性纳米材料表面的高分子修饰,是指在合成过程中和合成完后加入高分子物质在粒子表面进行修饰[121]。磁性纳米粒子通过高分子修饰后呈现出非常高的稳定性,其表面可含有:—OH,—COOH,—CHO,—NH_2 等基团,利用这些基团便可以进行下一步生物分子修饰。目前,制备这种高分子包覆的磁性高分子微球主要通过两种途径:一种是包埋法,就是将磁性粒子均匀分散在高分子溶液中,然后通过交联、絮凝、雾化、脱水等手段使高分子包裹在磁性粒子的表面,形成核壳结构的磁性高分子杂化微球;另一种是聚合法,是利用单体在磁性粒子表面聚合形成完整的包覆层。

4.2.5　二氧化硅

二氧化硅由于具有硬度大、亲水、稳定性良好、易修饰及生物相容性良好等特点而成为包埋一些功能性材料最理想的外壳材料。二氧化硅不但可以保护内部功能性材料免受化学侵害,而且很容易在二氧化硅纳米粒子表面修饰氨基、羧基、磷酸基团、PEG、PAA 等功能化基团,然后将生物识别分子共价偶联到纳米粒子表面,从而实现二氧化硅纳米粒子的生物功能化。

二氧化硅纳米粒子因为其具有介孔特性而在生物领域有广泛的应用。介孔材料具有均匀有序的孔道和大小可调的孔径,因此在化学、生物、环境、材料等领域受到越来越多的关注,其应用也越来越广泛[122]。为了使某些生物分子更充分地发挥作用,需要将其固定在一定的载体上,而二氧化硅纳米粒子就是一种优良的载体。

氨基、羧基和异硫氰根等有机官能团均能修饰到介孔二氧化硅表面[123]。介孔材料表面修饰方式一般分为两种:一是在制备介孔二氧化硅的过程中进行修饰,二是在制备好介孔二氧化硅之后,再加入带有官能团的硅烷化试剂,在这些官能团的基础上进一步修饰具有生物活性的分子,从而扩大其在生命科学中的应用空间。Singh 等人[124]用 N-异丙基丙烯酰胺和乙二醇二丙烯酸酯作为单体,在介孔二氧化硅表面聚合成一层聚合物外壳,制备出了温度敏感的阿霉素药物控释系统。Chen 等人[125]则以葡萄糖氧化酶作为开关分子,利用该酶与底物(葡萄糖)和抑制剂(葡萄糖胺)的结合强度不同制备出葡萄糖响应的控释系统。他们将葡萄糖胺修饰到介孔二氧化硅表面,与葡萄糖氧化酶结合后可将介孔堵住。该载体遇到葡萄糖分子后,葡萄糖氧化酶与其结合后从介孔二氧化硅表面脱落,介孔中的物质便可释放出来。这种控制系统对葡萄糖有很好的选择性,有望成为新一代控制-响应传输系统。Ferris 等人[126]用偶氮苯分子构建了具有光响应的光控开关。其中,利用环糊精与偶氮苯顺反异构体亲合性的差异构建的光控开关最具有代表性,如图 4.8 所示。由于环糊精与反式-偶氮苯的亲合性高于其与顺式-偶氮苯的亲合性,当含有药物的介孔二氧化硅修饰上偶氮苯(或衍生物)分子时,环糊精就会套在其上,结合到反式-偶氮苯区域上,封闭纳米孔洞,阻止药物释放。当用 351 nm 紫外光照射时,偶氮苯从反式转化到顺式的异构体,导致环糊精从偶氮苯上分离出去,纳米孔洞打开,药物开始释放。

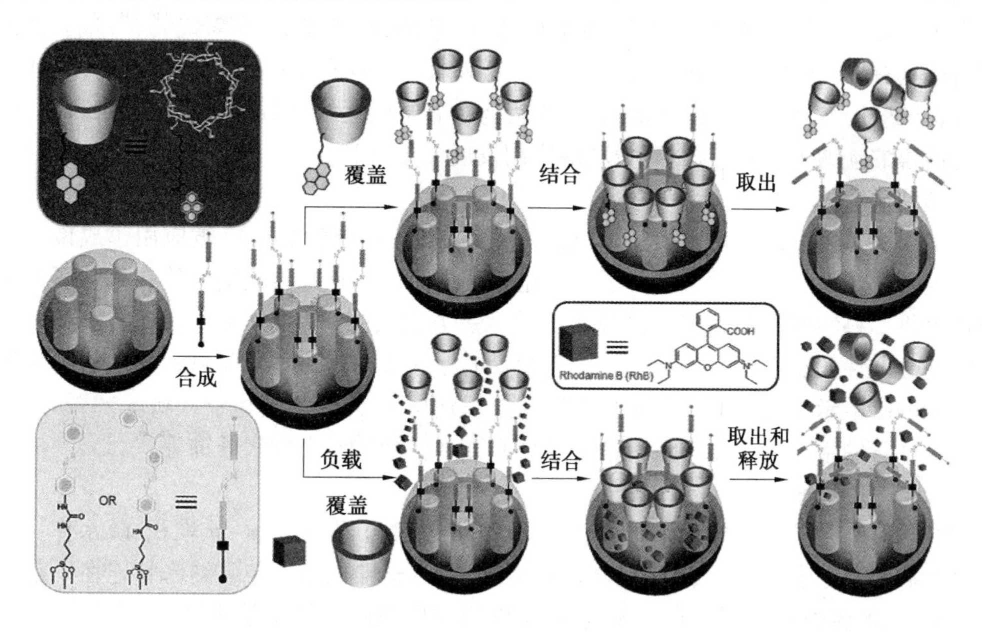

图 4.8　基于偶氮苯修饰的介孔二氧化硅控制释放系统示意图[126]

4.2.6　二氧化钛

二氧化钛纳米材料无毒、化学性质稳定、价格便宜,在光催化、太阳能电池、生物医学工程等领域具有广泛应用[127]。介孔二氧化钛纳米材料是二氧化钛的一种特殊存在形式,兼具光催化与介孔两个特点,使其在骨修复与移植的研究、癌症的诊断与治疗等方面具有良好的应用价值[128]。介孔二氧化钛纳米管在治疗骨组织疾病方面具有非常大的应用潜力,是一种很有前途的植体材料。将二氧化钛用于癌症的治疗关键在于其具有光催化氧化性,二氧化钛在紫外光的激发下,会产生氧化性极强的物质,能有效地杀死癌细胞。介孔二氧化钛纳米粒子内部有一定的孔道,可以用来装载抗肿瘤药物,将药物特异性地运输到肿瘤部位。

二氧化钛的合成方法已经非常成熟,当今的研究主要集中在其应用的方面。对二氧化钛进行生物表面功能化修饰的目的是为了扩展二氧化钛在生命科学领域内的应用范围。与大多数金属氧化物类似,可以通过硅烷对二氧化钛表面进行修饰。例如,二氧化钛纳米粒子可以通过氨丙基三乙氧基硅烷修饰,使其表面带有氨基,可进一步结合生物分子[129]。疏水的二氧化钛纳米粒子表面被羧基硅烷取代后会从油相中转移到水相,可吸附阿霉素[130]。

二氧化钛的表面可以通过与多巴胺和3,4-二羟基苯乙酸作用,分别修饰上氨基和羧基[128,131]。一般来说,儿茶酚型配体修饰到二氧化钛表面可改变它们的光学和催化性能[132,133]。例如,将EDC/NHS酰胺连接到二羟基苯乙酸修饰的二氧化钛表面,可以用于合成抗体包覆的TiO_2纳米粒子,再将它结合在A172和U87脑癌细胞上可以产生特异的光诱导细胞毒性[134,135]。用多巴胺修饰二氧化钛粒子后,可进一步将寡核苷酸[136,137]和生物素[138]修饰在二氧化钛表面。

4.2.7　碳的同素异形体

碳纳米材料有多种不同的形式,包括碳纳米管、球形富勒烯、纳米金刚石、石墨烯、碳点、碳纳米葱、碳纳米豆荚、碳纳米角、碳纳米杯、碳纳米环、碳纳米容器等[139,140,141,142]。每种纳米材料都具有不同的物理和化学性质。由于碳纳米材料具有良好的生物相容性,在许多生物医学领域应用方面展示了巨大潜力,可作为药物和基因运输的载体、造影剂等,目前,市场上已有销售的碳纳米材料,这对碳材料的应用发展十分有利。

1. 碳纳米管

碳纳米管是生物纳米技术研究中被广泛研究的碳基材料之一,已被应用于成像、治疗、传感和生物电子学等领域。生物分子功能化的碳纳米管的研究为碳纳米管在生物医学领域的应用提供了科学基础和强有力的技术支撑。一方面,经过生物分子功能化的碳纳米管具有很好的分散性和稳定性,可用于色谱、毛细管电泳等液相分离技术领域;另一方面,生物分子功能化的碳纳米管可对生物分子具有特殊的识别功能,应用于传感器领域。

碳纳米管的生物功能化方法包括非共价修饰、化学修饰、生物素修饰等。

(1)非共价修饰。

非共价修饰是常用的碳纳米管改性方法,一般通过范德华力、π-π堆积、疏水作用等非等价键对碳材料进行修饰。芘衍生材料容易通过π-π堆积作用与碳纳米管连在一起[143],单链DNA上的芳香碱基可以直接通过π-π堆积作用吸附于纳米管表面[143,144,145]。含有色氨酸的肽序列与碳纳米管的外壁有很好的亲和力,可将肽段修饰于碳纳米管表面。Karmakar等人[146]利用乙二胺功能化的单壁碳纳米管向MCF-7乳腺癌细胞运送抗癌基因p53,诱导细胞凋亡。用聚乙二醇-聚合物衍生物修饰碳纳米管可以提高碳纳米管在体内的生物相容性。利用聚乙二醇-聚环氧乙烷衍生物末端的氨基、羟基可将蛋白质和DNA连接到碳纳米管上[147,148]。McCarroll等人[149]制备了脂质体-赖氨酸树枝状聚合物修饰的碳纳米管,并将 siRNA 修饰到碳纳米管上,并用于小鼠体内的药物运输。

蛋白质也可以通过疏水作用或静电作用修饰在碳纳米管上,然而在蛋白质修饰碳纳米管的过程中蛋白质结构可能发生变化,导致其功能失活[150]。Tsai 等人[151]将葡萄糖氧化酶修饰到单壁碳纳米管上,发现该酶保留了 75% 的活性,基于这个复合物制备了用于检测葡萄糖的电化学传感器。Zhang 等人[152]利用多糖海藻酸钠改性单壁碳纳米管,并把它用作运输阿霉素的载体,具有良好的效果。

(2)化学修饰。

碳纳米管的共价键修饰常常是基于其氧化后在外壁和端口处的羧基,用 EDC/NHS 交联方法将含有氨基的生物分子共价修饰到碳纳米管的表面。含有氨基的物质包括牛血清白蛋白、酶、铁蛋白、表皮生长因子、免疫抗体、生物素、各种生物标记物等。由于硝酸处理过的碳纳米管表面产生的醛/酮官能团的数量要远远多于羧基数量,因此基于醛/酮官能团的环加成技术的碳纳米管外壁的改性已经被广泛研究[153,154]。Chen 等人[155]将末端含有胺的吡咯烷修饰的单壁碳纳米管,通过二硫键连接药物紫杉烷,在受体介导的胞吞作用下可使易于水解的或具有还原性的药物得以控制释放。Zhang 等人[156]在相对温和的实验条件下在碳纳米管表面引入炔烃基团,利用炔烃基团进一步反应将碳纳米管表面功能化。聚电解质层层组装法也被用于多壁碳纳米管的表面生物功能化[157]。

(3)生物素修饰。

Liu 等人[158]将单壁碳纳米管表面羧酸化后,共价连接上生物素。然后将生物素修饰的单壁碳纳米管置于含有链霉亲和素(Streptavidin, SA)的溶液中,通过层层组装法将生物素标记的 DNA、荧光基团或者金纳米粒子修饰到碳纳米管表面。Chen 等人[159]将生物素修饰的碳米管吸附到 AFM 针尖上,制备出一种纳米注射器,可将带有 SA 的量子点(SA-QDs)注射到 Hela 细胞中。Brahmachari 等人[160]发现生物素修饰的单壁碳纳米管可以用于研究其对抗癌药物阿霉素的负载和传输能力。他们发现不同直径的单壁碳纳米管对所负载的阿霉素的释放速度不同,这个结果证明通过选择不同直径的碳纳米管可以控制药物释放的速度。

2. 石墨烯

石墨烯是由紧密排列成单层二维蜂巢状晶体点阵的碳原子组成,是构建其他维数碳质材料(如零维富勒烯、一维纳米碳管、三维石墨)的基本单元;是世界上最薄的二维材料,其厚度仅为 0. 35 nm。石墨烯的载流子迁移率可达 250 000 $cm^2/(V \cdot s)$,其热导率可达 5 000 $J/(m \cdot K \cdot s)$,通过理论计算其比表面积值为 2 630 m^2/g,是金刚石的 3 倍;单层石墨烯还具有整数量子霍尔效应等一系列性质。石墨烯的主要性能指标与碳纳米管相当甚至更好,它避免了碳纳米管应用中难以逾越的手性控制、金属型和半导体型碳纳米管的分离以及催化剂杂质等难题。石墨烯的纳米复合材料在能量储存、液晶器件、电子器件、生物材料、传感材料和催化剂载体等领域展现出许多优良性能,具有广阔的应用前景。石墨烯的制备方法主要包括以下几种:机械微剥离法、晶体外延生长法、溶剂剥离法、化学气相沉积法(CVD)、基于氧化石墨烯的脱氧还原法等。为提高石墨烯的应用价值,需要对其表面进行改性和修饰。与碳纳米管一样,石墨烯也可以通过共价键和非共价键修饰进行表面改性。

石墨烯通过共价键将生物分子修饰到其表面是目前研究中广泛使用的方法。尽管石墨烯的主体部分由稳定的六元环构成,但其边沿及缺陷部位具有较高的反应活性,可以通过化学氧化的方法制备出氧化石墨烯。氧化石墨烯中含有大量的羧基、羟基和环氧键等活性基团,可以利用这些基团的反应实现石墨烯的表面功能化。Xu 等人[161]研究了如何用强吸光基团卟啉对石墨烯进行表面功能化修饰。卟啉是电子给体材料,而石墨烯是优良的电子受体,通过带氨基的四苯基卟啉(TPP)与石墨烯氧化物缩合,即可获得具有分子内给体-受体结构的卟啉-石墨烯杂化材料,如图 4.9 所示。检测结果表明,石墨烯与卟啉之间可发生明显的电子及能量转移,致使该杂化材料具有优秀的非线性光学性质。

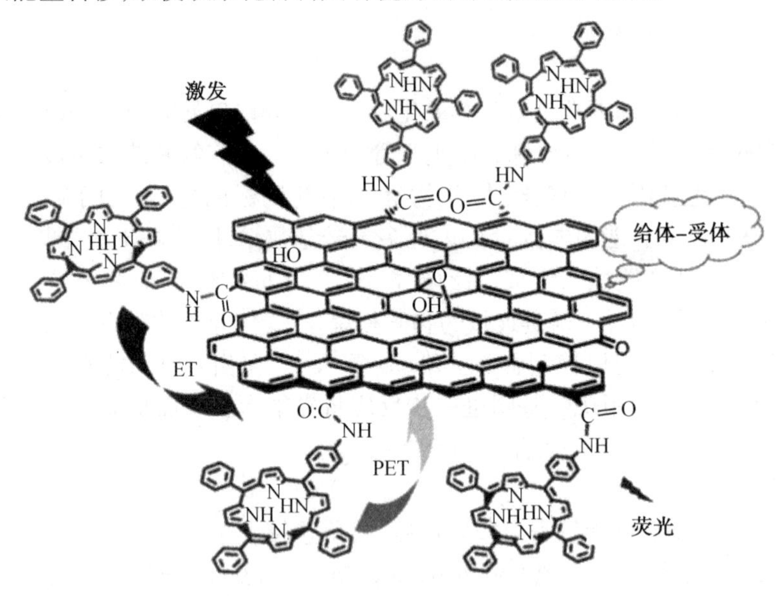

图 4.9　卟啉-石墨烯(给体-受体)杂化材料示意图[161]

除了共价键修饰,还可以利用 π-π 相互作用、离子键以及氢键等非共价键修饰对石墨烯进行表面功能化,形成稳定的分散体系。

氧化石墨烯的表面具有大量的羧基和羟基等极性基团,容易与其他物质发生氢键的相互作用。因此,可以利用氢键对氧化石墨烯进行功能化,还可利用氢键实现有机分子在石墨烯上的负载。Yang 等人[162]利用氢键作用将抗肿瘤药物盐酸阿霉素负载到石墨烯上,实现药物的负载。盐酸阿霉素中含有氨基和羟基等基团,这些基团与石墨烯氧化物的羧基和羟基之间会形成多种氢键。由于石墨烯具有很高的比表面积,故其对于阿霉素的负载率可达 2.35 mg/mg,远远高于其他传统的药物载体(高分子胶束、水凝胶微粒子以及脂质体等的负载率一般不超过 1 mg/mg)。该载药体系可通过调节环境的 pH,改变石墨烯与负载物的氢键作用来实现药物的可控释放。Patil 等人[163]利用 DNA 与石墨烯之间的氢键及静电等作用,制备了非共价键功能化的石墨烯。石墨烯除了在光学和电子领域具有很多应用,在生物领域如药物和基因传递、生物成像和光疗方面也具有良好的应用前景。

Liu 等人[164]利用聚乙二醇(PEG)修饰石墨烯,修饰后的石墨烯在生理溶液中非常稳定,可作为油溶性含芳香结构的抗癌药物载体。他们首先将石墨氧化,获得了尺寸小于50 nm的氧化石墨烯,再将生物相容性好的 PEG 接枝到纳米氧化石墨烯上。这种石墨烯材料在生理条件下包括在血清中具有良好的稳定性。然后通过 π-π 作用吸附油溶性药物 SN38 (喜树碱衍生物),形成石墨烯-药物复合物。与水溶性抗癌药物 CPT11(依立替康)相比,该法制备的石墨烯-药物复合物能够显著地提高肿瘤细胞死亡率。石墨烯具有单原子层厚度,其两个基面都可以吸附药物,所以具有其他纳米材料无可比拟的超高载药率。

不同表面修饰的氧化石墨烯(Graphene oxide,GO)也可以作为载体负载各种抗癌药物,包括阿霉素(DOX)[165]、喜树碱(CPT)[166]、鞣花酸[167]、β-lapachone[168]和 3-双(氯乙基)-1-亚硝基脲(BCNU)[169]等。最近,很多课题组也开发出了基于 GO 的能够对环境刺激做出响应的药物输送体系。Wang 等人[170]制备出氯代毒素(Chlorotoxin, CTX)修饰的氧化石墨烯(CTX-GO),通过非共价吸附,CTX-GO 可以高效装载抗癌药物 DOX,氯代毒素对胶质瘤具有很好的选择性,因此该体系可以靶向治疗胶质瘤,并且具有很高的效率。Wen 等人[171]通过一种新合成的具有双硫键交联的 PEG 修饰 GO 获得了一种新材料,在还原环境下这种材料的双硫键会发生断裂。他们发现使用 GO 进行 DOX 药物释放可以显著提高对肿瘤细胞的治疗效果。Pan 等人[172]设计了基于 GO 的热敏感的药物载体,将热敏感高分子聚异丙基丙烯酰胺 PNIPAM (poly(N-isopropylacrylamide))通过化学键修饰到 GO 表面,可以获得生理条件下非常稳定的 GO-PNIPAM 复合物,这种复合物可以负载 CPT 形成 GO-PNIPAM-CPT 复合物。与单纯的 CPT 相比,GO-PNIPAM-CPT 具有热敏感性质,具有更好的肿瘤细胞杀伤能力。Ma 等人[173]使用高温反应制备氧化石墨烯-氧化铁纳米复合物(Graphene oxide-iron oxide hybrid nanocomposite, GO-IONP),然后使用氨基 PEG 共价修饰 GO-IONP,提高了它的稳定性和生物相容性,获得的 GO-IONP-PEG 复合物可以用于磁靶向药物输送和肿瘤的光热治疗。

基因治疗是一种很有前景的治疗手段,可治疗与基因有关的包括肿瘤在内的一些疾病。然而,基因治疗缺乏安全有效的、高选择性的基因运输载体。随着纳米技术的飞速发展,许多纳米粒子被用于基因运输的载体。Yang 等人[174]将 PEG 和 1-芘甲亚胺修饰的 GO 用于 siRNA 输送。用 PEG 修饰 GO 可以有效提高 GO 在生理溶液中的稳定性,而通过 π-π 作用吸附在 GO 表面的 1-芘甲亚胺具有吸附 siRNA 的能力。当将这种复合物接上叶酸分子后可以实现选择性地将 siRNA 运送到特定的细胞来抑制靶基因的表达[174]。许多相关研究已经证实了 GO 经过适当的表面修饰能够作为基因转染载体。

石墨烯在组织工程中也具有潜在的应用价值。将石墨烯或者未修饰的氧化石墨烯加入细胞培养液中,可以发现石墨烯在细胞培养过程中并不是抑制细胞活性和生长,而是作为基底膜为细胞生长提供一种特殊的类似于生长因子一样的物质,这有利于干细胞黏附、增殖和分化,可以作为组织工程支架加以利用[175]。

由于它们固有的物理性质特别是光学性质,石墨烯及其衍生物不仅可以用于肿瘤的光热治疗,作为载体进行药物和基因输送,还可以用于生物医学成像。Yang 等人[176]将荧光染料与 PEG 修饰的氧化石墨烯复合物用于细胞内成像,其中 PEG 分子起到一个桥梁作用,可以防止氧化石墨烯导致荧光染料的淬灭,有效地提高氧化石墨烯的生物相容性、稳定性。研究结果表明,荧光素-PEG-氧化石墨烯结构展现了优良的 pH 调节的荧光特性,这种复合物可被细胞高效吸收并在细胞成像中作为荧光探针,当用蓝色光激发时,荧光素-PEG-氧化石墨烯发射绿色荧光。研究发现,荧光素-PEG-氧化石墨烯可能是通过被动吸收机制进入细胞内。将 PEG 功能化的石墨烯注入小鼠体内,可以实现小鼠体内组织的荧光成像,将其用于不同的皮肤移植肿瘤模型中可观察到肿瘤的堆积变化。

3. 碳点(Carbon Dots,CDs)

碳点作为新型的荧光碳纳米材料,具有良好的发光性能,抗漂白性能与小尺寸特性,也具有很低的生物毒性,因此在细胞成像、标记及检测等领域有着良好的应用前景,是替代量子点的良好选择。目前,碳点已经用于细胞成像、发光器件及金属离子检测等领域。经过研究者们的不断努力,目前已经有了一系列制备过程简单、经济,产物荧光性能优良的碳点合成方法。这些方法包括电弧放电法、激光法、电化学法、基于蜡烛灰的氧化或腐蚀法、有机物热解法、离子液体辅助电化学法、微波合成法等。这些方法制得的碳点大都需要进行表面钝化处理以增强其荧光性能,然后通过离心、透析、电泳等方法进行分离提纯。

①电弧放电法。

Xu 等人[177]将电弧放电得到的烟灰用硝酸与氢氧化钠分别处理得到黑色悬浮液,然后用凝胶电泳法分离 SWCNTs 时惊奇地发现,悬浮液中分离出 3 个带,速度最慢的黑带是长碳纳米管,而速度最快的那个带在紫外灯照射下有荧光,对荧光部分继续分析发现,此部分仍为混合物。通过进一步电泳分离得到了分别发射蓝绿色、黄色和橘红色荧光的荧光纳米材料,用超滤离心的方法可以估算出这 3 部分的相对分子质量分别为 3 000 ~ 10 000,10 000 ~ 30 000,30 000 ~ 50 000。进一步表征得知黄色部分的荧光量子产率为 1.6%。由元素分析可以得知产物中各元素的含量分别为 C:53.93%,H:2.56%,N:1.20%,O:40.33%。所得荧光碳纳米粒子主要含碳元素与氧元素,另外含有少量的氢元素和氮元素,其中氧元素与氮元素主要是在硝酸回流过程中产生。

②激光消融法。

2006 年,Sun 等人[178]首次使用激光消融碳靶物的方法制备出荧光碳点。将碳靶物置于 900 ℃,75 kPa 的氩气氛下,用 Nd:YAG 激光器消融碳靶物即可得到碳纳米粒子初产物。经电镜分析得知此产物为聚集态的碳,无荧光,将其在硝酸(2.6 mol/L)中回流 12 h,发现其水溶性有所增大,但仍无荧光,继续用有机试剂将其钝化后,发现有荧光出现。经检测该产物的荧光量子产率可达 4% ~ 10%。此方法不足之处是制备过程复杂,且需要昂贵的仪器与有机钝化试剂。

③电化学法。

Zhou 等人[179]用电化学氧化多壁碳纳米管(MWCNTs)的方法制备出荧光碳点。在电化学电池中,将用化学气相沉积(CVD)法生长在碳膜上的 MWCNTs 作为工作电极,铂丝作为对电极,Ag/AgCl 电极作为参比电极,含有 0.1 mol/L 的四丁基胺高氯酸盐(TBAP)的乙腈溶液作为支持电解质,在 0.5 V/s 的扫描速率下施加−2.0 V 到 2.0 V 的循环电压。随着反应的进行,电解质溶液由无色逐渐变为黄色最后变为深棕色。在紫外灯照射下观察该溶液,发现有蓝色荧光,这说明生成了荧光碳点。所得碳点粒径为 2.8±0.5 nm,在 340 nm 光激发条件下,荧光量子产率为 6.4%。尽管此方法得到的碳点具有良好的荧光性能,但是它不适合在水溶液中大批量制备碳点。

为建立在水溶液中制备碳点的方法,Zhao 等人[180]使用了电化学氧化石墨棒电极的方法。其实验过程是:用电池中的石墨棒作为被氧化的工作电极,饱和甘汞电极作为参比电极,铂丝作对电极,0.1 mol/L NaH_2PO_4 的水溶液作为电解质溶液。施加电位后,随着氧化时间的延长,电解质溶液由无色逐渐变为黄色最后变为深棕色。将深棕色溶液经过离心、超滤便可得到碳点。

④碳灰作为碳源的热回流法。

使用燃烧蜡烛或天然气等物质得到的大粒径碳纳米粒子作为碳源,用硝酸热回流的方法可制备碳点。Liu 等人[181]用天然气灰作为碳源所合成的碳点含有石墨碳(sp^2)而不含有金刚石碳(sp^3)。由碳核磁共振测试(^{13}C NMR,100.6 MHz)结果可知,3个核磁吸收峰的位置分别为δ114,δ138和δ174,这表明产物中不可能有sp^3或sp^1碳,所以不可能存在金刚石结构的碳。

⑤有机物热解法。

以热解低熔点有机物的产物作为碳源,同时用长链有机物作为保护剂,一步合成表面功能化的水溶或油溶碳点的方法称为有机物热解法。这种方法最初是由Bourlinos等人[182]提出的,他们以柠檬酸作为碳化前驱物,以11-氨基十一烷酸或十八胺作为有机保护剂,在高温热解条件下分别合成出水溶碳点和油溶碳点。

⑥离子液体辅助电化学法。

为进一步改进电化学制备碳点的方法,Lu等人[183]用离子液体辅助电化学法剥离石墨电极制得荧光碳纳米粒子。离子液体是指在室温或接近室温下呈现液态的、完全由阴阳离子所组成的盐,也称为低温熔融盐。用离子液体替代传统溶剂的优点是:电化学反应速率比在普通溶剂中快几倍;所用的离子液体和催化剂的混合液可以重复利用等。该法通过调节离子液体与水的比例,可以合成出不同种类的荧光碳点,其荧光发射波长跨紫外区和可见光区。

⑦微波法。

Zhu等人[184]利用微波创建了一种很简便的成碳点的新方法。该法以糖类(葡萄糖或蔗糖等)作为碳源,PEG20既作为溶剂又作为保护剂,在功率为500 W的微波条件下反应2~10 min,反应溶液由无色逐渐变为浅黄色,最后变为深棕色,产物用水稀释即可便捷地获得荧光碳点。

经微波、电化学氧化、激光刻蚀等方法制备的碳点,其吸收峰的位置在260~320 nm之间,经修饰后其吸收峰波长会相应增加。碳点的发光特性主要表现为光致发光和电化学发光,其中荧光性能是碳点最突出的性能。目前关于碳点发光的理论解释包括两方面:a.表面态,即碳点表面存在能量势阱,经过表面修饰后,其荧光量子产率的提高可归因于碳点表面状态的变化;b.尺寸效应,即碳点的荧光性能取决于粒径大小。碳点的优良荧光性质主要有:激发光宽且连续,一元激发,多元发射;荧光稳定性高且抗光漂白;荧光波长可调,有些碳点具有上转换荧光性质;碳点是优良的电子给体和受体,具有光诱导电子转移特性。碳点作为一种半导体纳米粒子,其电化学发光的发射不受粒子尺寸和修饰试剂的影响,而更多取决于其表面状态[185]。其主要的发光机理如图4.10所示。

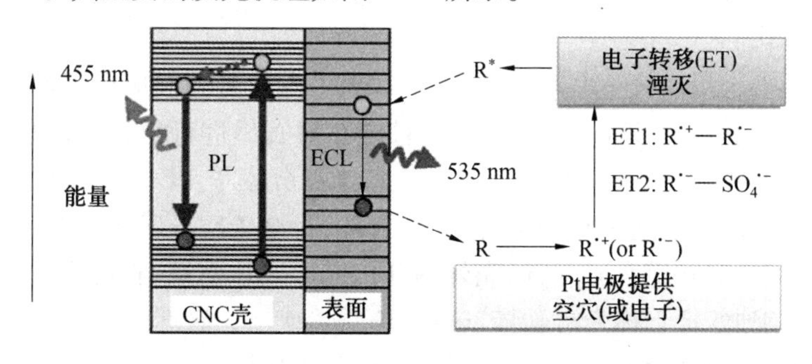

图4.10　碳点的电化学发光和光致发光机理[185]

由于碳是一切生物有机体的重要组成元素，故碳构成的荧光纳米材料相对于其他元素构成的荧光纳米材料，具有较低的毒性和良好的生物相容性，它可以通过细胞内吞（粒径只有几纳米，修饰后能达到几百纳米）进入细胞内部。它还可以与 DNA 相互作用，从而进行 DNA 的识别与检测。此外，碳点表面含有大量功能基团，利用有机物、无机物、高分子聚合物以及生物活性物质修饰这些基团后可使碳点的性能得到提升。除了优异的光学性质与生物相容性以外，碳点还具有近红外发光特性、光电荷转移特性、高抗盐性以及模拟酶催化的能力。这些优异的性能使得碳点在很多领域都具有很好的应用前景。

Cao 等人[186]最先对碳点在生物成像方面的应用进行了研究。他们将 MCF-7 细胞接种在含碳点的培养基中培养 2 h 后，在荧光显微镜下观察到细胞发出明亮荧光，荧光区域主要集中在细胞膜和细胞质。Ray 等人[187]在艾氏腹水癌细胞（EAC）溶液（约 107 cell /mL）中加入未经酸氧化处理和表面钝化处理的碳点，发现它们能够直接渗透到细胞内部。Liu 等人[188]制备了粒径为 1.5 ~2 nm 的碳点，该碳点能被大肠杆菌和小鼠 P19 细胞摄入，其荧光的激发波长在 458 ~514 nm 之间，光稳定性强。将碳点与转运蛋白或多肽结合，会有利于碳点通过细胞膜，增强其在细胞内的标记效率。Li 等人[189]制备了不同类型的光致发光碳点，再用端基氨基化合物对其进行表面钝化处理，使其能与转铁蛋白结合，得到转铁蛋白修饰的碳点（Tf-CDs）。将转铁蛋白修饰与未修饰的碳点分别与 HeLa 细胞共同培养，发现前者标记的细胞荧光明显增强。

表面修饰后的碳点能在复杂环境中对特定物质进行特异性检测。Liu 等人[190]将葡萄糖和 PEG-200 混合后经微波后得到碳点，利用 EDC/NHS 将 BSA 修饰到碳点上，加入赖氨酸后可使 BSA 修饰的碳点的荧光强度增强，当再加入 Cu^{2+} 后该体系的荧光发生猝灭，利用此现象可检测头发和自来水样品中 Cu^{2+} 的浓度。Lin 等人[191]通过微波法制备蓝色荧光碳点，发现该碳点与氮氧自由基（4-amino-2,2,6,6-tetramethylpiperidin-N-oxide free radical）结合后，它的荧光强度变弱，而在溶液中加入抗坏血酸后，可使该碳点的荧光强度增强，通过这一效应，可以检测抗坏血酸的浓度。

另外，Mao 等人[192]以柠檬酸和 N-（β-氨乙基）-γ-氨基丙基甲基二甲氧基硅烷为原料制得碳点，然后将其固定在能识别多巴胺（DA）的分子印迹聚合物（MIP）上，得到的复合材料 CDs@ MIP 具有高耐光性和模板选择性。碳点的荧光强度与 DA 的浓度在 25 ~500 nmol/L 范围内成反比，利用这个现象可检测 DA，检测限为 1.7 nmol/L。由于不受其他分子和离子的干扰，这种材料已成功用于人尿样品中痕量 DA 的测定。

4. 球形富勒烯

1985 年，C_{60}的发现是科学上的重要发现，代表了人类对碳的认识进入了新的阶段。英国的 Kroto 教授、美国的 Smalley 教授和 Curl 教授在对石墨进行激光照射时，发现了这个由 60 个碳原子构成的足球状碳族分子，为此 3 位科学家分享了 1996 年诺贝尔化学奖。C_{60}是由 12 个五边形和 20 个六边形组成的球形 32 面体，每个碳原子以非标准 sp^2 杂化轨道与 3 个碳原子相连，剩余 p 轨道在 C_{60}的球壳外围和内腔形成球面键，它代表了一类特殊的芳香体系。因而，人们通常把它称为富勒烯、球烯、球壳烯或巴氏碳球。富勒烯本身的溶解性较差，需要通过表面修饰来增加其溶解性。氢化反应、氧化反应、光敏化反应、卤化反应、亲核加成反应、自由基反应及环加成反应都是常用的修饰 C_{60}的方法。修饰后的 C_{60}可以进一步进行生物功能化修饰，并应用于生物领域。

富勒烯衍生物的生物学应用主要集中在成像、基因或药物传输、减少氧化应激和癌症治疗等方面。DNA 可以通过共价键连接在富勒烯上,也可以通过静电吸附到阳离子修饰的富勒烯上[193]。Maeda-Mamiya 等人[194]利用带正电的富勒烯通过静电吸附上 DNA,得到用于体内基因传递的载体。药物通常是共价连接到富勒烯上的,连接方式一般通过有机化学合成方法,而抗体通常通过一个 NHS 酯桥联连接到富勒烯表面[195],也可以通过二硫键交换机制先将 SPDP(3-(2-吡啶二巯基)丙酸 N-羟基琥珀酰亚胺酯)修饰到富勒烯表面,之后再连接巯基修饰的抗体[196]。SPDP 是一种异-双官能团试剂,常用于结合两种不同的蛋白质,比如酶和抗体等。

4.3　本章小结

本章主要介绍了纳米粒子生物功能化界面的修饰方式,以及功能化的纳米粒子在检测、药物装载、生物成像等方面的应用。纳米材料本身具有良好的光学性质、电学性质、磁性和催化性质,可以与酶、抗体、核酸等生物分子组成具有生物功能的杂化体系。尽管纳米粒子的表面生物功能化技术已经有了很大发展,研究者们仍致力于发展新的修饰方法,以期得到性能优异的纳米材料。生物功能的纳米材料在医学方面的应用已经有了长足进展,但是它们的药物代谢机理仍然不清楚,这阻碍了它们在临床上的应用。因此,在未来的研究中,生物功能化的纳米粒子的毒性及其对肾脏和肝脏的长期药理作用将是研究的重点之一。

参考文献

[1] SAPSFORD K E, ALGAR W R, BERTI L, et al. Functionalizing nanoparticles with biological molecules: developing chemistries that facilitate nanotechnology[J]. Chemical Reviews, 2013, 113 (3): 1904-2074.

[2] KATZ E, WILLNER I. Integrated nanoparticle-biomolecule hybrid systems: synthesis, properties, and applications[J]. Angewandte Chemie-International Edition, 2004, 43 (45): 6042-6108.

[3] BILAN R, FLEURY F, NABIEY I, et al. Quantum dot surface chemistry and functionalization for cell targeting and imaging[J]. Bioconjugate Chemistry, 2015, 26 (4): 609-624.

[4] MEZIANI M J, SUN Y P. Protein-conjugated nanoparticles from rapid expansion of supercritical fluid solution into aqueous solution[J]. Journal of the American Chemical Society, 2003, 125 (26): 8015-8018.

[5] BAZYLINSKI D A, FRANKEL R B. Magnetosome formation in prokaryotes[J]. Nature Reviews Microbiology, 2004, 2 (3): 217-230.

[6] JAIN P K, HUANG X H, EL S I H, et al. Noble metals on the nanoscale: optical and photothermal properties and some applications in imaging, sensing, biology, and medicine[J]. Accounts of Chemical Research, 2008, 41 (12): 1578-1586.

[7] JAIN P K, EL S I H, EL S M A. Au nanoparticles target cancer[J]. Nano Today, 2007, 2 (1): 18-29.

[8] ASTRUC D, LU F, ARANZAES J R. Nanoparticles as recyclable catalysts: the frontier between homogeneous and heterogeneous catalysis[J]. Angewandte Chemie-International Edition, 2005, 44 (48): 7852-7872.

[9] PANIKKANVALAPPIL S R, EL S M A. Gold-nanoparticle-decorated hybrid mesoflowers: an efficient surface-enhanced raman scattering substrate for ultra-trace detection of prostate specific antigen[J]. Journal of Physical Chemistry B, 2014, 118 (49): 14085-14091.

[10] XIE W, WALKENFORT B, SCHLUCKER S. Label-free SERS monitoring of chemical reactions catalyzed by small gold nanoparticles using 3D plasmonic superstructures[J]. Journal of the American Chemical Society, 2013, 135 (5): 1657-1660.

[11] ZHANG Q F, LARGE N, NORDLANDER P, et al. Porous Au nanoparticles with tunable plasmon resonances and intense field enhancements for single-particle SERS[J]. Journal of Physical Chemistry Letters, 2014, 5 (2): 370-374.

[12] ELGHANIAN R, STORHOFF J J, MUCIC R C, et al. Selective colorimetric detection of polynucleotides based on the distance-dependent optical properties of gold nanoparticles [J]. Science, 1997, 277 (5329): 1078-1081.

[13] SHEN W, DENG H M, GAO Z Q. Gold nanoparticle-enabled real-time ligation chain reaction for ultrasensitive detection of DNA[J]. Journal of the American Chemical Society, 2012, 134 (36): 14678-14681.

[14] ABADEER N S, BRENNAN M R, WILSON W L, et al. Distance and plasmon wavelength dependent fluorescence of molecules bound to silica-coated gold nanorods[J]. ACS Nano, 2014, 8 (8): 8392-8406.

[15] EBRAHIMI S, AKHLAGHI Y, KOMPANY Z M, et al. Nucleic acid based fluorescent nanothermometers[J]. ACS Nano, 2014, 8 (10): 10372-10382.

[16] SWIERCZEWSKA M, LEE S, CHEN X Y. The design and application of fluorophore-gold nanoparticle activatable probes[J]. Physical Chemistry Chemical Physics, 2011, 13 (21): 9929-9941.

[17] TURKEVICH J, STEVENSON P C , HILLIER J. A study of the nucleation and growth processes in the synthesis of colloidal gold[J]. Discussions of the Faraday Society, 1951, 11:55-75.

[18] FRENS G. Controlled nucleation for the regulation of the partide size in monodisperse gold suspensions[J]. Nature Physical Science, 1973,241,20-22.

[19] DEBNATH T, DANA J, MAITY P, et al. Restriction of molecular twisting on a gold nanoparticle surface[J]. Chemistry-A European Journal, 2015, 21 (15): 5704-5708.

[20] HANZIC N, JURKIN T, MAKSIMOVIC A, et al. The synthesis of gold nanoparticles by a citrate-radiolytical method[J]. Radiation Physics and Chemistry, 2015, 106: 77-82.

[21] PERRAULT S D, CHAN W C W. Synthesis and surface modification of highly monodispersed, spherical gold nanoparticles of 50 ~ 200 nm[J]. Journal of the American Chemical Society, 2009, 131 (47): 17042-17043.

[22] BASTUS N G, MERKOCI F, PIELLA J, et al. Synthesis of highly monodisperse citrate-sta-

bilized silver nanoparticles of up to 200 nm: kinetic control and catalytic properties[J]. Chemistry of Materials, 2014, 26 (9): 2836-2846.

[23] LU X M, RYCENGA M, SKRABALAK S E, et al. Chemical synthesis of novel plasmonic nanoparticles[J]. Annual Review of Physical Chemistry, 2009, 60: 167-192.

[24] THOMPSON D G, ENRIGHT A, FAULDS K, et al. Ultrasensitive DNA detection using oligonucleotide-silver nanoparticle conjugates[J]. Analytical Chemistry, 2008, 80 (8): 2805-2810.

[25] YAN J W, OUYANG R H, JENSEN P S, et al. Controlling the stereochemistry and regularity of butanethiol self-assembled monolayers on Au(111)[J]. Journal of the American Chemical Society, 2014, 136 (49): 17087-17094.

[26] GAO J Z, LI F S, GUO Q M. Mixed methyl- and propyl-thiolate monolayers on a Au(111) surface[J]. Langmuir, 2013, 29 (35): 11082-11086.

[27] OH E, HONG M Y, LEE D, et al. Inhibition assay of biomolecules based on fluorescence resonance energy transfer (FRET) between quantum dots and gold nanoparticles[J]. Journal of the American Chemical Society, 2005, 127 (10): 3270-3271.

[28] ZHANG X A, CHIBLI H, MIELKE R, et al. Ultrasmall gold-doxorubicin conjugates rapidly kill apoptosis-resistant cancer cells[J]. Bioconjugate Chemistry, 2011, 22 (2): 235-243.

[29] PARK J H, PARK J, DEMBERELDORJ U, et al. Raman detection of localized transferrin-coated gold nanoparticles inside a single cell[J]. Analytical and Bioanalytical Chemistry, 2011, 401 (5): 1631-1639.

[30] ZHENG M, HUANG X Y. Nanoparticles comprising a mixed monolayer for specific bindings with biomolecules[J]. Journal of the American Chemical Society, 2004, 126 (38): 12047-12054.

[31] ECK W, CRAIG G, SIGDEL A, et al. PEGylated gold nanoparticles conjugated to monoclonal F19 antibodies as targeted labeling agents for human pancreatic carcinoma tissue[J]. ACS Nano, 2008, 2 (11): 2263-2272.

[32] BARTCZAK D, KANARAS A G. Preparation of peptide-functionalized gold nanoparticles using one pot EDC/sulfo-NHS coupling[J]. Langmuir, 2011, 27 (16): 10119-10123.

[33] OH E, DELEHANTY J B, SAPSFORD K E, et al. Cellular uptake and fate of pegylated gold nanoparticles is dependent on both cell-penetration peptides and particle size[J]. ACS Nano, 2011, 5 (8): 6434-6448.

[34] SKEWIS L R, REINHARD B M. Control of colloid surface chemistry through matrix confinement: facile preparation of stable antibody functionalized silver nanoparticles[J]. ACS Applied Materials & Interfaces, 2010, 2 (1): 35-40.

[35] THYGESEN M B, SAUER J, JENSEN K J. Chemoselective capture of glycans for analysis on gold nanoparticles: carbohydrate oxime tautomers provide functional recognition by proteins[J]. Chemistry-A European Journal, 2009, 15 (7): 1649-1660.

[36] KUMAR S, AARON J, SOKOLOV K. Directional conjugation of antibodies to nanoparticles

for synthesis of multiplexed optical contrast agents with both delivery and targeting moieties [J]. Nature Protocols, 2008, 3 (2): 314-320.

[37] CHOI C H J, ALABI C A, WEBSTER P, et al. Mechanism of active targeting in solid tumors with transferrin-containing gold nanoparticles[J]. Proceedings of the National Academy of Sciences of the United States of America, 2010, 107 (3): 1235-1240.

[38] LI Q Q, ZHANG L J, LI J G, et al. Nanomaterial-amplified chemiluminescence systems and their applications in bioassays[J]. Trac-Trends in Analytical Chemistry, 2011, 30 (2): 401-413.

[39] CHEN J Y, LIM B, LEE E P, et al. Shape-controlled synthesis of platinum nanocrystals for catalytic and electrocatalytic applications[J]. Nano Today, 2009, 4 (1): 81-95.

[40] PENG Z M, YANG H. Designer platinum nanoparticles: control of shape, composition in alloy, nanostructure and electrocatalytic property[J]. Nano Today, 2009, 4 (2): 143-164.

[41] XIA Y N, XIONG Y J, LIM B, et al. Shape-controlled synthesis of metal nanocrystals: simple chemistry meets complex physics? [J]. Angewandte Chemie-International Edition, 2009, 48 (1): 60-103.

[42] CHEN A C, HOLT H P. Platinum-based nanostructured materials: synthesis, properties, and applications[J]. Chemical Reviews, 2010, 110 (6): 3767-3804.

[43] SONG Z J, YUAN R, CHAI Y Q, et al. Horseradish peroxidase-functionalized Pt hollow nanospheres and multiple redox probes as trace labels for a sensitive simultaneous multianalyte electrochemical immunoassay[J]. Chemical Communications, 2010, 46 (36): 6750-6752.

[44] KARAM P, XIN Y, JABER S, et al. Active Pt nanoparticles stabilized with glucose oxidase [J]. Journal of Physical Chemistry C, 2008, 112 (36): 13846-13850.

[45] SINGH A V, BANDGAR B M, KASTURE M, et al. Synthesis of gold, silver and their alloy nanoparticles using bovine serum albumin as foaming and stabilizing agent[J]. Journal of Materials Chemistry, 2005, 15 (48): 5115-5121.

[46] FORBES L M, GOODWIN A P, CHA J N. Tunable size and shape control of platinum nanocrystals from a single peptide sequence[J]. Chemistry of Materials, 2010, 22 (24): 6524-6528.

[47] FU Y C, LI P H, WANG T, et al. Novel polymeric bionanocomposites with catalytic Pt nanoparticles label immobilized for high performance amperometric immunoassay[J]. Biosensors & Bioelectronics, 2010, 25 (7): 1699-1704.

[48] SU H L, YUAN R, CHAI Y Q, et al. Ferrocenemonocarboxylic-HRP@ Pt nanoparticles labeled RCA for multiple amplification of electro-immunosensing[J]. Biosensors & Bioelectronics, 2011, 26 (11): 4601-4604.

[49] GRIMME R A, LUBNER C E, BRYANT D A, et al. Photosystem I/molecular wire/metal nanoparticle bioconjugates for the photocatalytic production of H-2[J]. Journal of the American Chemical Society, 2008, 130 (20): 6308-6309.

[50] KIM J, SHIRASAWA T, MIYAMOTO Y. The effect of TAT conjugated platinum nanoparticles on lifespan in a nematode Caenorhabditis elegans model[J]. Biomaterials, 2010, 31 (22): 5849-5854.

[51] TANAKA S I, MIYAZAKI J, TIWARI D K, et al. Fluorescent platinum nanoclusters: synthesis, purification, characterization, and application to bioimaging[J]. Angewandte Chemie-International Edition, 2011, 50 (2): 431-435.

[52] MUHAMMED M A H, VERMA P K, PAL S K, et al. Bright, NIR-emitting Au-23 from Au-25: characterization and applications including biolabeling[J]. Chemistry-A European Journal, 2009, 15 (39): 10110-10120.

[53] NARAYANAN S S, PAL S K. Structural and functional characterization of luminescent silver-protein nanobioconjugates[J]. Journal of Physical Chemistry C, 2008, 112 (13): 4874-4879.

[54] LE GUEVEL X, HOTZER B, JUNG G, et al. Formation of fluorescent metal (Au,Ag) nanoclusters capped in bovine serum albumin followed by fluorescence and spectroscopy [J]. Journal of Physical Chemistry C, 2011, 115 (22): 10955-10963.

[55] GUO C L, IRUDAYARAJ J. Fluorescent Ag clusters via a protein-directed approach as a Hg(II) ion sensor[J]. Analytical Chemistry, 2011, 83 (8): 2883-2889.

[56] SUN C J, YANG H, YUAN Y, et al. Controlling assembly of paired gold clusters within apoferritin nanoreactor for in vivo kidney targeting and biomedical imaging[J]. Journal of the American Chemical Society, 2011, 133 (22): 8617-8624.

[57] SHANG L, DONG S J. Sensitive detection of cysteine based on fluorescent silver clusters [J]. Biosensors & Bioelectronics, 2009, 24 (6): 1569-1573.

[58] HUANG C C, CHIANG C K, LIN Z H, et al. Bioconjugated gold nanodots and nanoparticles for protein assays based on photoluminescence quenching[J]. Analytical Chemistry, 2008, 80 (5): 1497-1504.

[59] YU J H, CHOI S M, RICHARDS C I, et al. Live cell surface labeling with fluorescent Ag nanocluster conjugates[J]. Photochemistry and Photobiology, 2008, 84 (6): 1435-1439.

[60] GUO W W, YUAN J P, DONG Q Z, et al. Highly sequence-dependent formation of fluorescent silver nanoclusters in hybridized DNA duplexes for single nucleotide mutation identification[J]. Journal of the American Chemical Society, 2010, 132 (3): 932-934.

[61] ALGAR W R, SUSUMU K, DELEHANTY J B, et al. Semiconductor quantum dots in bioanalysis: crossing the valley of death[J]. Analytical Chemistry, 2011, 83 (23): 8826-8837.

[62] AGARWAL R, DOMOWICZ M S, SCHWARTZ N B, et al. Delivery and tracking of quantum dot peptide bioconjugates in an intact developing avian brain[J]. ACS Chemical Neuroscience, 2015, 6 (3): 494-504.

[63] ALGAR W R, TAVARES A J, KRULL U J. Beyond labels: a review of the application of quantum dots as integrated components of assays, bioprobes, and biosensors utilizing optical transduction[J]. Analytica Chimica Acta, 2010, 673 (1): 1-25.

[64] TAVARES A J, CHONG L R, PETRYAYEVA E, et al. Quantum dots as contrast agents for in vivo tumor imaging: progress and issues[J]. Analytical and Bioanalytical Chemistry, 2011, 399 (7): 2331-2342.

[65] BRUCHEZ M, MORONNE M, GIN P, et al. Semiconductor nanocrystals as fluorescent biological labels[J]. Science, 1998, 281 (5385): 2013-2016.

[66] WU X Y, LIU H J, LIU J Q, et al. Immunofluorescent labeling of cancer marker Her2 and other cellular targets with semiconductor quantum dots[J]. Nature Biotechnology, 2003, 21 (1): 41-46.

[67] JAISWAL J K, SIMON A M. Potentials and pitfalls of fluorescent quantum dots for biological imaging[J]. Trends in Cell Biology, 2004,14(9):497-504.

[68] SO M K, XU C J, LOENING A M, et al. Self-illuminating quantum dot conjugates for in vivo imaging[J]. Nature Biotechnology, 2006, 24 (3): 339-343.

[69] CAI W B, SHIN D W, CHEN K, et al. Peptide-labeled near-infrared quantum dots for imaging tumor vasculature in living subjects[J]. Nano Letters, 2006, 6 (4): 669-676.

[70] ZHOU D J, YING L M, HONG X, et al. A compact functional quantum dot-DNA conjugate: preparation, hybridization, and specific label-free DNA detection[J]. Langmuir, 2008, 24 (5): 1659-1664.

[71] WU C S, CUPPS J M, FAN X D. Compact quantum dot probes for rapid and sensitive DNA detection using highly efficient fluorescence resonant energy transfer[J]. Nanotechnology, 2009, 20 (30): 305502(1)-305502(7).

[72] SINGH N, AGRAWAL A, LEUNG A K L, et al. Effect of nanoparticle conjugation on gene silencing by RNA interference[J]. Journal of the American Chemical Society, 2010, 132 (24): 8241-8243.

[73] JUNG J J, SOLANKI A, MEMOLI K A, et al. Selective inhibition of human brain tumor cells through multifunctional quantum-dot-based siRNA delivery[J]. Angewandte Chemie-International Edition, 2010, 49 (1): 103-107.

[74] YU M, YANG Y, HAN R C, et al. Polyvalent lactose-quantum dot conjugate for fluorescent labeling of live leukocytes[J]. Langmuir, 2010, 26 (11): 8534-8539.

[75] MUKHOPADHYAY B, MARTINS M B, KARAMANSKA R, et al. Bacterial detection using carbohydrate-functionalised CdS quantum dots: a model study exploiting *E. coli* recognition of mannosides[J]. Tetrahedron Letters, 2009, 50 (8): 886-889.

[76] WU W T, ZHOU T, BERLINER A, et al. Glucose-mediated assembly of phenylboronic acid modified CdTe/ZnTe/ZnS quantum dots for intracellular glucose probing[J]. Angewandte Chemie-International Edition, 2010, 49 (37): 6554-6558.

[77] LIU A P, PENG S, SOO J C, et al. Quantum dots with phenylboronic acid tags for specific labeling of sialic acids on living cells[J]. Analytical Chemistry, 2011, 83 (3): 1124-1130.

[78] OHYANAGI T, NAGAHORI N, SHIMAWAKI K, et al. Importance of sialic acid residues illuminated by live animal imaging using phosphorylcholine self-assembled monolayer-coated

quantum dots[J]. Journal of the American Chemical Society, 2011, 133 (32): 12507-12517.

[79] GONG Y, FAN Z F. Label-free room-temperature phosphorescence turn-on detection of tiopronin based on Cu^{2+}-modulated homocysteine-capped manganese doped zinc sulfide quantum dots[J]. Journal of Luminescence, 2015, 160 : 299-304.

[80] MATTOUSSI H, MAURO J M, GOLDMAN E R, et al. Self-assembly of CdSe-ZnS quantum dot bioconjugates using an engineered recombinant protein[J]. Journal of the American Chemical Society, 2000, 122 (49): 12142-12150.

[81] MEDINTZ I L, CLAPP A R, MATTOUSSI H, et al. Self-assembled nanoscale biosensors based on quantum dot FRET donors[J]. Nature Materials, 2003, 2 (9): 630-638.

[82] YAO H Q, ZHANG Y, XIAO F, et al. Quantum dot/bioluminescence resonance energy transfer based highly sensitive detection of proteases[J]. Angewandte Chemie-International Edition, 2007, 46 (23): 4346-4349.

[83] BOENEMAN K, DELEHANTY J B, SUSUMU K, et al. Intracellular bioconjugation of targeted proteins with semiconductor quantum dots[J]. Journal of the American Chemical Society, 2010, 132 (17): 5975-5977.

[84] OMAR S, ABU R R. Palladium nanoparticles supported on magnetic organic-silica hybrid nanoparticles[J]. Journal of Physical Chemistry C, 2014, 118 (51): 30045-30056.

[85] ZHANG Y T, LI D, YU M, et al. Fe_3O_4/PVIM-Ni^{2+} magnetic composite microspheres for highly specific separation of histidine-rich proteins[J]. ACS Applied Materials & Interfaces, 2014, 6 (11): 8836-8844.

[86] CHEN H Y, SULEJMANOVIC D, MOORE T, et al. Iron-loaded magnetic nanocapsules for pH-triggered drug release and MRI imaging[J]. Chemistry of Materials, 2014, 26 (6): 2105-2112.

[87] JING L H, DING K, KERSHAW S V, et al. Magnetically engineered semiconductor quantum dots as multimodal imaging probes[J]. Advanced Materials, 2014, 26 (37): 6367-6386.

[88] RAHMAN M M, CHEHIMI M M, FESSI H, et al. Highly temperature responsive core-shell magnetic particles: synthesis, characterization and colloidal properties[J]. Journal of Colloid and Interface Science, 2011, 360 (2): 556-564.

[89] SHAO M F, NING F Y, ZHAO J W, et al. Preparation of Fe_3O_4@SiO_2@layered double hydroxide core-shell microspheres for magnetic separation of proteins[J]. Journal of the American Chemical Society, 2012, 134 (2): 1071-1077.

[90] WANG F, PAULETTI G M, WANG J T, et al. Dual surface-functionalized janus nanocomposites of polystyrene/Fe_3O_4@SiO_2 for simultaneous tumor cell targeting and stimulus-induced drug release[J]. Advanced Materials, 2013, 25 (25): 3485-3489.

[91] SHI D L, CHO H S, CHEN Y, et al. Fluorescent polystyrene-Fe_3O_4 composite nanospheres for in vivo imaging and hyperthermia[J]. Advanced Materials, 2009, 21 (21): 2170-2173.

[92] LAI B H, CHEN D H. Vancomycin-modified LaB_6@ SiO_2/Fe_3O_4 composite nanoparticles for near-infrared photothermal ablation of bacteria[J]. Acta Biomaterialia, 2013, 9 (7): 7573-7579.

[93] SUN J C, FAN H, WANG N, et al. Fluorescent vancomycin and terephthalate comodified europium-doped layered double hydroxides nanoparticles: synthesis and application for bacteria labelling[J]. Journal of Nanoparticle Research, 2014, 16 (2597): 1-8.

[94] BUCAK S, JONES D A, LAIBINIS P E, et al. Protein separations using colloidal magnetic nanoparticles[J]. Biotechnology Progress, 2003, 19 (2): 477-484.

[95] XU H Y, AGUILAR Z P, YANG L, et al. Antibody conjugated magnetic iron oxide nanoparticles for cancer cell separation in fresh whole blood[J]. Biomaterials, 2011, 32 (36): 9758-9765.

[96] YANG H C, HUANG K W, LIAO S H, et al. Enhancing the tumor discrimination using antibody-activated magnetic nanoparticles in ultra-low magnetic fields[J]. Applied Physics Letters, 2013, 102 (1): 013119(1)-013119(4).

[97] FAN Z, SHELTON M, SINGH A K, et al. Multifunctional plasmonic shell-magnetic core nanoparticles for targeted diagnostics, isolation, and photothermal destruction of tumor cells [J]. ACS Nano, 2012, 6 (2): 1065-1073.

[98] HORAK D, SVOBODOVA Z, AUTEBERT J, et al. Albumin-coated monodisperse magnetic poly(glycidyl methacrylate) microspheres with immobilized antibodies: application to the capture of epithelial cancer cells[J]. Journal of Biomedical Materials Research Part A, 2013, 101 (1): 23-32.

[99] MA S H, YONG D M, ZHANG Y, et al. A universal approach for the reversible phase transfer of hydrophilic nanoparticles[J]. Chemistry-A European Journal, 2014, 20 (47): 15580-15586.

[100] BINI R A, MARQUES R F C, SANTOS F J, et al. Synthesis and functionalization of magnetite nanoparticles with different amino-functional alkoxysilanes[J]. Journal of Magnetism and Magnetic Materials, 2012, 324 (4): 534-539.

[101] HAKAMI O, ZHANG Y, BANKS C J. Thiol-functionalised mesoporous silica-coated magnetite nanoparticles for high efficiency removal and recovery of Hg from water[J]. Water Research, 2012, 46 (12): 3913-3922.

[102] KHOEE S, BAGHERI Y, HASHEMI A. Composition controlled synthesis of PCL-PEG Janus nanoparticles: magnetite nanoparticles prepared from one-pot photo-click reaction[J]. Nanoscale, 2015, 7 (9): 4134-4148.

[103] SULEK F, DROFENIK M, HABULIN M, et al. Surface functionalization of silica-coated magnetic nanoparticles for covalent attachment of cholesterol oxidase[J]. Journal of Magnetism and Magnetic Materials, 2010, 322 (2): 179-185.

[104] LIANG Q Q, ZHAO D Y, QIAN T W, et al. Effects of stabilizers and water chemistry on arsenate sorption by polysaccharide-stabilized magnetite nanoparticles[J]. Industrial & Engineering Chemistry Research, 2012, 51 (5): 2407-2418.

[105] KRYSTOFIAK E S, MATSON V Z, STEEBER D A, et al. Elimination of tumor cells using folate receptor targeting by antibody-conjugated, gold-coated magnetite nanoparticles in a murine breast cancer model[J]. Journal of Nanomaterials, 2012: 431012(1)-431012(9).

[106] SONE E D, STUPP S I. Bioinspired magnetite mineralization of peptide-amphiphile nanofibers[J]. Chemistry of Materials, 2011, 23 (8): 2005-2007.

[107] HANSEN L, LARSEN E K U, NIELSEN E H, et al. Targeting of peptide conjugated magnetic nanoparticles to urokinase plasminogen activator receptor (uPAR) expressing cells [J]. Nanoscale, 2013, 5 (17): 8192-8201.

[108] QUARESMA P, OSORIO I, DORIA G, et al. Star-shaped magnetite@gold nanoparticles for protein magnetic separation and SERS detection[J]. RSC Advances, 2014, 4 (8): 3659-3667.

[109] FORGE D, LAURENT S, GOSSUIN Y, et al. An original route to stabilize and functionalize magnetite nanoparticles for theranosis applications[J]. Journal of Magnetism and Magnetic Materials, 2011, 323 (5): 410-415.

[110] KRALJ S, DROFENIK M, MAKOVEC D. Controlled surface functionalization of silica-coated magnetic nanoparticles with terminal amino and carboxyl groups[J]. Journal of Nanoparticle Research, 2011, 13 (7): 2829-2841.

[111] YANG J P, ZHANG F, LI W, et al. Large pore mesostructured cellular silica foam coated magnetic oxide composites with multilamellar vesicle shells for adsorption[J]. Chemical Communications, 2014, 50 (6): 713-715.

[112] MASTHOFF I C, DAVID F, WITTMANN C, et al. Functionalization of magnetic nanoparticles with high-binding capacity for affinity separation of therapeutic proteins[J]. Journal of Nanoparticle Research, 2013, 16: 2164(1-10page).

[113] HOU Y H, HAN X Y, CHEN J, et al. Isolation of PCR-ready genomic DNA from Aspergillus niger cells with Fe_3O_4/SiO_2 microspheres[J]. Separation and Purification Technology, 2013, 116: 101-106.

[114] LI H M, LI Z, ZHAO J, et al. Carboxymethyl chitosan-folic acid-conjugated Fe_3O_4@SiO_2 as a safe and targeting antitumor nanovehicle in vitro[J]. Nanoscale Research Letters, 2014, 9: 146(1)-146(11).

[115] WANG L A, NEOH K G, KANG E T, et al. Multifunctional polyglycerol-grafted Fe_3O_4@SiO_2 nanoparticles for targeting ovarian cancer cells[J]. Biomaterials, 2011, 32 (8): 2166-2173.

[116] XU Z C, HOU Y L, SUN S H. Magnetic core/shell Fe_3O_4/Au and Fe_3O_4/Au/Ag nanoparticles with tunable plasmonic properties[J]. Journal of the American Chemical Society, 2007, 129 (28): 8698-8699.

[117] REN J F, SHEN S, PANG Z Q, et al. Facile synthesis of superparamagnetic Fe_3O_4@Au nanoparticles for photothermal destruction of cancer cells[J]. Chemical Communications, 2011, 47 (42): 11692-11694.

[118] DONG W J, LI Y S, NIU D C, et al. Facile synthesis of monodisperse superparamagnetic Fe_3O_4 core@ hybrid@ Au shell nanocomposite for bimodal imaging and photothermal therapy[J]. Advanced Materials, 2011, 23 (45): 5392-5397.

[119] TAMER U, GUNDOGDU Y, BOYACI IH, et al. Synthesis of magnetic core-shell Fe_3O_4-Au nanoparticle for biomolecule immobilization and detection[J]. Journal of Nanoparticle Research, 2010, 12 (4): 1187-1196.

[120] XIE H Y, ZHEN R, WANG B, et al. Fe_3O_4/Au Core/Shell nanoparticles modified with Ni^{2+}-Nitrilotriacetic acid specific to histidine-tagged proteins [J]. Journal of Physical Chemistry C, 2010, 114 (11): 4825-4830.

[121] GE J P, HU Y X, BIASINI M, et al. Superparamagnetic magnetite colloidal nanocrystal clusters[J]. Angewandte Chemie-International Edition, 2007, 46 (23): 4342-4345.

[122] WANG K M, HE X X, YANG X H, et al. Functionalized silica nanoparticles: a platform for fluorescence imaging at the cell and small animal levels[J]. Accounts of Chemical Research, 2013, 46 (7): 1367-1376.

[123] LI Z X, BARNES J C, BOSOY A, et al. Mesoporous silica nanoparticles in biomedical applications[J]. Chemical Society Reviews, 2012, 41 (7): 2590-2605.

[124] SINGH N, KARAMBELKAR A, GU L, et al. Bioresponsive mesoporous silica nanoparticles for triggered drug release[J]. Journal of the American Chemical Society, 2011, 133 (49): 19582-19585.

[125] CHEN M J, HUANG C S, HE C S, et al. A glucose-responsive controlled release system using glucose oxidase-gated mesoporous silica nanocontainers[J]. Chemical Communications, 2012, 48 (76): 9522-9524.

[126] FERRIS D P, ZHAO Y L, KHASHAB N M, et al. Light-operated mechanized nanoparticles[J]. Journal of the American Chemical Society, 2009, 131 (5): 1686-1688.

[127] CHEN X B, SELLONI A. Introduction: Titanium Dioxide (TiO_2) nanomaterials[J]. Chemical Reviews, 2014, 114 (19): 9281-9282.

[128] RAJH T, DIMITRIJEVIC N M, BISSONNETTE M, et al. Titanium dioxide in the service of the biomedical revolution[J]. Chemical Reviews, 2014, 114 (19): 10177-10216.

[129] YE L, PELTON R, BROOK M A. Biotinylation of TiO_2 nanoparticles and their conjugation with streptavidin[J]. Langmuir, 2007, 23 (10): 5630-5637.

[130] QIN Y, SUN L, LI X X, et al. Highly water-dispersible TiO_2 nanoparticles for doxorubicin delivery: effect of loading mode on therapeutic efficacy[J]. Journal of Materials Chemistry, 2011, 21 (44): 18003-18010.

[131] DE LA GARZA L, SAPONJIC Z V, et al. Surface states of titanium dioxide nanoparticles modified with enediol ligands[J]. Journal of Physical Chemistry B, 2006, 110 (2): 680-686.

[132] LIN Z H, XIE Y N, YANG Y, et al. Enhanced Triboelectric nanogenerators and triboelectric nanosensor using chemically modified TiO_2 nanomaterials[J]. ACS Nano, 2013, 7 (5): 4554-4560.

[133] YE Q, ZHOU F, LIU W M. Bioinspired catecholic chemistry for surface modification[J]. Chemical Society Reviews, 2011, 40 (7): 4244-4258.

[134] ROZHKOVA E A, ULASOV I, LAI B, et al. A high-performance nanobio photocatalyst for targeted brain cancer therapy[J]. Nano Letters, 2009, 9 (9): 3337-3342.

[135] LUCKY S S, SOO K C, ZHANG Y. Nanoparticles in photodynamic therapy[J]. Chemical Reviews, 2015, 115 (4): 1990-2042.

[136] THURN K T, PAUNESKU T, WU A G, et al. Labeling TiO_2 nanoparticles with dyes for optical fluorescence microscopy and determination of TiO_2-DNA nanoconjugate stability [J]. Small, 2009, 5 (11): 1318-1325.

[137] ZHAO W W, XU J J, CHEN H Y. Photoelectrochemical DNA biosensors[J]. Chemical Reviews, 2014, 114 (15): 7421-7441.

[138] DIMITRIJEVIC N M, SAPONJIC Z V, RABATIC B M, et al. Assembly and charge transfer in hybrid TiO_2 architectures using biotin-avidin as a connector[J]. Journal of the American Chemical Society, 2005, 127 (5): 1344-1345.

[139] CHUN H, HAHM M G, HOMMA Y, et al. Engineering low-aspect ratio carbon nanostructures: nanocups, nanorings, and nanocontainers[J]. ACS Nano, 2009, 3 (5): 1274-1278.

[140] ZHANG Q, JIE J S, DIAO S L, et al. Solution-processed graphene quantum dot deep-UV photodetectors[J]. ACS Nano, 2015, 9 (2): 1561-1570.

[141] YANG C M, KIM Y J, MIYAWAKI J, et al. Effect of the size and position of ion-accessible nanoholes on the specific capacitance of single-walled carbon nanohorns for supercapacitor applications[J]. Journal of Physical Chemistry C, 2015, 119 (6): 2935-2940.

[142] MA X N, SHU C, GUO J, et al. Targeted cancer therapy based on single-wall carbon nanohorns with doxorubicin in vitro and in vivo[J]. Journal of Nanoparticle Research, 2014, 16: 2497(1)-2497(14).

[143] UMADEVI D, PANIGRAHI S, SASTRY G N. Noncovalent interaction of carbon nanostructures[J]. Accounts of Chemical Research, 2014, 47 (8): 2574-2581.

[144] SHA J J, HASAN T, MILANA S, et al. Nanotubes complexed with DNA and proteins for resistive-pulse sensing[J]. ACS Nano, 2013, 7 (10): 8857-8869.

[145] MANGALUM A, RAHMAN M, NORTON M L. Site-specific immobilization of single-walled carbon nanotubes onto single and one-dimensional DNA origami[J]. Journal of the American Chemical Society, 2013, 135 (7): 2451-2454.

[146] KARMAKAR A, BRATTON M, DERVISHI E, et al. Ethylenediamine functionalized-single-walled nanotube (f-SWNT)-assisted in vitro delivery of the oncogene suppressor p53 gene to breast cancer MCF-7 cells[J]. International Journal of Nanomedicine, 2011(6): 1045-1055.

[147] CHEN J Y, CHEN S Y, ZHAO X R, et al. Functionalized single-walled carbon nanotubes as rationally designed vehicles for tumor-targeted drug delivery[J]. Journal of the American Chemical Society, 2008, 130 (49): 16778-16785.

[148] MEJRI A, VARDANEGA D, TANGOUR B, et al. Encapsulation into carbon nanotubes and release of anticancer cisplatin drug molecule[J]. Journal of Physical Chemistry B, 2015, 119 (2): 604-611.
[149] MCCARROLL J, BAIGUDE H, YANG C S, et al. Nanotubes functionalized with lipids and natural amino acid dendrimers: a new strategy to create nanomaterials for delivering systemic RNAi[J]. Bioconjugate Chemistry, 2010, 21 (1): 56-63.
[150] WU E, COPPENS M O, GARDE S. Role of arginine in mediating protein-carbon nanotube interactions[J]. Langmuir, 2015, 31 (5): 1683-1692.
[151] TSAI T W, HECKERT G, NEVES L F, et al. Adsorption of glucose oxidase onto single-walled carbon nanotubes and its application in layer-by-layer biosensors[J]. Analytical Chemistry, 2009, 81 (19): 7917-7925.
[152] ZHANG X K, MENG L J, LU Q H, et al. Targeted delivery and controlled release of doxorubicin to cancer cells using modified single wall carbon nantubes[J]. Biomaterials, 2009, 30 (30): 6041-6047.
[153] GU X M, QI W, XU X Z, et al. Covalently functionalized carbon nanotube supported Pd nanoparticles for catalytic reduction of 4-nitrophenol[J]. Nanoscale, 2014, 6 (12): 6609-6616.
[154] HERRERO M A, TOMA F M, AL-JAMAL K T, et al. Synthesis and characterization of a carbon nanotube-dendron series for efficient siRNA delivery[J]. Journal of the American Chemical Society, 2009, 131 (28): 9843-9848.
[155] CHEN J Y, CHEN S Y, ZHAO X R, et al. Functionalized single-walled carbon nanotubes as rationally designed vehicles for tumor-targeted drug delivery[J]. Journal of the American Chemical Society, 2008, 130 (49): 16778-16785.
[156] ZHANG W, SPRAFKE J K, MA M L, et al. Modular functionalization of carbon nanotubes and fullerenes[J]. Journal of the American Chemical Society, 2009, 131 (24): 8446-8454.
[157] ZHANG Y, HE H K, GAO C, et al. Covalent Layer-by-layer functionalization of multiwalled carbon nanotubes by click chemistry[J]. Langmuir, 2009, 25 (10): 5814-5824.
[158] LIU Z F, GALLI F, JANSSEN K G H, et al. Stable single-walled carbon nanotube-streptavidin complex for biorecognition[J]. Journal of Physical Chemistry C, 2010, 114 (10): 4345-4352.
[159] CHEN X, KIS A, ZETTL A, et al. A cell nanoinjector based on carbon nanotubes[J]. Proceedings of the National Academy of Sciences of the United States of America, 2007, 104 (20): 8218-8222.
[160] BRAHMACHARI S, GHOSH M, DUTTA S, et al. Biotinylated amphiphile-single walled carbon nanotube conjugate for target-specific delivery to cancer cells[J]. Journal of Materials Chemistry B, 2014, 2 (9): 1160-1173.
[161] XU Y F, LIU Z B, ZHANG X L, et al. A graphene hybrid material covalently functionalized with porphyrin: synthesis and optical limiting property [J]. Advanced Materials,

2009, 21 (12): 1275-1279.

[162] YANG X Y, ZHANG X Y, LIU Z F, et al. High-efficiency loading and controlled release of doxorubicin hydrochloride on graphene oxide[J]. Journal of Physical Chemistry C, 2008, 112 (45): 17554-17558.

[163] PATIL A J, VICKERY J L, SCOTT T B, et al. Aqueous stabilization and self-assembly of graphene sheets into layered bio-nanocomposites using DNA[J]. Advanced Materials, 2009, 21 (31): 3159-3164.

[164] LIU Z, ROBINSON J T, SUN X M, et al. PEGylated nanographene oxide for delivery of water-insoluble cancer drugs[J]. Journal of the American Chemical Society, 2008, 130 (33): 10876-10877.

[165] WU S L, ZHAO X D, CUI Z G, et al. Cytotoxicity of graphene oxide and graphene oxide loaded with doxorubicin on human multiple myeloma cells[J]. International Journal of Nanomedicine, 2014, 9: 1413-1421.

[166] BAO H Q, PAN Y Z, PING Y, et al. Chitosan-functionalized graphene oxide as a nanocarrier for drug and gene delivery[J]. Small, 2011, 7 (11): 1569-1578.

[167] KAKRAN M, SAHOO N G, BAO H, et al. Functionalized graphene oxide as nanocarrier for loading and delivery of ellagic acid[J]. Current Medicinal Chemistry, 2011, 18 (29): 4503-4512.

[168] ZHENG X T, LI C M. Restoring basal planes of graphene oxides for highly efficient loading and delivery of beta-Lapachone[J]. Molecular Pharmaceutics, 2012, 9 (3): 615-621.

[169] LU Y J, YANG H W, HUNG S C, et al. Improving thermal stability and efficacy of BCNU in treating glioma cells using PAA-functionalized graphene oxide[J]. International Journal of Nanomedicine, 2012, 7: 1737-1747.

[170] WANG H, GU W, XIAO N, et al. Chlorotoxin-conjugated graphene oxide for targeted delivery of an anticancer drug[J]. International Journal of Nanomedicine, 2014(9): 1433-1442.

[171] WEN H Y, DONG C Y, DONG H Q, et al. Engineered redox-responsive PEG detachment mechanism in PEGylated nano-graphene oxide for intracellular drug delivery[J]. Small, 2012, 8 (5): 760-769.

[172] PAN Y Z, BAO H Q, SAHOO N G, et al. Water-soluble poly (N-isopropylacrylamide)-graphene sheets synthesized via click chemistry for drug delivery[J]. Advanced Functional Materials, 2011, 21 (14): 2754-2763.

[173] MA X X, TAO H Q, YANG K, et al. A functionalized graphene oxide-iron oxide nanocomposite for magnetically targeted drug delivery, photothermal therapy, and magnetic resonance imaging[J]. Nano Research, 2012, 5 (3): 199-212.

[174] YANG X Y, NIU G L, CAO X F, et al. The preparation of functionalized graphene oxide for targeted intracellular delivery of siRNA[J]. Journal of Materials Chemistry, 2012, 22 (14): 6649-6654.

[175] CHEN Y B, SUN J Y, GAO J F, et al. Growing uniform graphene disks and films on molten glass for heating devices and cell culture[J]. Advanced materials, 2015, 27(47): 7839-7846.

[176] YANG K, ZHANG S A, ZHANG G X, et al. Graphene in mice: ultrahigh in vivo tumor uptake and efficient photothermal therapy[J]. Nano Letters, 2010, 10 (9): 3318-3323.

[177] XU X Y, RAY R, GU Y L, et al. Electrophoretic analysis and purification of fluorescent single-walled carbon nanotube fragments[J]. Journal of the American Chemical Society, 2004, 126 (40): 12736-12737.

[178] SUN Y P, ZHOU B, LIN Y, et al. Quantum-sized carbon dots for bright and colorful photoluminescence[J]. Journal of the American Chemical Society, 2006, 128 (24): 7756-7757.

[179] ZHOU J G, BOOKER C, LI R Y, et al. An electrochemical avenue to blue luminescent nanocrystals from multiwalled carbon nanotubes (MWCNTs)[J]. Journal of the American Chemical Society, 2007, 129 (4): 744-745.

[180] ZHAO Q L, ZHANG Z L, HUANG B H, et al. Facile preparation of low cytotoxicity fluorescent carbon nanocrystals by electrooxidation of graphite[J]. Chemical Communications, 2008, 41: 5116-5118.

[181] LIU H P, YE T, MAO C D. Fluorescent carbon nanoparticles derived from candle soot [J]. Angewandte Chemie-International Edition, 2007, 46 (34): 6473-6475.

[182] BOURLINOS A B, STASSINOPOULOS A, ANGLOS D, et al. Photoluminescent carbogenic dots[J]. Chemistry of Materials, 2008, 20 (14): 4539-4541.

[183] LU J, YANG J X, WANG J Z, et al. One-pot synthesis of fluorescent carbon nanoribbons, nanoparticles, and graphene by the exfoliation of graphite in ionic liquids[J]. ACS Nano, 2009, 3 (8): 2367-2375.

[184] ZHU H, WANG X L, LI Y L, et al. Microwave synthesis of fluorescent carbon nanoparticles with electrochemiluminescence properties[J]. Chemical Communications, 2009, 34: 5118-5120.

[185] ZHENG L Y, CHI Y W, DONG Y Q, et al. Electrochemiluminescence of water-soluble carbon nanocrystals released electrochemically from graphite[J]. Journal of the American Chemical Society, 2009, 131 (13): 4564-4565.

[186] CAO L, WANG X, MEZIANI M J, et al. Carbon dots for multiphoton bioimaging[J]. Journal of the American Chemical Society, 2007, 129 (37): 11318-11319.

[187] RAY S C, SAHA A, JANA N R, et al. Fluorescent carbon nanoparticles: synthesis, characterization, and bioimaging application[J]. Journal of Physical Chemistry C, 2009, 113 (43): 18546-18551.

[188] LIU R L, WU D Q, LIU S H, et al. An aqueous route to multicolor photoluminescent carbon dots using silica spheres as carriers[J]. Angewandte Chemie-International Edition, 2009, 48 (25): 4598-4601.

[189] LI Q, OHULCHANSKYY T Y, LIU R L, et al. Photoluminescent carbon dots as biocom-

patible nanoprobes for targeting cancer cells in vitro[J]. Journal of Physical Chemistry C, 2010, 114 (28): 12062-12068.

[190] LIU J M, LIN L P, WANG X X, et al. Highly selective and sensitive detection of Cu^{2+} with lysine enhancing bovine serum albumin modified-carbon dots fluorescent probe[J]. Analyst, 2012, 137 (11): 2637-2642.

[191] LIN F, PEI D J, HE W N, et al. Electron transfer quenching by nitroxide radicals of the fluorescence of carbon dots[J]. Journal of Materials Chemistry, 2012, 22 (23): 11801-11807.

[192] MAO Y, BAO Y, HAN D X, et al. Efficient one-pot synthesis of molecularly imprinted silica nanospheres embedded carbon dots for fluorescent dopamine optosensing[J]. Biosensors & Bioelectronics, 2012, 38 (1): 55-60.

[193] TAGMATARCHIS N, SHINOHARA H. Fullerenes in medicinal chemistry and their biological applications. [J]. Mini Reviews in Medicinal Chemistry, 2001, 1 (4): 338-348.

[194] MAEDA-MAMIYA R, NOIRI E, ISOBE H, et al. In vivo gene delivery by cationic tetraamino fullerene[J]. Proceedings of the National Academy of Sciences of the United States of America, 2010, 107 (12): 5339-5344.

[195] RANCAN F, HELMREICH M, MOLICH A, et al. Synthesis and in vitro testing of a pyropheophorbide-a-fullerene hexakis adduct immunoconjugate for photodynamic therapy[J]. Bioconjugate Chemistry, 2007, 18 (4): 1078-1086.

[196] ASHCROFT J M, TSYBOULSKI D A, HARTMAN K B, et al. Fullerene (C-60) immunoconjugates: interaction of water-soluble C-60 derivatives with the murine anti-gp240 melanoma antibody[J]. Chemical Communications, 2006, 28: 3004-3006.

名词索引

A

B

C

D

F

G

H

J

L

M

N

P

Q

R

S

T

V

W

X

Y

Z